UNSERE ERDE 5

Herausgegeben von

Martina Flath
Ellen Rudyk

Autorinnen und Autoren

Milena Breibisch, Illertissen
Martina Flath, Vechta
Katharina Reisle, Bobingen
Volker Huntemann, Langenzenn
Sonja Müller, Landsberg am Lech
Ellen Rudyk, Taunusstein
Ursula Zitzelsberger, Freising

in Zusammenarbeit
mit der Verlagsredaktion

Oldenbourg Schulbuchverlag, München

Mit Beiträgen von: Peter Fischer, Frank V. Kühnen, Susanne McClelland, Jürgen Neumann
Redaktion: Hans-Ragnar Steininger
Bildassistenz: Franziska Becker
Atlasteil: Michael Kunz
Webcodes: Sebastian Fischer, Bersenbrück
Grafik: Volkhard Binder, Franz-Josef Domke, Oliver Hauptstock, Matthias Pflügner, Dieter Stade, Josephine Wolff, Hans Wunderlich
Karten: Oliver Hauptstock, cartomedia, Dortmund; Peter Kast, Ingenieurbüro für Kartographie, Wismar; Kartographie Muggenthaler, Regen

Umschlaggestaltung: Studio SYBERG, Berlin
Layout und technische Umsetzung: CMS Cross Media Solutions GmbH, Würzburg
Titelfoto: Kirche St. Coloman bei Schwangau, Allgäu (Foto: © Andreas Strauß / LOOK-foto)

Die Mediencodes enthalten zusätzliche Unterrichtsmaterialien, die der Verlag in eigener Verantwortung zur Verfügung stellt.

www.oldenbourg.de

1. Auflage, 1. Druck 2017

Alle Drucke dieser Auflage sind inhaltlich unverändert und können im Unterricht nebeneinander verwendet werden.

Druck: Firmengruppe APPL, aprinta Druck, Wemding

ISBN 978-3-637-01895-2 (Schulbuch)
ISBN 978-3-637-02081-8 (E-Book)

PEFC
PEFC/04-32-0928

PEFC zertifiziert
Dieses Produkt stammt aus nachhaltig bewirtschafteten Wäldern und kontrollierten Quellen.

www.pefc.de

Inhaltsverzeichnis

Unsere erde – dein neues Geographiebuch

Jedes Kapitel startet mit einem großen Bild, auf dem es viel zu entdecken gibt.

In der rechten Spalte erfährst du, was du zum Ende des Kapitels wissen und können solltest.

- Ein **roter Spiegelstrich** fordert dich dazu auf, dich in Räumen zu orientieren.
- Der **gelbe Spiegelstrich** zeigt dir, welches geographische Wissen du beherrschen sollst.
- Der **grüne Spiegelstrich** gibt an, welche Methoden du in diesem Kapitel anwenden wirst.
- Der **blaue Spiegelstrich** zeigt dir, welche geographischen Sachverhalte und Probleme du bewerten und beurteilen sollst.

Das klappt – eine **ausklappbare Kartenseite** zu Kapitelbeginn. Du klappst sie aus und kannst dich bei den einzelnen Themen des Geographiebuches jederzeit orientieren, wo Städte, Landschaften, Flüsse und Länder liegen.

Alles klar? Der **„check-it"**-Kasten zu Beginn jeder Themenseite zeigt dir, farblich ebenso markiert wie zu Beginn jedes Kapitels, welche unterschiedlichen Fähigkeiten (Kompetenzen) du nach der Bearbeitung beherrschen solltest.

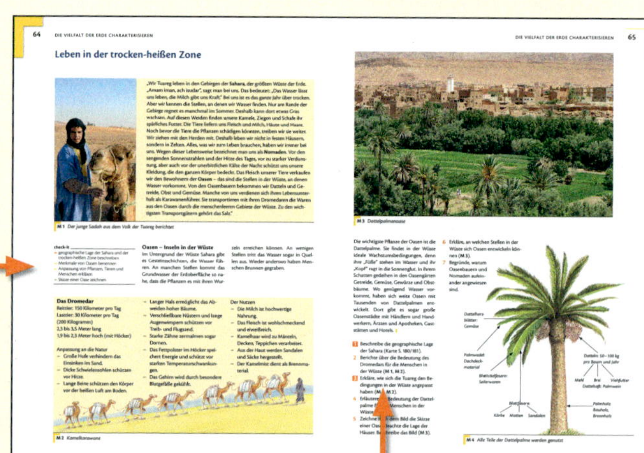

Mithilfe der differenzierten **Arbeitsaufträge** kannst du überprüfen, ob du die im „check-it"-Kasten genannten Kompetenzen beherrschst. Wenn du so **1** gekennzeichnete Aufgaben nicht sofort lösen kannst – kein Problem! Im Anhang erhältst du dazu Lösungstipps.

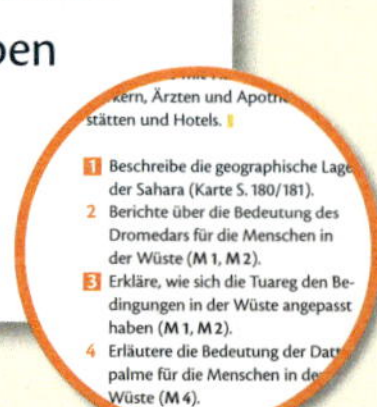

Geo-Aktiv
Hier findest du Anregungen, selbst aktiv zu werden, zum Beispiel beim Orientieren nach Himmelsrichtungen, beim Durchführen von Versuchen oder beim Erkunden eines Bauernhofs.

Geo-Methode
Hier kannst du Schritt für Schritt wichtige Methoden für das Fach Geographie lernen, zum Beispiel das Zeichnen von Profilen oder das Beschreiben von Bildern.

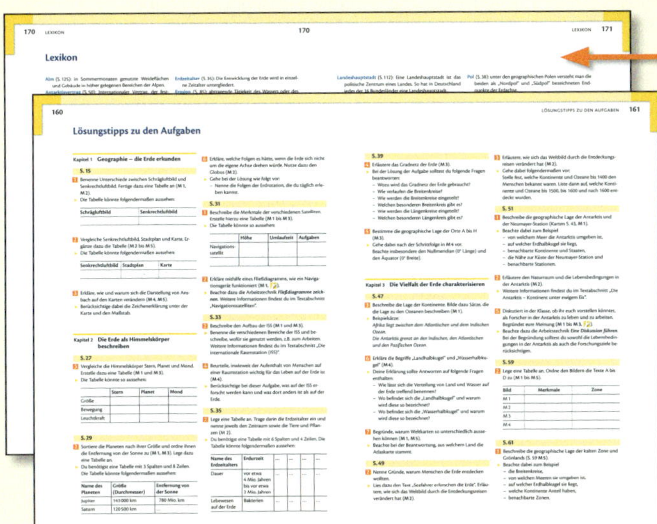

Der Anhang bietet dir unterschiedliche Hilfen: **Lösungstipps** zu den Aufgaben, die so **1** gekennzeichnet sind, das **Lexikon,** um Begriffe zu erklären, und **Erklärungen zu den Arbeitsaufträgen** der Aufgaben. Außerdem findest du Beschreibungen zu **Arbeitstechniken,** die dir vielleicht unbekannt und auf den Themenseiten mit einem -Symbol gekennzeichnet sind.

Im **Atlasteil** findest du zu allen wichtigen Themen im Buch die passende Atlaskarte. Welche Karte die richtige ist, erfährst du im Atlasregister.

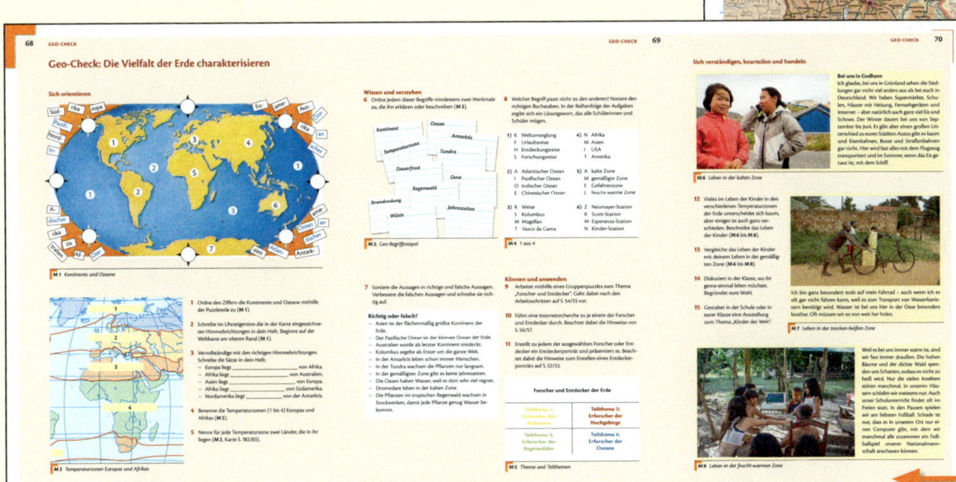

Geo-Check
Am Ende jedes Kapitels kannst du dein Wissen und Können testen.

Über den **Webcode** kannst du uns im Internet unter www.cornelsen.de/webcodes/ besuchen. Auf dieser Website findest du ein Feld, in das du die Zahlenkombination eingibst, die du unter dem Webcode findest, zum Beispiel UE018952-041. Klicke dann auf „Los“ und schon sind wir zum jeweiligen Thema miteinander verbunden.

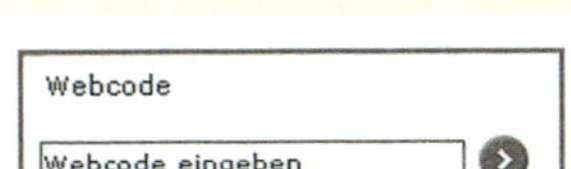

1 Geographie – die Erde erkunden

Unsere Erde – ein blauer Planet

1961 hat der erste Mensch die Erde aus dem Weltraum gesehen. Heute umkreist die Internationale Raumstation ISS die Erde in etwa 400 Kilometern Höhe in eineinhalb Stunden einmal. Die Wissenschaftler, die in der Raumstation arbeiten, haben auch Zeit, die Erde zu beobachten: die Erdteile und die riesigen blauen Flächen der Meere, die Drehung der Erdkugel und vieles mehr. Erkunde auch du die Erde!

In diesem Kapitel lernst du
- dich nach Himmelsrichtungen zu orientieren,
- wie aus Luftbildern Karten entstehen,
- mit dem Maßstab zu arbeiten,
- physische Karten zu lesen,
- deine Schule digital zu erkunden,
- die Teile des Atlas zu benennen,
- mit dem Atlas zu arbeiten.

Du nutzt dazu
- Luftbilder,
- Bilder,
- Grafiken,
- Karten,
- den Atlas.

Aufnahme der Erde aus dem Weltraum (aufgenommen von Alexander Gerst an Bord der ISS im Juni 2014)

Geographie – ein neues Unterrichtsfach

M 1 *Geographie – die Erde erkunden*

Geographie – die Erde erkunden

In dem neuen Unterrichtsfach Geographie beschäftigst du dich mit der Erde, ihrem Aussehen, der Nutzung durch den Menschen und den Veränderungen aufgrund natürlicher Ereignisse oder menschlicher Eingriffe. Geographie begegnet dir auf Schritt und Tritt, ganz gleich ob du einen Stein aufhebst, in die Schule fährst oder eine Reise machst, Gegenstände nutzt oder etwas isst, in einem See schwimmst oder im Gebirge oder in Wäldern wanderst.

Geographen erkunden Räume, zum Beispiel eine Naturlandschaft, eine Stadt, einen Staat, Gebirge oder Meere. Je nachdem, welcher Teilbereich des Faches sie besonders interessiert, stellen sie ganz unterschiedliche Fragen an den jeweiligen Raum.

Im Geographieunterricht untersuchst du,

- **wie ein Raum beschaffen ist:** Ist die Landschaft eben oder gebirgig? Gibt es dort gute oder schlechte Böden? Regnet es viel oder wenig, ist es warm oder kalt?
- **wie man sich im Raum orientiert:** Wie heißt die Hauptstadt von Spanien? Wo liegen die Wüsten der Erde? Wie kannst du dich mithilfe eines Stadtplans in einer dir fremden Stadt zurechtfinden? Wie liest du Karten?
- **wie die Natur den Raum gestaltet:** Wie sind die Oberflächenformen der Erde entstanden? Welchen Einfluss hat das Klima? Wie verändern Erdbeben, Vulkanausbrüche, Überschwemmungen und andere Naturereignisse den Raum?
- **wie der Mensch den Raum nutzt und verändert:** Wo und wie leben die Menschen? Wie nutzen sie den Raum zum Beispiel für Landwirtschaft, Bergbau und Industrie oder die Anlage von Verkehrswegen? Wie verändert der Mensch dabei den Raum seinen Bedürfnissen entsprechend? Wo wurden zum Beispiel aus einem Waldgebiet ein Flughafen, aus einer landwirtschaftlich genutzten Fläche ein Wohn- oder ein Industriegebiet, aus einem Fischerdorf ein Touristenzentrum?

Geographie
Der Begriff *Geographie* setzt sich zusammen aus den griechischen Wörtern *geo = Erde* und *graphie = Schrift*, was man mit *Erdbeschreibung* übersetzen könnte. Das Unterrichtsfach *Geographie* wird deshalb auch als Erdkunde bezeichnet und Wissenschaftler, die sich mit der Erkundung der Erde beschäftigen, bezeichnet man als *Geographen*.

M3 *Begriffserklärung*

- **wie der Mensch verantwortungsvoll mit der Erde umgeht:** Wie wirkt sich das Verhalten auf die Umwelt aus? Welche Möglichkeiten gibt es, damit der Lebensraum auch für die nachfolgenden Generationen erhalten bleibt?

Das neue Unterrichtsfach will dir helfen, die Erde kennenzulernen und dich auf ihr zurechtzufinden. Dazu benötigst du Materialien wie Karten, Bilder, Modelle, Grafiken und Texte. Du führst geographische Versuche durch und manchmal ist es auch notwendig, die Schule zu verlassen und Erkundungen auf dem Land oder in der Stadt durchzuführen.

M4 *Geographieunterricht mit dem Globus*

M2 *Karte, Kompass, Modell, GPS – nur einige von vielen Arbeitsmitteln der Geographie*

Wir orientieren uns nach Himmelsrichtungen

M 1 *Zugvögel finden ihren Weg*

Wo liegt die Lösung dieses Rätsels?

Zugvögel – über Tausende von Kilometern sind sie unterwegs und finden ihren Weg sogar im Dunkeln. Auch Brieftauben finden stets zurück. Was hilft ihnen, sich zu orientieren? Haben sie einen inneren Kompass?

Magnet Erde

Unsere Erde wirkt wie ein großer Magnet. Um sich herum hat sie ein unsichtbares Feld magnetischer Linien, das von Norden nach Süden ausgerichtet ist und das einige Hunderttausend Kilometer ins All hinausragt. Natürlich ist die Magnetkraft der Erde viel größer als die von jedem kleinen Metallmagneten.

Das wohl bekannteste Beispiel für die Auswirkungen der Magnetkraft ist der **Kompass.** Seit Jahrhunderten ist er eine unersetzbare Hilfe für die Orientierung auf der Erde. Mit ihm können wir überall die Himmelsrichtungen bestimmen: auf dem Land, in der Luft, auf dem Meer und sogar unter Wasser. Das Magnetfeld der Erde erklärt auch, warum Zugvögel und Brieftauben ihren Weg so sicher finden: Sie spüren das Magnetfeld und richten ihren Flug danach.

Wie funktioniert ein Kompass?

Der Kompass besteht aus einer Windrose und einer magnetischen Nadel, die sich frei auf einem Stift dreht. Die frei schwingende Kompassnadel richtet sich in Nord-Süd-Richtung aus. Eine Spitze der Nadel wird von einem Pol der Erde angezogen, die andere Spitze der Nadel von dem anderen Pol.

So stellst du die Nordrichtung fest

- Halte den Kompass waagerecht.
- Drehe den Stellring mit der Windrose so weit, dass das N auf der Windrose und das Dreieck auf dem Gehäuse übereinstimmen.
- Drehe dich mit dem Kompass, bis die gefärbte Spitze der Magnetnadel auf N zeigt.
- Lies die Nordrichtung und die anderen Himmelsrichtungen von der Windrose ab.

1 Nenne Begriffe, in denen eine Himmelsrichtung vorkommt, zum Beispiel „Ostsee“.

2 Beschreibe verschiedene Möglichkeiten, Himmelsrichtungen ohne einen Kompass zu bestimmen (**M 5** bis **M 7**).

3 Gehe auf den Schulhof und bestimme die Nordrichtung mithilfe des Kompasses und der Armbanduhr (**M 3**, **M 6**).

4 Bestimmt in Gruppen die Lage verschiedener markanter Punkte auf dem Schulhof. Jede Gruppe sollte eine andere Orientierungsmöglichkeit nutzen (**M 3**, **M 5** bis **M 7**).

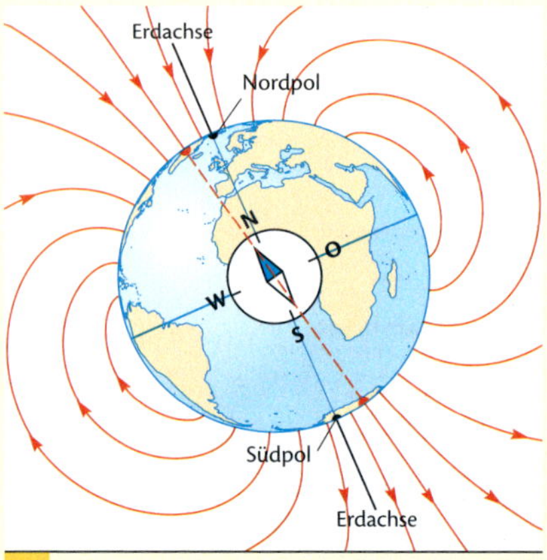

M 2 *Magnetfeld der Erde*

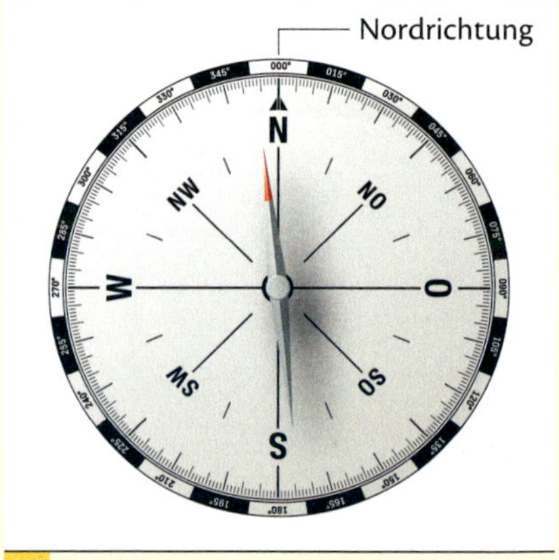

M 3 *Kompass*

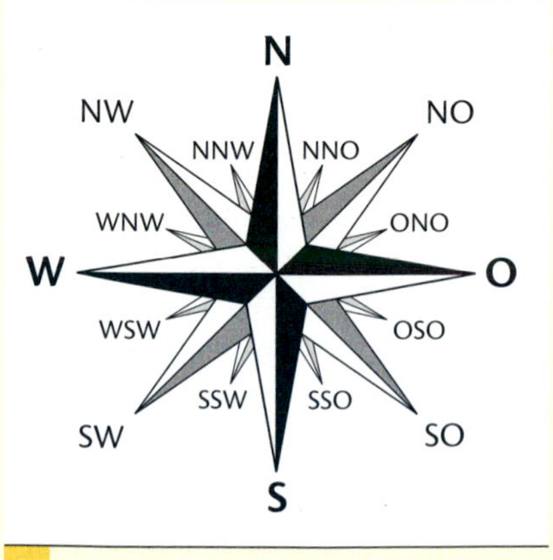

M 4 *Windrose*

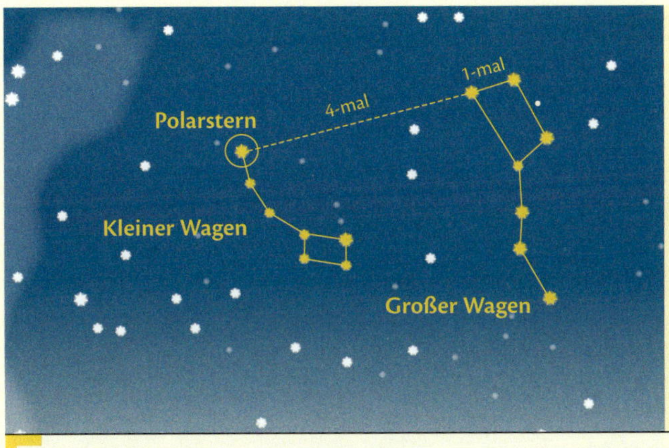

Suche am Nachthimmel das auffällige Sternbild des Großen Wagens. Verbinde in Gedanken die beiden hinteren Sterne (hinter der Achse) des Großen Wagens. Verlängere diese gedachte Linie. Dann stößt du auf den hellen Polarstern. Er zeigt dir, wo Norden ist.

Hinweis: Im Allgemeinen sind Karten eingenordet, das heißt oben ist Norden, unten Süden, links Westen und rechts Osten.

M 5 *Bestimmen der Himmelsrichtungen nach dem Polarstern*

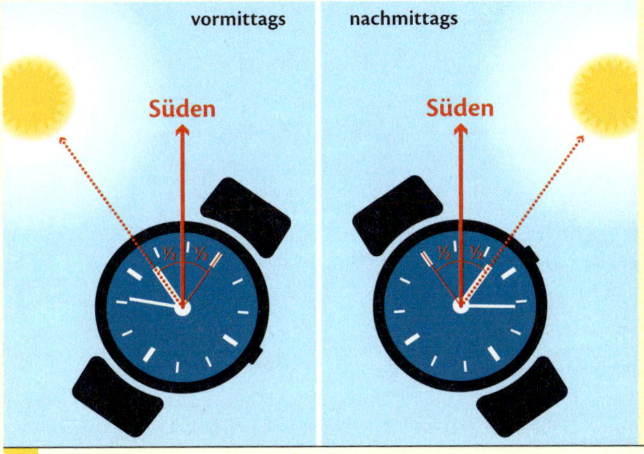

Gehe so vor: Halte die Uhr waagerecht. Richte den kleinen Zeiger auf die Sonne. Süden liegt nun genau in der Mitte zwischen dem kleinen Zeiger und der 12 auf dem Ziffernblatt. Beachte: Vormittags liegt Süden links von der 12, nachmittags rechts von der 12. (Während der Sommerzeit ist von 13 Uhr auszugehen, also der 1 auf dem Ziffernblatt.)

M 6 *Bestimmen der Himmelsrichtungen mit der Armbanduhr*

- Frei stehende Bäume haben durch die häufigen Nordwestwinde einen nach Südosten weisenden Kronenwuchs.
- Die Jahresringe von Baumstümpfen liegen gewöhnlich auf der Nordwestseite am dichtesten.
- Die grüne moosbewachsene Seite von Bäumen zeigt meist die Nordrichtung an, weil dies die schattenreichere und dadurch feuchtere Seite des Baumes ist.

- Alte Kirchen stehen in den meisten Fällen mit dem Turm nach Westen und mit dem Chor nach Osten.
- Ameisenhaufen liegen meist südlich von Bäumen und Sträuchern. Die Südseite der Ameisenhaufen fällt sanft, die Nordseite steiler ab.
- An frei stehenden Sträuchern und Bäumen reifen die Beeren und Früchte an der Südseite zuerst.
- Der Schnee taut an der Südseite von Dächern und Hängen zuerst.

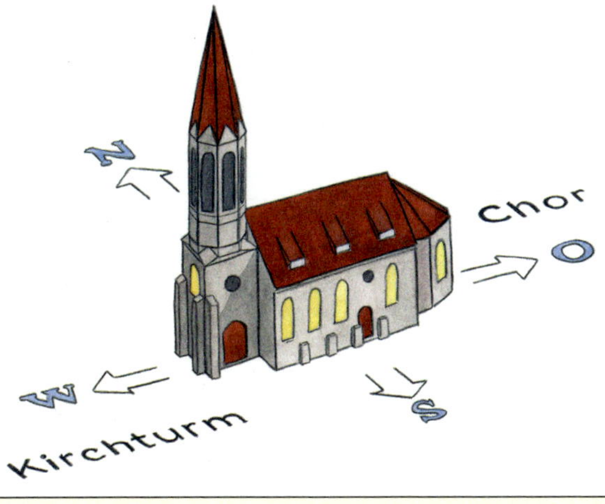

M 7 *Bestimmen der Himmelsrichtungen mithilfe von Geländemerkmalen*

Aus Luftbildern entstehen Karten

check-it
- Gebäude verorten
- Unterschiede zwischen Schräg- und Senkrechtluftbildern benennen
- Senkrechtluftbild und Karte vergleichen
- Luftbilder und Karten lesen

Luftbilder – ein Blick von oben auf die Erde

Wir sind es gewohnt unsere Umgebung aus unserer Augenhöhe zu beobachten. Wenn wir Fotos machen, dann sind es überwiegend Horizontalbilder. Das sind Bilder, die das zeigen, was wir sehen. Ungewohnt für uns sind Luftbilder, die einen Blick von oben auf die Erde darstellen.

Schrägluftbilder werden vom Hubschrauber, vom Ballon oder vom Flugzeug aus aufgenommen. Sie verbinden beides: die gewohnte Seitenansicht der Horizontalbilder und die Ansicht von oben. Ein Schrägluftbild gibt uns einen viel besseren Überblick über ein Gebiet als ein Horizontalbild. Wer von einem Kirchturm aus auf die Stadt blickt, sieht mehr und hat einen besseren Überblick als der, der auf der Straße steht. Wer von einem Aussichtsturm auf die Umgebung blickt, schaut weiter als der Wanderer am Fuße des Aussichtsturmes.

Senkrechtluftbilder enthalten nichts mehr von unserer gewohnten Sichtweise. Sie stellen Grundrisse von Häusern, den Verlauf von Straßen und Flüssen dar. Von den Häusern sieht man nur noch die Dächer, nicht mehr die Fassaden. Deshalb ähneln Senkrechtluftbilder sehr stark unseren Karten. Durch sie erhalten wir einen noch besseren Überblick über eine Stadt oder eine Landschaft. Höhenunterschiede wie auf einem Schrägluftbild sind auf dem Senkrechtluftbild nicht mehr zu erkennen.

Karten – verkleinert und verschlüsselt

Noch mehr Informationen über ein Gebiet enthält eine **Karte**. Eine Karte ist

M 1 *Schrägluftbild Ansbach*

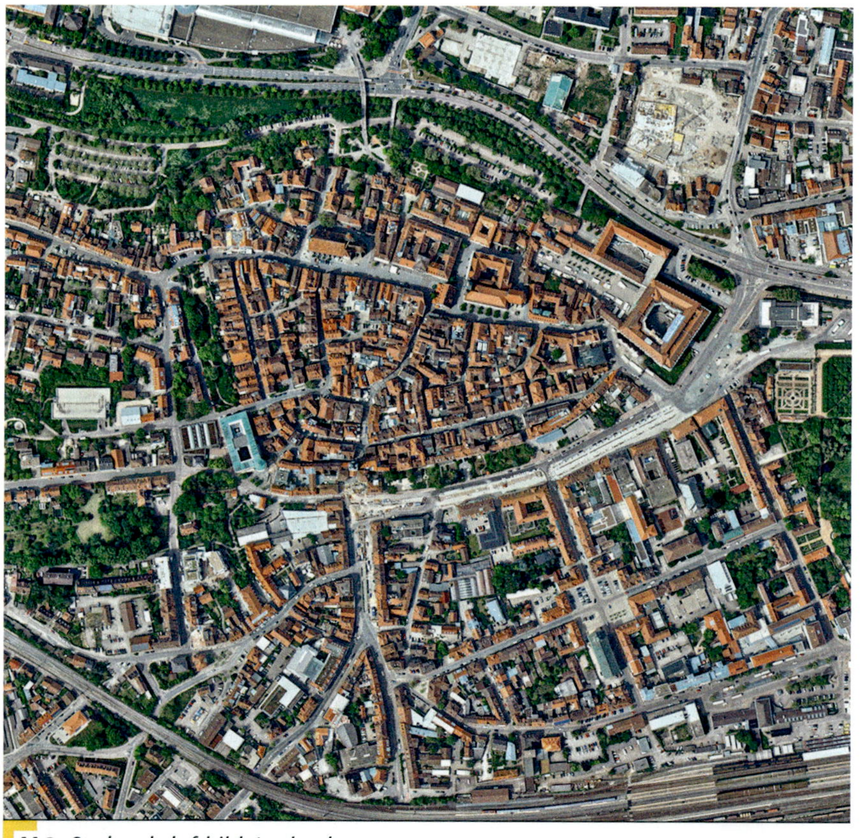

M 2 *Senkrechtluftbild Ansbach*

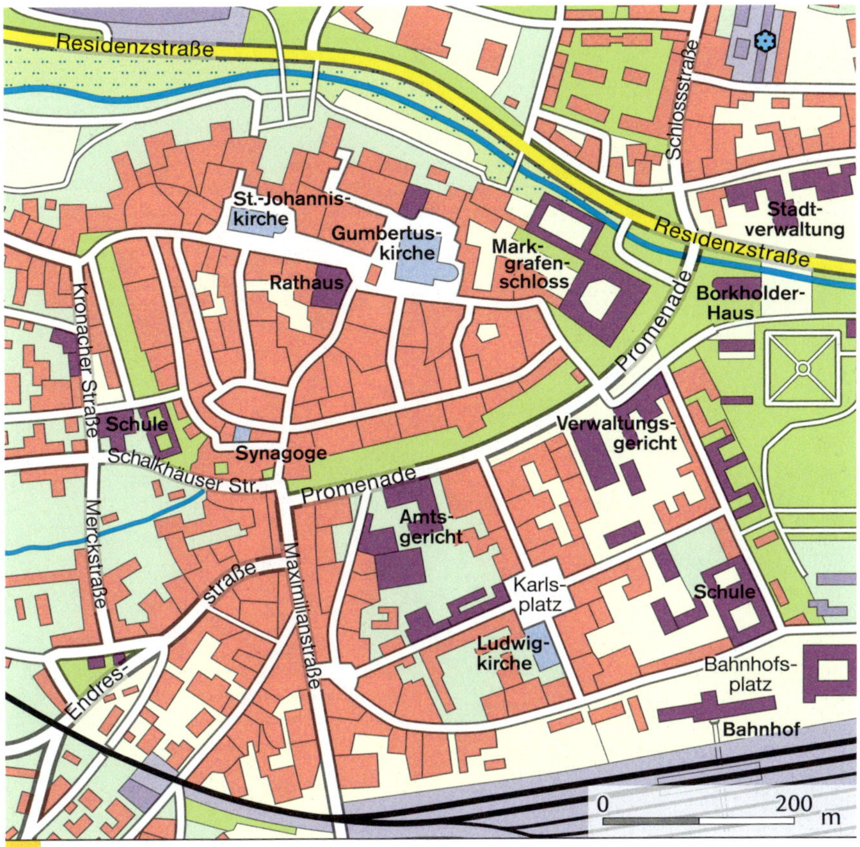

M 3 *Stadtplan Ansbach*

eine verkleinerte Abbildung der Wirklichkeit und enthält durch Farben und Kartenzeichen viele zusätzliche Informationen, die aus dem Luftbild nicht ablesbar sind. Allerdings gehen dabei auch Einzelheiten verloren und Häuser werden zum Beispiel zu einer roten Fläche zusammengefasst.

1 Benenne Unterschiede zwischen Schrägluftbild und Senkrechtluftbild. Fertige dazu eine Tabelle an (**M 1**, **M 2**).

2 Vergleiche Senkrechtluftbild, Stadtplan und Karte. Ergänze dazu die Tabelle (**M 2** bis **M 5**).

3 Erkläre, wie und warum sich die Darstellung von Ansbach auf den Karten verändert (**M 4**, **M 5**).

4 Suche im Stadtplan und danach im Schrägluftbild und im Senkrechtluftbild folgende Gebäude in Ansbach: St.-Johanniskirche, Markgrafenschloss, Bahnhof und Finanzdirektion (**M 1** bis **M 3**).

M 4 *Physische Karte 1 : 50 000*

M 5 *Physische Karte 1 : 750 000*

Wir erkunden unsere Schule mit digitalen Karten und Luftbildern

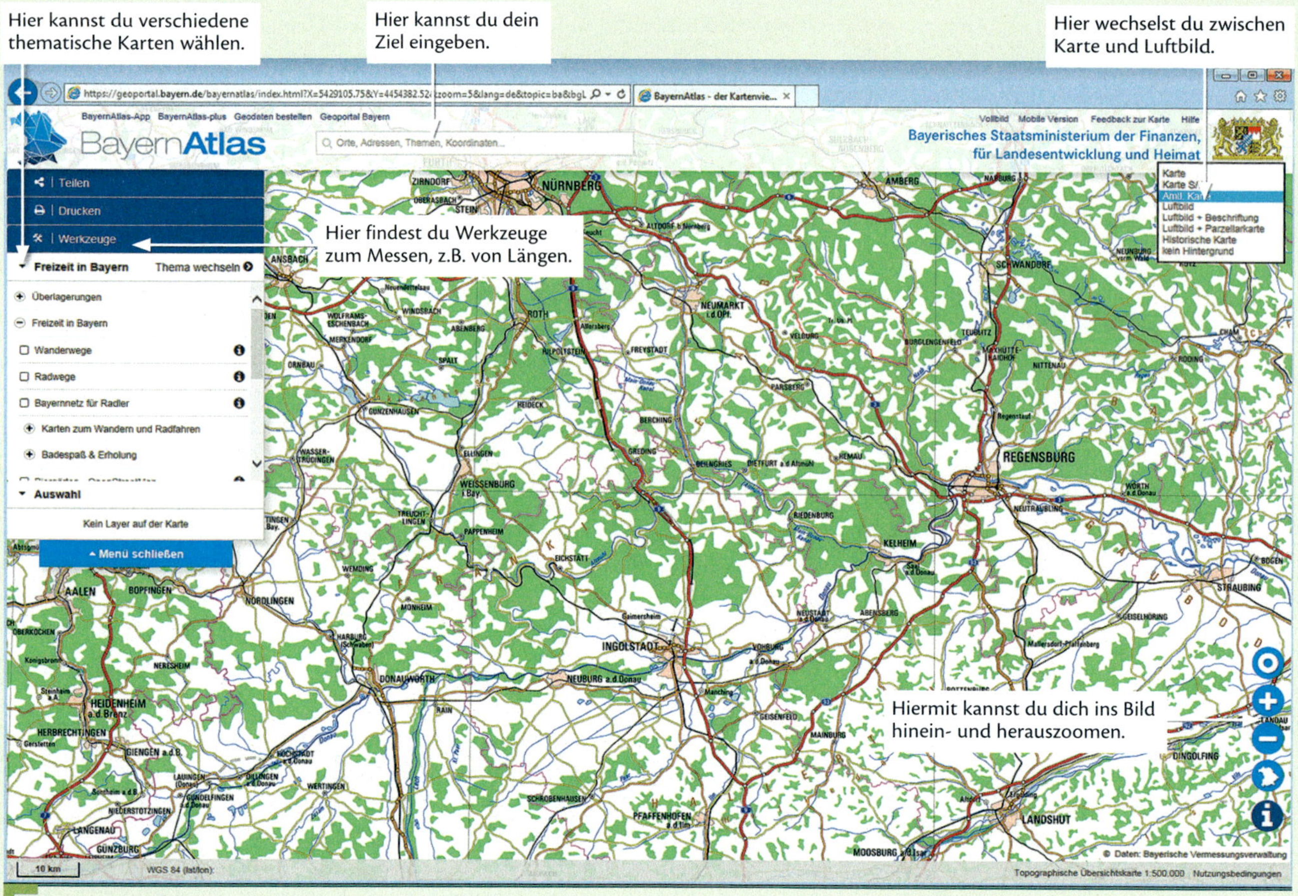

M 1 *Die Startseite des BayernAtlas*

check-it
- Unterschiede zwischen Karte und Luftbild kennen
- Informationen mit digitalen Karten beschaffen
- die eigene Schule als Luftbild kennenlernen und untersuchen

M 2 *Senkrechtluftbild von der Franz-Xaver-von-Schönwerth-Realschule in Amberg*

Luftbilder und digitale Karten

Um die Erde kreisen viele Satelliten, die stetig von der Erde Fotos machen. Fotos von der Erdoberfläche in Bayern kannst du dir mit dem BayernAtlas ansehen und direkt mit dem Kartenausschnitt vergleichen. In der Regel handelt es sich aber nicht um aktuelle Aufnahmen.

Arbeit mit dem BayernAtlas

1. Öffne die digitalen Karten und Luftbilder des BayernAtlas im Internet, indem du die Internetadresse in das Adressfeld des Internetbrowsers eingibst: http://www.bayernatlas.de
2. Gib die Zieladresse in das Suchfeld ein.
3. Zoome in den richtigen Ausschnitt.
4. Oben rechts auf der Internetseite kannst du für deinen Ausschnitt zwischen verschiedenen Karten und Luftbildern wählen.
5. Oben links auf der Internetseite findest du im Menü Werkzeuge, z. B. um Entfernungen zu messen. Dort gibt es aber auch verschiedene Themen von Karten, z. B. zum Wandern oder Radfahren.

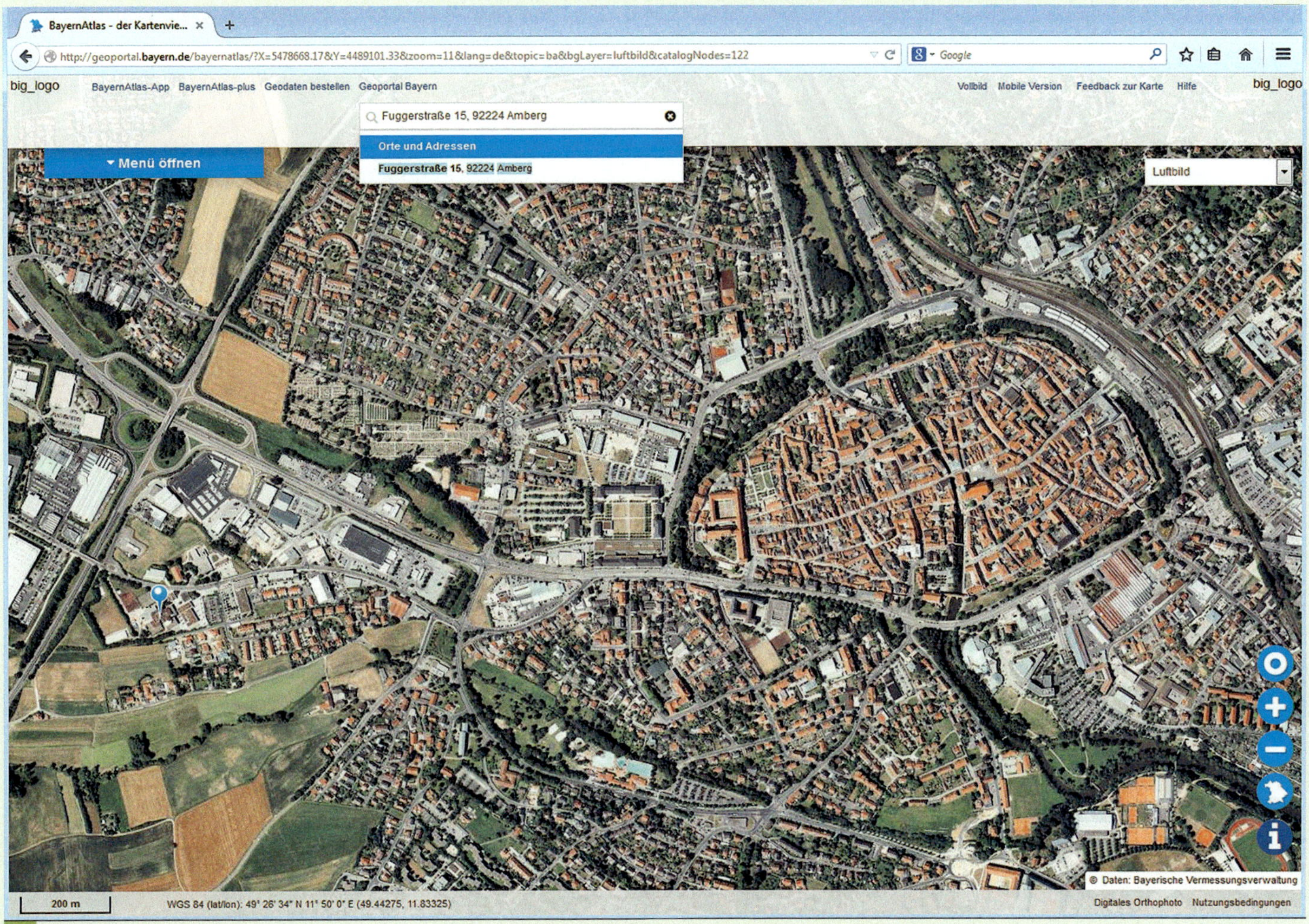

M 3 *Senkrechtluftbild von Amberg*

Vom Weltraum zur Schule

Unsere Reise geht zur Franz-Xaver-von-Schönwerth-Realschule in Amberg. Wir beginnen auf der Startseite des BayernAtlas (**M 1**). Zuerst tippen wir unser Ziel, die Adresse der Franz-Xaver-von-Schönwerth-Realschule (Fuggerstraße 15, 92224 Amberg), in das Suchfeld ein. Der BayernAtlas springt auf der Karte direkt zum Ziel und zeigt das Schulgelände formatfüllend. Oben rechts auf der Internetseite befindet sich ein Feld, in dem „Karte" steht. Dieses Feld anklicken und „Luftbild" wählen. Die Schule, die im Kartenausschnitt dargestellt ist, erscheint nun als Luftbild (**M 2**).

Luftbilder sind Aufnahmen, die „von oben" fotografiert wurden. Bei Bildern, die eine ganze Stadt oder Landschaft abbilden, fotografiert meist ein Satellit das Luftbild. Luftbilder, die das Ziel größer darstellen, wie zum Beispiel die Schule, werden von Flugzeugen aufgenommen.

Am unteren linken Rand der Aufnahme oder auch der Karte findest du die Angaben zum Gradnetz und die Maßstabsleiste. Bei **M 2** und **M 3** handelt es sich um Senkrechtluftbilder. Diese wurden genau senkrecht von oben fotografiert. Sie unterscheiden sich nur im Maßstab voneinander. Luftbilder stellen eine Momentaufnahme dar. So erkennst du Autos, die gerade im Augenblick der Aufnahme auf der Straße fahren. Auch Schatten sind sichtbar.

Der BayernAtlas kann mehr

Bei dem BayernAtlas hast du noch viele weitere interessante Möglichkeiten. Du kannst zum Beispiel:

- neben der Streckenmessung auch die Größe des Schulgebäudes oder des Schulhofes messen,
- das Luftbild mit Straßennamen oder auch mit den Grundstücksgrenzen anzeigen lassen,
- historische Karten mit heutigen Karten und Luftbildern vergleichen,
- unter dem Menüpunkt „Freizeit in Bayern" dir verschiedene Themen anzeigen lassen, zum Beispiel Wander- und Radwege, aber auch Badeanstalten, Freizeitparks, Tiergärten und vieles mehr,
- das „Thema wechseln". Beim Thema „Umwelt" den „Lärm an Hauptverkehrsstraßen" betrachten oder beim Thema „Naturgefahren" unter dem Punkt „Hochwasser" Überschwemmungsgebiete untersuchen.

1 Erkläre den Unterschied zwischen einer Karte und einem Luftbild (**M 1**, **M 2**).

2 Beschreibe mithilfe des BayernAtlas die Lage sowie das Aussehen deiner Schule. Miss auch die Größe der Gebäude sowie des Schulhofes.

Wir arbeiten mit dem Maßstab

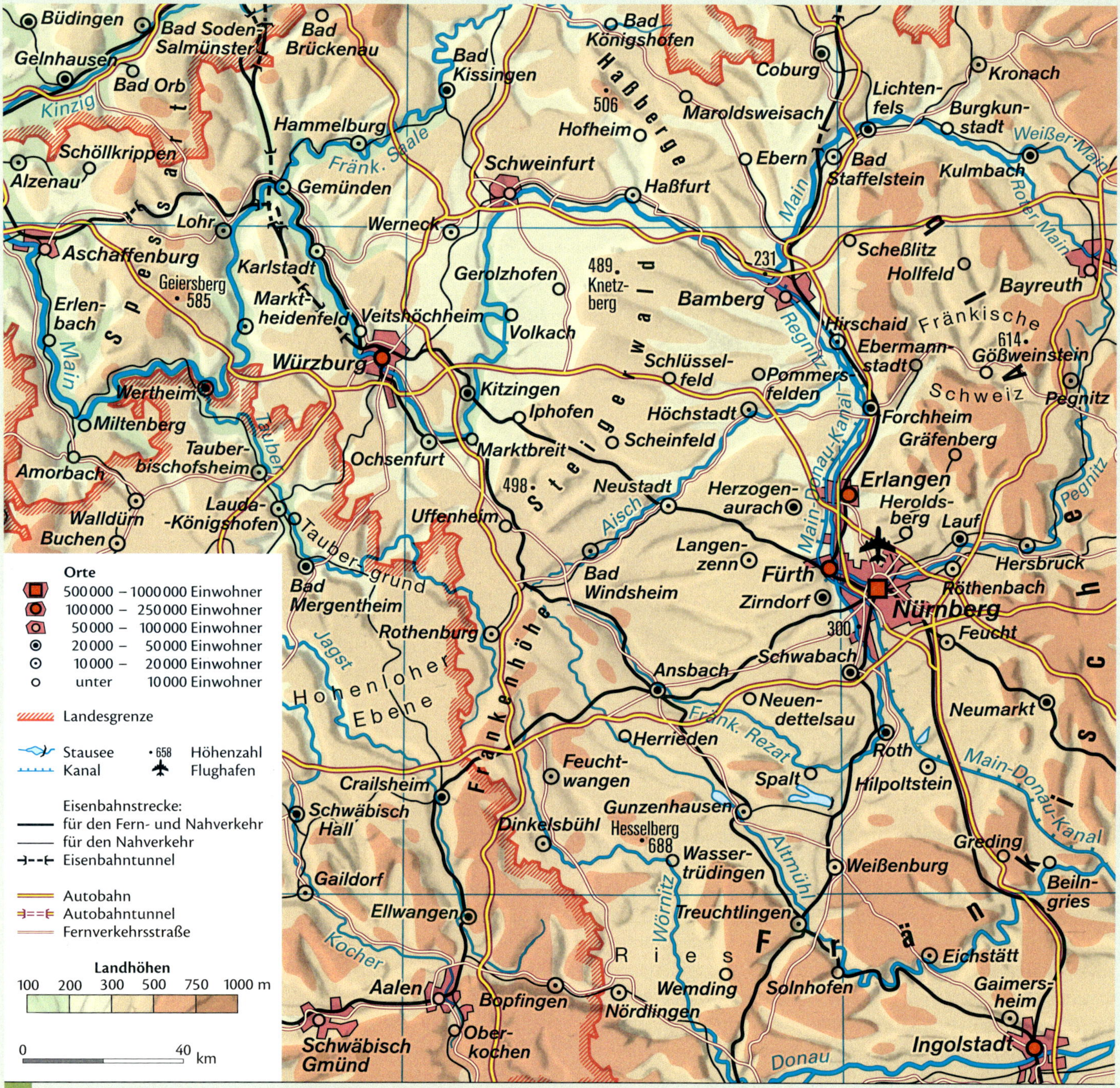

M 1 *Bayern: Physische Karte (Ausschnitt)*

check-it

- Begriff Maßstab kennen
- Bedeutung der Maßstabszahlen benennen
- mit dem Maßstab rechnen und Entfernungen bestimmen

Der Maßstab

Um zum Beispiel die Entfernung von Aschaffenburg nach Nürnberg in einer Karte darzustellen, muss die Strecke verkleinert werden. Das Maß der Verkleinerung wird als **Maßstab** bezeichnet.

Der Maßstab gibt an, um wie viel verkleinert eine Karte die Wirklichkeit wiedergibt.

Der Maßstab ist auf jeder Karte angegeben, entweder als Maßstabszahl oder als Maßstabsleiste.

Ein Maßstab ist groß, wenn die Wirklichkeit verhältnismäßig groß und genau dargestellt ist, aber deshalb nur ein kleiner Ausschnitt der Erdoberfläche auf der Karte zu sehen ist.

Ein Maßstab ist klein, wenn die Karte weniger Einzelheiten zeigt und dafür ein großer Ausschnitt der Erdoberfläche abgebildet ist.

M 2 *Ein ICE in der Wirklichkeit und im Modell*

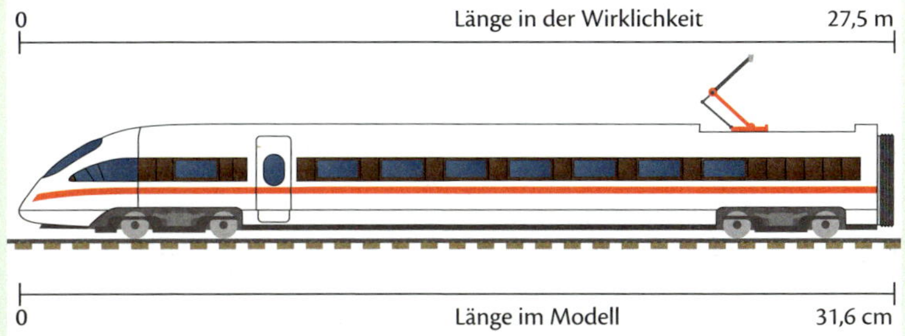

M 3 *Länge eines ICE in der Wirklichkeit und im Modell*

Maßstäbe	**Entfernungen in der Wirklichkeit**
	1 cm auf der Karte entspricht
Stadtplan 1:5000	1 cm = 5000 cm 1 cm = 50 m
Wanderkarte 1:10 000	1 cm = 10 000 cm 1 cm = 100 m
Straßenkarte 1:100 000	1 cm = 100 000 cm 1 cm = 1000 m 1 cm = 1 km
Weltkarte im Atlas 1:30 000 000	1 cm = 30 000 000 cm 1 cm = 300 km

1:5 000 1:10 000	großer Maßstab
1:100 000	mittlerer Maßstab
1:500 000 1:30 000 000	kleiner Maßstab

M 4 *Bedeutung der Maßstabszahlen*

1 km = 1000 m = 100 000 cm
Wenn der Maßstab 1 : 100 000 lautet, entspricht 1 cm auf der Karte 100 000 cm in der Wirklichkeit.
Wir schreiben: 1 cm = 100 000 cm oder
1 cm = 1 km (Wir streichen also in Gedanken fünf Nullen weg.)
Wenn die Strecke in Wirklichkeit 1 km lang ist, wird sie auf einer Karte mit dem Maßstab 1 : 100 000 in der Länge von 1 cm wiedergegeben.

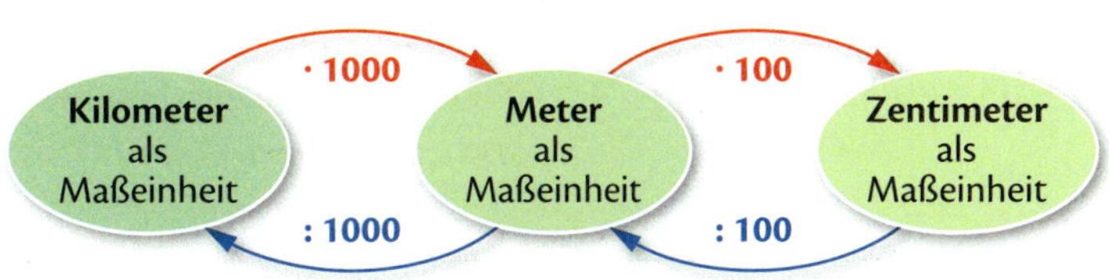

M 5 *So rechnen wir mit dem Maßstab*

Checkliste zur Bestimmung der Entfernung mit der Maßstabszahl

- **1. Schritt:** Wähle dir zwei Punkte auf der Karte.
- **2. Schritt:** Miss die Entfernung mit deinem Lineal.
- **3. Schritt:** Rechne die Entfernung mithilfe des Maßstabs in die Länge um, die sie in Wirklichkeit beträgt.

Beispiel für das Bestimmung der Entfernung mit der Maßstabszahl

- **1. Schritt:** Wir benutzen dazu die Karte **M 1**. Es ist die Entfernung (Luftlinie) zwischen Aschaffenburg und Nürnberg zu bestimmen.
- **2. Schritt:** Mit dem Lineal messen wir 15 cm.
- **3. Schritt:** Der Maßstab ist 1:1 000 000. Somit beträgt die Entfernung 1 000 000 mal 15 cm = 15 000 000 cm = 150 000 m = 150 km.

1 Entwirf den Plan deines eigenen Klassenzimmers und zeichne den Lehrertisch und deinen Tisch im Maßstab 1:100 ein.

2 Berechne den Maßstab für
1 cm = 4 km,
1 cm = 200 m,
1 cm = 500 km. Beachte dazu **M 4** und **M 5**.

3 Du misst auf einer Karte mit dem Maßstab 1:500 000 von Ort zu Ort 5 Zentimeter. Wie viele Kilometer lang ist die Strecke in Wirklichkeit?

4 Miss und berechne die Entfernungen:
– von Würzburg nach Bayreuth,
– von Ansbach nach Ingolstadt,
– von Ingolstadt nach Aschaffenburg,
– von Bamberg nach Schweinfurt (**M 1**).

Wir lesen physische Karten

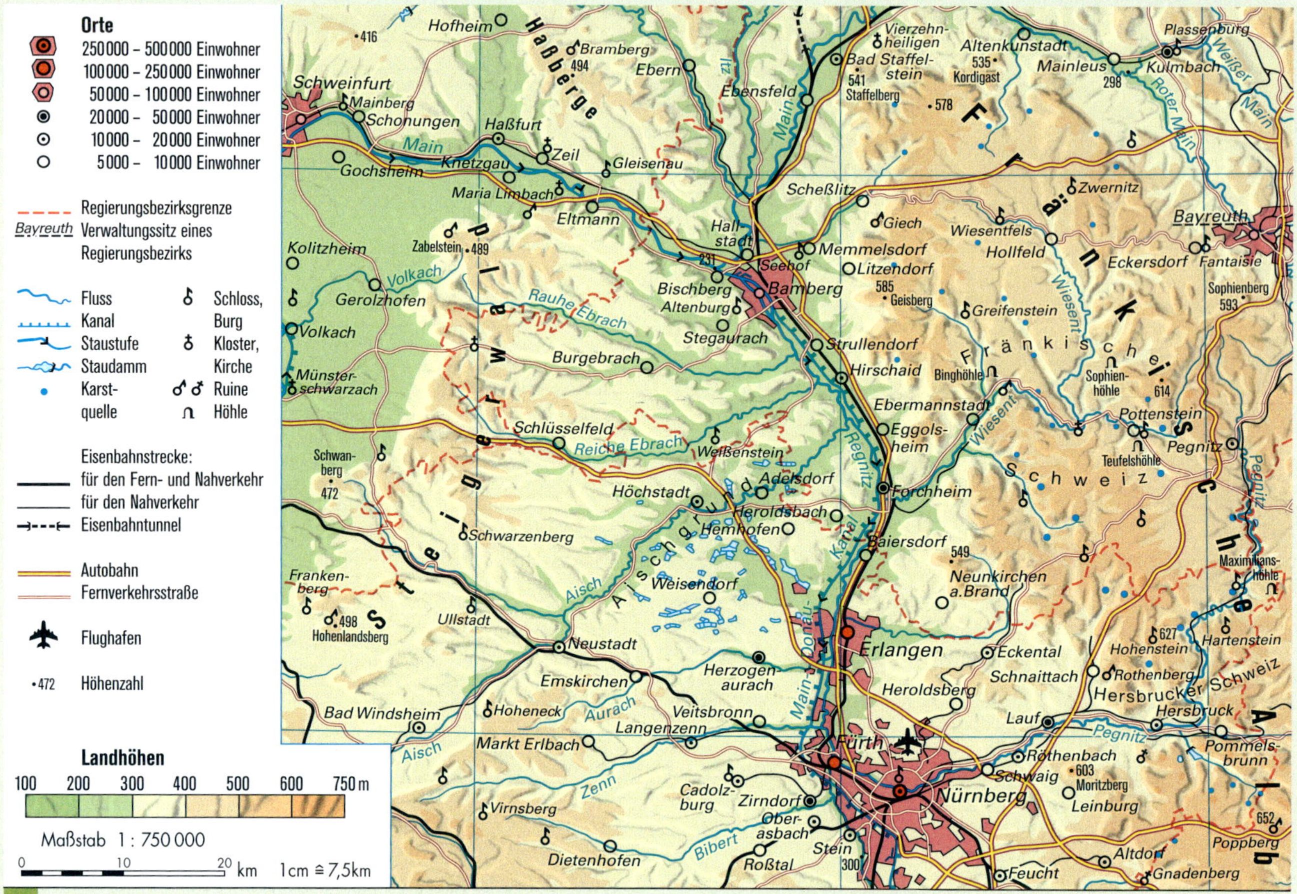

M 1 *Physische Karte Bayern (nördlicher Teil)*

check-it
- die Begriffe physische Karte, Höhenpunkt, Höhenlinie, Höhenschicht, Schummerung und Normalnull (NN) erläutern
- Höhendarstellungen auf der physischen Karte verstehen
- physische Karten lesen

Die **physische Karte** zeigt, wo Orte, Gebirge und andere Landschaften liegen. Sie gibt aber auch Auskunft über den Verlauf von Grenzen, Flüssen, großen Straßen und Eisenbahnlinien.
Durch **Höhenpunkte, Höhenlinien** und **Höhenschichten** kann man feststellen, in welcher Höhenlage ein Ort oder eine Landschaft liegt. Die physische Karte wird oft genutzt, um sich zu orientieren.
In der physischen Karte wird die Wirklichkeit durch Linien, Zeichen (Signaturen) und Farben dargestellt. Diese Kartensprache wird in der **Legende** erklärt.

Checkliste zum Lesen einer physischen Karte

1. Schritt: Orientiere dich über den Karteninhalt.
Lies den Kartentitel und suche die Legende.
2. Schritt: Lies die Legende.
Ermittle den Maßstab der Karte.
Informiere dich über die Bedeutung der Zeichen, Linien und Farben.
3. Schritt: Beschreibe den Karteninhalt.
Du kannst zum Beispiel die Lage von Landschaften und Orten, die Fließrichtung von Flüssen, den Verlauf von Verkehrswegen und Grenzen beschreiben sowie die Höhenlage von Städten, Landschaften und Bergen ermitteln.

Beispiel für das Lesen einer physischen Karte (M1)

1. Schritt: Orientieren über den Karteninhalt.
Die Karte stellt den nördlichen Teil Bayerns dar. Die Legende befindet sich am linken Kartenrand.
2. Schritt: Lesen der Legende.
Die Karte hat den Maßstab 1 : 750 000, das heißt, 1 cm auf der Karte entspricht 7,5 km in der Wirklichkeit.
Die Orte sind als kreisförmige oder quadratische Signaturen abgebildet, Flüsse sind blaue Linien, Grenzen rote Linien mit einem Grenzband, Eisenbahnen schwarze Linien, Straßen gelbe oder weiße Linien mit grauem Rand.

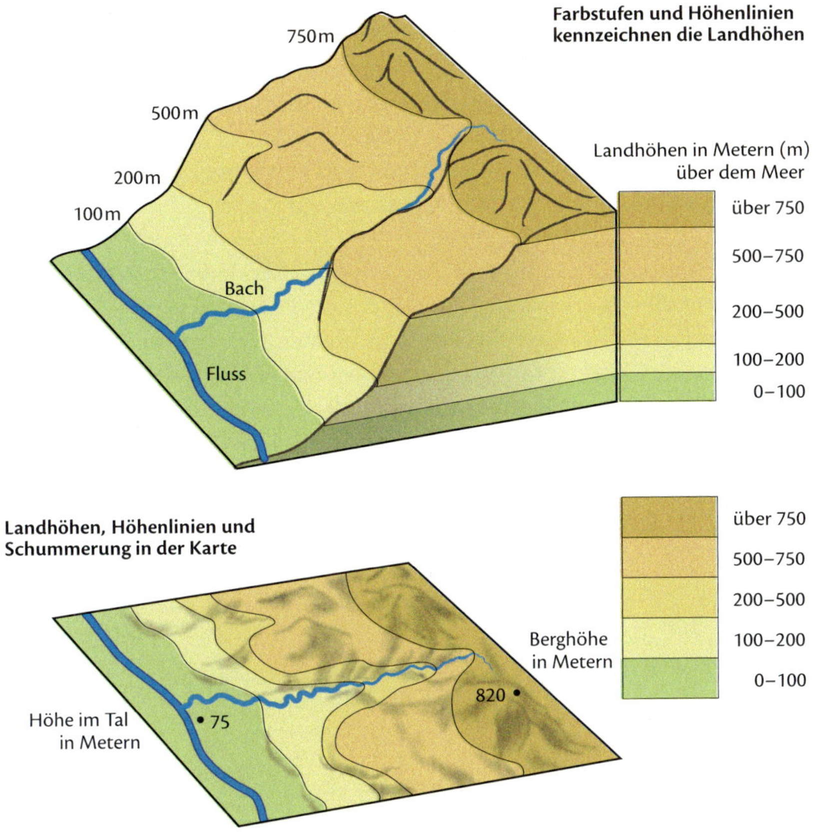

Höhenpunkte: Geländepunkte auf Karten, die mit einer Höhenangabe versehen sind. Alle Höhenangaben beziehen sich auf den **Meeresspiegel**. Dieser ist gleich Normalnull (NN).

Höhenlinien: Linien, die Punkte gleicher Höhe auf Karten miteinander verbinden. Wenn die Höhenlinien weit auseinanderliegen, ist das Gelände flach, wenn sie dicht beieinanderliegen, ist das Gelände steil.

Höhenschichten liegen zwischen zwei Höhenlinien und kennzeichnen eine Höhenlage. Unterschiedliche Höhenlagen werden durch verschiedene Farben sichtbar gemacht.

Schummerung: Grauer Schatten, der über die Höhenlinien gedruckt wird, damit Berge, Berghänge und andere Geländeformen dadurch leichter vorstellbar sind.

M 2 *Höhendarstellung im Blockbild und auf der Karte*

Die Höhenlage wird durch farbige Höhenschichten dargestellt, Höhenpunkte sind schwarze Punkte.

3. Schritt: Beschreiben des Karteninhalts an Beispielen.

- Städte über 250 000 Einwohner: Nürnberg,
- Städte über 100 000 Einwohner: Fürth, Erlangen,
- Städte über 50 000 Einwohner: Bamberg, Bayreuth, Schweinfurt,
- Flüsse: Regnitz, Main, Itz, Roter Main, Weißer Main, Wiesent, Pegnitz, Bibert, Zenn, Aurach, Aisch u. a.
- Landschaften: Fränkische Alb, Steigerwald, Haßberge, Aischgrund, Fränkische Schweiz u. a.
- Eisenbahnverbindungen (für den Fernverkehr, in Auswahl): Nürnberg–Bamberg–Ebensfeld weiter nach Nordost, Nürnberg–Fürth weiter nach Nordwest u. a.
- Berge: Staffelberg 541 Meter, Geisberg 585 Meter, Sophienberg 593 Meter, Hohenstein 627 Meter, Poppberg 652 Meter, Hohenlandsberg 498 Meter u. a.
- Lage von Orten: Erlangen und Bamberg liegen an der Regnitz und dem Main-Donau-Kanal, durch Schweinfurt fließt der Main, in Nürnberg kreuzen sich viele Verkehrswege,
- Fließrichtung von Flüssen: Die Regnitz fließt nach Norden und mündet in den von Norden kommenden Main. Der Main fließt weiter nach Westen.

1 Erläutere, welche Möglichkeiten es gibt, Höhen auf Karten darzustellen (**M 1** und **M 2**).

2 Nenne das Hilfsmittel, welches angewandt wird, um Oberflächenformen auf Karten leichter vorstellbar zu machen (**M 2**)?

3 Nenne die Höhe der Quelle des Baches und die Höhe seiner Mündung in den Fluss (**M 2**).
Begründe, warum du keine exakten Höhen angeben kannst.

4 Beschreibe Möglichkeiten der Höhenmessung (**M 3**).

5 Nenne die Informationen, die du aus der physischen Karte entnehmen kannst. Stelle eine Liste zusammen (**M 1**).

6 Ermittle die Aussagen der Karte (**M 1**) zu Eltmann (nordwestlich von Bamberg).

7 Ordne den Kartenausschnitt (**M 1**) in die physische Karte Deutschlands (Karte Seite 177) ein. Was fällt dir dabei auf?

Der Atlas – gewusst wo, gewusst wie!

check-it
- Bestandteile des Atlas benennen
- Kartenweiser, Inhaltsverzeichnis und Namensverzeichnis nutzen
- Orte, Gewässer, Gebirge u.a. im Atlas finden

Was ist ein Atlas?
Der Atlas ist ein Kartenbuch. In ihm sind physische Karten (zum Beispiel auf Seite 174) und thematische Karten (zum Beispiel auf Seite 175) zusammengefasst. Die Karten zeigen verschiedene Gebiete der Erde in unterschiedlichen Maßstäben.

Wie ist der Atlas aufgebaut?
Der Atlas besteht meist aus drei großen Teilen: Kartenweiser und Inhaltsverzeichnis, Kartenteil, Namensverzeichnis (Register).

Der **Kartenweiser (die Kartenübersicht)** zeigt, welche Kartenblätter im Atlas vorhanden sind. Er erleichtert damit die Orientierung über den Inhalt des Atlas. Um eine Atlaskarte im Kartenweiser zu suchen, muss man ungefähr wissen, wo sich das gesuchte Gebiet befindet.

Im **Inhaltsverzeichnis** sind alle Karten mit Seitenangaben aufgeführt. Die Karten werden in allen Atlanten nach Kontinenten geordnet.

Das **Namensverzeichnis (Register)** befindet sich hinter dem Kartenteil im Atlas. Hier sind die Namen aller in die Atlaskarten eingetragenen Orte, Staaten, Gebirge, Flüsse, Seen, Landschaften, Inseln, Halbinseln und Meere in alphabetischer Reihenfolge aufgeführt. Zum gesuchten Namen werden die Kartenseite und die Lage im **Gradnetzfeld** angegeben.

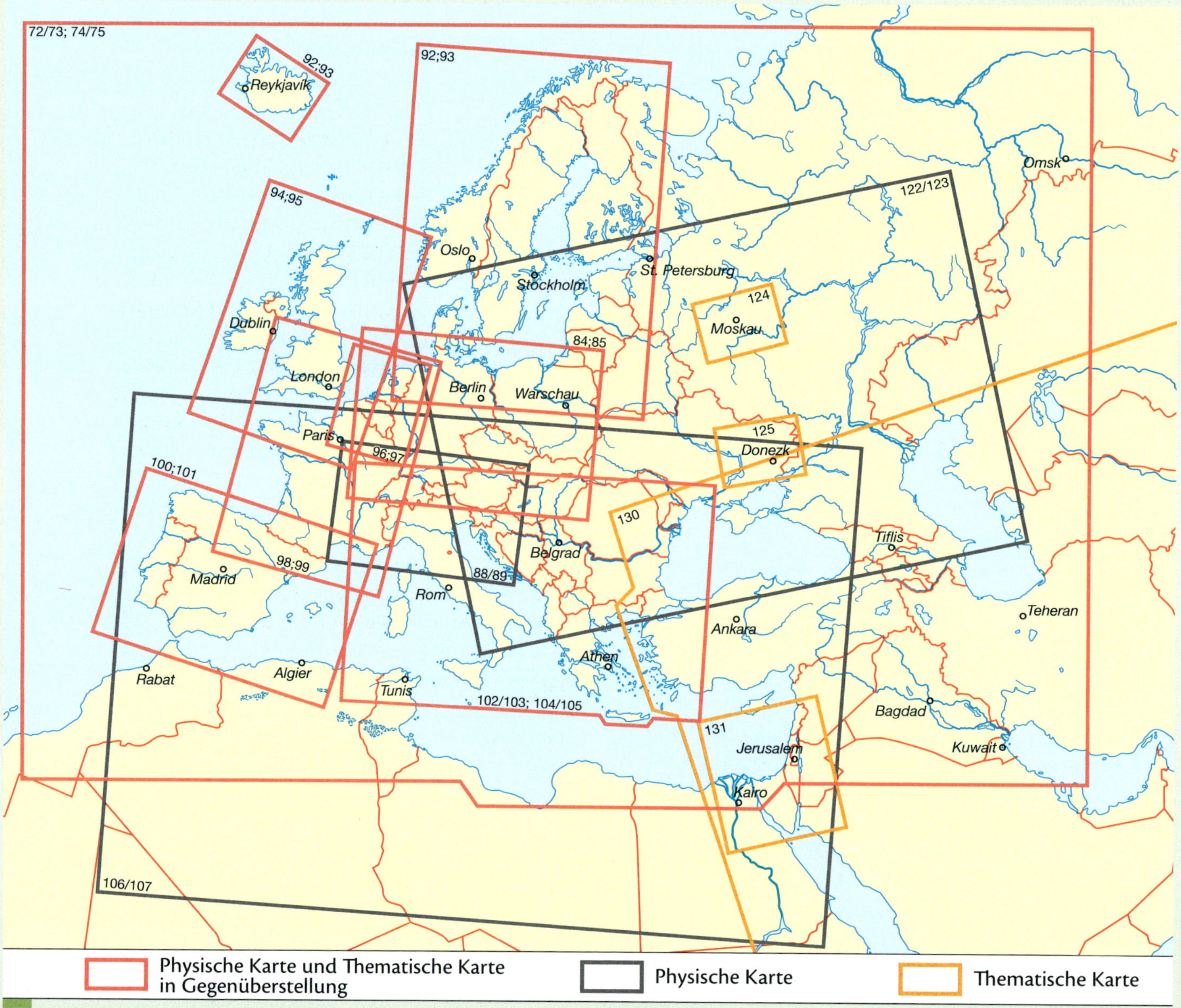

M 1 *Beispiel für einen Kartenweiser zu Europa*

Checkliste zur Arbeit mit dem Atlas

Wie findest du die geeignete Atlaskarte?

- Orientiere dich im Kartenweiser und/oder im Inhaltsverzeichnis über das Angebot an Karten.
- Wähle eine geeignete Atlaskarte aus.
- Prüfe anhand des Kartenthemas, des Kartenausschnittes, des Maßstabes und der Zeichenerklärung (Legende), ob die Karte wirklich geeignet ist.

Beispiel: Suche eine geeignete Atlaskarte zum Thema: Wirtschaft in Italien

Der Kartenweiser (**M 1**) zum Thema Italien zeigt, dass Italien beziehungsweise Teile Italiens auf mehreren Karten zu finden sind, zum Beispiel auf den Karten Seiten 106/107 und 102/103. Wenn du in einem Atlas nachschlagen würdest, könntest du feststellen, dass die Karte 102/103 aufgrund ihres Maßstabs und ihres Themas besser geeignet ist.

Wie findest du einen Namen im Register?

- Suche den Namen im alphabetisch geordneten Register.
- Stelle fest, ob es sich um einen Fluss, einen Ort, einen Staat oder einen anderen Sachverhalt handelt.
- Entnimm die Angaben zur Kartenseite und zum Gradnetzfeld.
- Schlage die angegebene Karte auf und suche das Objekt im Gradnetzfeld.

Aufgabe: Suche Luxemburg

- Das Register (S. 184 bis 188) zeigt: Luxemburg, Staat, also das Land Luxemburg und Luxemburg, Stadt, das heißt die Hauptstadt von Luxemburg.
- Luxemburg, Staat, 178/179 JK 6
- Luxemburg, Stadt 177 AB 4
- Luxemburg ist ein kleines Land, das von Frankreich, Deutschland und Belgien begrenzt wird.

M 2 *Deutschlandkarte mit Gradnetzfeldern*

1. Suche im Kartenweiser (**M 1**) geeignete Karten zu folgenden Themen: Mittelmeer, Großbritannien, Spanien, Island.
2. Nenne die Städte, auf die in der Karte **M 2** die folgenden Angaben zutreffen: D 2, BC 2, A 4, D 1, B 4.
3. Suche im Register des Atlas einen Namen. Lasse einen Mitschüler diesen Namen im Register mit den dazugehörenden Angaben aufsuchen und anschließend auf der Atlaskarte zeigen. Tauscht danach die Rollen beim Suchen und Finden.
4. Weise mit Beispielen aus dem Atlas nach, dass folgende Aussage richtig ist: Der Atlas enthält Karten unterschiedlicher Maßstäbe zu verschiedenen Themen und Räumen.

Was ist ein Gradnetzfeld?

Das Gradnetz teilt eine Karte ein und wird wie die Planquadrate eines Stadtplans genutzt. Die einzelnen Abschnitte bezeichnen die Lage eines Objekts im Gradnetzfeld (zum Beispiel liegt Augsburg in **M 2** im Gradnetzfeld C 4).

2 Die Erde als Himmelskörper beschreiben

Unsere Erde – ein Himmelskörper?
Wenn wir in den klaren Nachthimmel schauen, können wir erahnen, wie riesig das Weltall ist. Mithilfe eines Fernrohrs können wir viele Sterne und Sternsysteme erkennen. Eines davon ist die Milchstraße, die als Zeichnung hier abgebildet ist. Sie ist so groß, dass das Licht 100 000 Jahre von einem zum anderen Ende braucht! Unser Sonnensystem ist ein winzig kleiner Teil der Milchstraße und in ihm findet man unsere Erde als einen von vielen Himmelskörpern.

In diesem Kapitel lernst du
- Merkmale des Sonnensystems zu benennen,
- die Erforschung und Nutzung des Weltraums mithilfe von Satelliten zu beschreiben,
- die Einzigartigkeit des Planeten Erde und seine Bewegungen zu erläutern,
- die Gestalt und die Tiefen der Erde zu beschreiben und
- die Epochen der Erdgeschichte zu vergleichen.

Dazu nutzt du:
- Bilder,
- Grafiken und
- den Globus.

Du beurteilst
- die Bedeutung der Erforschung des Weltalls für das Leben auf der Erde.

Eine Galaxie – unzählig viele Elemente

M 1 *Der Himmel bei Nacht am Forggensee*

check-it
- Elemente einer Galaxie beschreiben
- Eigenschaften der Himmelskörper vergleichen
- Bedeutung der Sonne erläutern
- Tabelle erstellen

Blick in den Nachthimmel

Betrachten wir den Nachthimmel, können wir schon einige Elemente unserer Galaxie, der **Milchstraße**, beobachten. Wir sehen den **Mond**, Sterne und manchmal auch Sternschnuppen oder sogar einen Teil der Milchstraße. Mit bloßem Auge können wir höchstens 3000 Sterne am Nachthimmel sehen – das ist nur ein kleiner Teil der Sterne unserer Milchstraße.

Elemente einer Galaxie

Die Milchstraße besteht aus unvorstellbar vielen Sternen. Sie sind der Hauptbestandteil einer Galaxie. Dabei handelt es sich um Himmelskörper, die wegen ihrer hohen Temperaturen leuchten und dabei für uns Menschen sichtbares Licht abgeben. Auch die Sonne ist ein großer Fixstern innerhalb unserer Galaxie. Ein **Fixstern** ist sie, weil sie immer an derselben Stelle steht. Die Sonne wirkt nur deshalb so groß, weil sie im Gegensatz zu den anderen Sternen der Erde viel näher ist.

Planeten, wie sie auch in unserem Sonnensystem vorkommen, gehören ebenfalls zu einer Galaxie. Ein Planet ist ein Himmelskörper, der sich in einer kreisähnlichen Bahn um einen Stern be-

Der Durchmesser der Sonne ist etwa 109-mal größer als der des Planeten Erde. Zum Vergleich muss man sich die Sonne als großen Gymnastikball vorstellen und eine kleine Kirsche als Erde in Gedanken danebenlegen.

An der Oberfläche ist die Sonne etwa 6000 Grad Celsius heiß. Ein Sonnenstrahl braucht in etwa acht Minuten bis zur Erde, denn die Sonne ist von der Erde etwa 150 Millionen Kilometer entfernt.

Die Sonne schickt unterschiedliche Strahlen auf die Erde: Zum einen sendet sie sichtbares Licht aus, zum anderen spürbare Wärmestrahlen. Außerdem kommen aber auch gefährliche Strahlen von der Sonne, die weder sichtbar noch spürbar sind. Diese sind gefährlich für die Augen und die Haut. Deshalb müssen wir uns mit Sonnenschutz und Sonnenbrille schützen.

M 2 *Die Sonne – ein Feuerball*

wegt. Außerdem kann ein Planet nicht von sich aus scheinen. Er strahlt nur das Licht der Sterne zurück.

Monde bewegen sich nicht um einen Stern, sondern um einen Planeten, zu dem sie gehören. Unser Mond braucht ungefähr 30 Tage, um die Erde einmal zu umkreisen. Auch Monde können kein Licht abgeben. Wenn der Mond am Nachthimmel leuchtet, so sehen wir den Teil des Mondes, der von der Sonne angestrahlt wird. Er ist manchmal ganz, halb oder auch fast gar nicht zu sehen.

Manchmal schlagen Teile aus dem Weltall auf der Oberfläche der Erde ein, die **Meteoriten**. Das sind größere Gesteinsbrocken, die im Sonnensystem entstanden sind und so lange überleben konnten, bis sie den Erdboden erreicht haben. Das kommt aber nur sehr selten vor. Material mit der Größe eines Sandkorns dagegen sieht man sehr häufig als Lichtschweif am Nachthimmel. Das sind die Sternschnuppen. Sie werden genau in diesem Augenblick zum Glühen gebracht und zerstört.

M 3 *Elemente unserer Galaxie*

Das Weltall – unzählig viele Galaxien

Das Weltall enthält noch weitere Milliarden von Galaxien, die in unterschiedlichen Größen und Formen zu finden sind. Neben der Ansammlung von vielen Sternen besteht eine Galaxie aus Planeten, Gasnebeln und weiteren Objekten. Im Zentrum der meisten Galaxien befindet sich ein sogenanntes schwarzes Loch, das im Prinzip aus ganz vielen Sternen besteht, die nach ihrem Erlöschen kein Licht mehr abgeben.

1 Beschreibe die Elemente unserer Galaxie (**M 1** bis **M 4**).
2 Erläutere, weshalb die Sonne ein ganz besonderer Stern ist (**M 2**).
3 Vergleiche die Himmelskörper Stern, Planet und Mond. Erstelle dazu eine Tabelle (**M 1** und **M 3**).
4 Informiere dich im Internet über Meteoriteneinschläge in Bayern und berichte vor der Klasse (**M 4**).

M 4 *Größter gefundener Eisenmeteorit (etwa 55 Tonnen Gewicht, Namibia)*

Unsere Erde – ein Planet im Sonnensystem

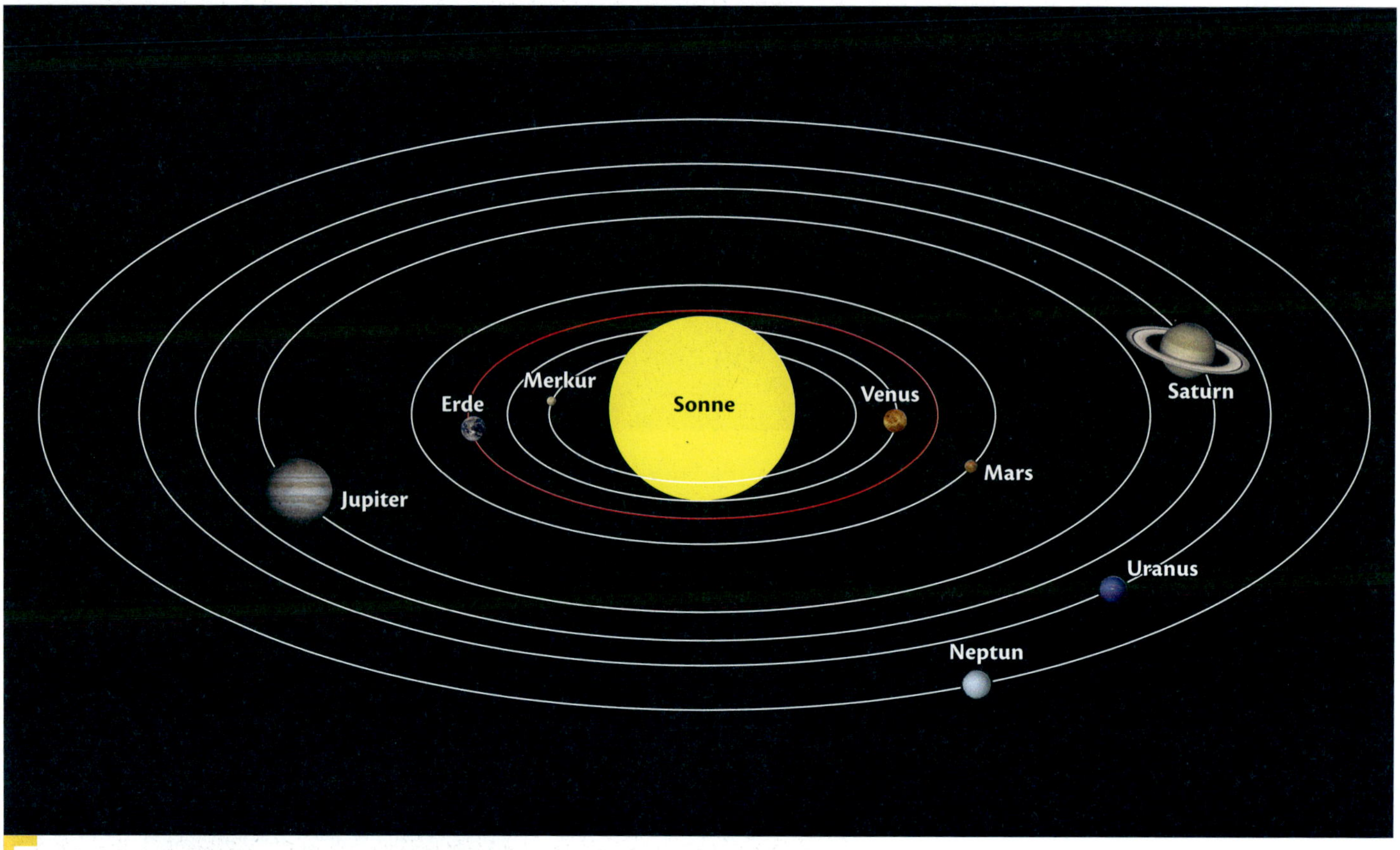

M 1 *Das Sonnensystem*

check-it
- Merkmale unseres Sonnensystems und Lage der Planeten beschreiben
- die Bewegung der Erde beschreiben
- Folgen der Erdrotation erklären
- Informationen in einer Tabelle darstellen
- einen Versuch durchführen

Unser Sonnensystem

Unsere Erde ist einer von vielen Himmelskörpern, die die Sonne umkreisen. Diese Himmelskörper nennen wir **Planeten.** Die acht Planeten erhalten ihr Licht von der Sonne und bilden zusammen mit ihr das **Sonnensystem.** Um sieben Planeten kreisen außerdem ein oder mehrere Monde.

Die Erde dreht sich um die Sonne

Früher dachten die Menschen, dass sich die Sonne um die Erde bewegt. Vor 500 Jahren aber verblüffte der Astronom Nikolaus Kopernikus mit der Erkenntnis: „Die Sonne hat ihren festen Platz im Weltraum. Die Erde aber bewegt sich um die Sonne."
Die Erde braucht für eine Drehung um die Sonne 365 Tage und 6 Stunden. Das ist das Sonnenjahr. Wir rechnen aber

Versuch

- Material: Taschenlampe, Globus (möglichst groß), verdunkeltes Klassenzimmer
- Durchführung: Den Globus so aufstellen, dass der Lichtkegel der Taschenlampe die Breite des Durchmessers vom Globus hat. Den angestrahlten Globus langsam von Westen nach Osten drehen.

M 2 *Versuch: Entstehung von Tag und Nacht*

im Kalenderjahr mit vollen Tagen und nicht mit Stunden. Deshalb werden alle vier Jahre die zusätzlichen Stunden (4 × 6 Stunden = 24 Stunden = 1 Tag) im Schaltjahr untergebracht. Der Schalttag ist alle vier Jahre der 29. Februar.

Die Erde dreht sich um sich selbst

Die Erde dreht sich im Laufe eines Tages auch einmal um die eigene Achse, und zwar von Westen nach Osten. Diese Bewegung heißt **Erdrotation**. Sie ist für die Entstehung von Tag und Nacht verantwortlich.
Durch die Erdrotation wandert die Sonne scheinbar innerhalb von 24 Stunden einmal von Osten nach Westen um die Erde. In den Gebieten, die von der Sonne beschienen werden, ist es Tag. In den Gebieten, die der Sonne abgewandt sind, ist es in dieser Zeit Nacht. Da sich die Erde von Westen nach Osten um ihre eigene Achse dreht, geht die Sonne morgens im Osten auf und abends im Westen unter.

1 Beschreibe die Lage der Planeten zueinander. Beachte dabei die Reihenfolge. Beginne mit der Sonne (**M 1**).
2 Sortiere die Planeten nach ihrer Größe und ordne ihnen die Entfernung von der Sonne zu (**M 1**, **M 3**). Lege dazu eine Tabelle an.
3 Bilde einen Merksatz: Je größer die Entfernung der Planeten von der Sonne, desto … (**M 3**).
4 Erkläre die Erdrotation und ihre Folgen (**M 2**).
5 Stelle fest, wie viele Tage ein Schaltjahr hat.
6 Erkläre, welche Folgen es hätte, wenn die Erde sich nicht um die eigene Achse drehen würde. Nutze dazu den Globus (**M 2**).

	Entfernung zur Sonne (in Mio. km)	Umlaufzeit um die Sonne	Durchmesser (in km)
Neptun	4 500	164 Jahre 282 Tage	49 500
Uranus	2 870	84 Jahre 5 Tage	51 100
Saturn	1 430	29 Jahre 167 Tage	120 500
Jupiter	780	11 Jahre 314 Tage	143 000
Mars	230	1 Jahre 322 Tage	6 800
Erde	150	1 Jahr	12 800
Venus	108	225 Tage	12 100
Merkur	58	88 Tage	4 900

M 3 *Die Planeten unseres Sonnensystems*

Satelliten – der Mensch nutzt den Weltraum

check-it
- Merkmale von Satelliten beschreiben
- Funktion eines Navigationsgerätes erklären
- Bedeutung von Wettersatelliten erläutern
- Grafiken auswerten
- Bedeutung von Satelliten für unseren Alltag beurteilen

Satelliten umkreisen die Erde

Satelliten sind technische Geräte, die auf einer festen Umlaufbahn die Erde umkreisen und dabei regelmäßig Daten an die Bodenstationen auf der Erde senden. Dort werden diese Daten bearbeitet und weitergeleitet. Die von Satelliten gesammelten und weitergeleiteten Daten werden sowohl in der Raumfahrt als auch in unserem Alltag für unterschiedliche Zwecke verwendet.

Insgesamt gibt es mehr als 1000 Satelliten, zum Beispiel
- Wettersatelliten,
- Navigations- und Kommunikationssatelliten,
- Umwelt- und Militärsatelliten und
- Erdbeobachtungssatelliten.

Durch Raketen werden die Satelliten in den Weltraum befördert und in ihre Umlaufbahn gebracht. Wie lange ein Satellit im Weltraum bleibt, hängt davon ab, welche Aufgabe er zu erfüllen hat.

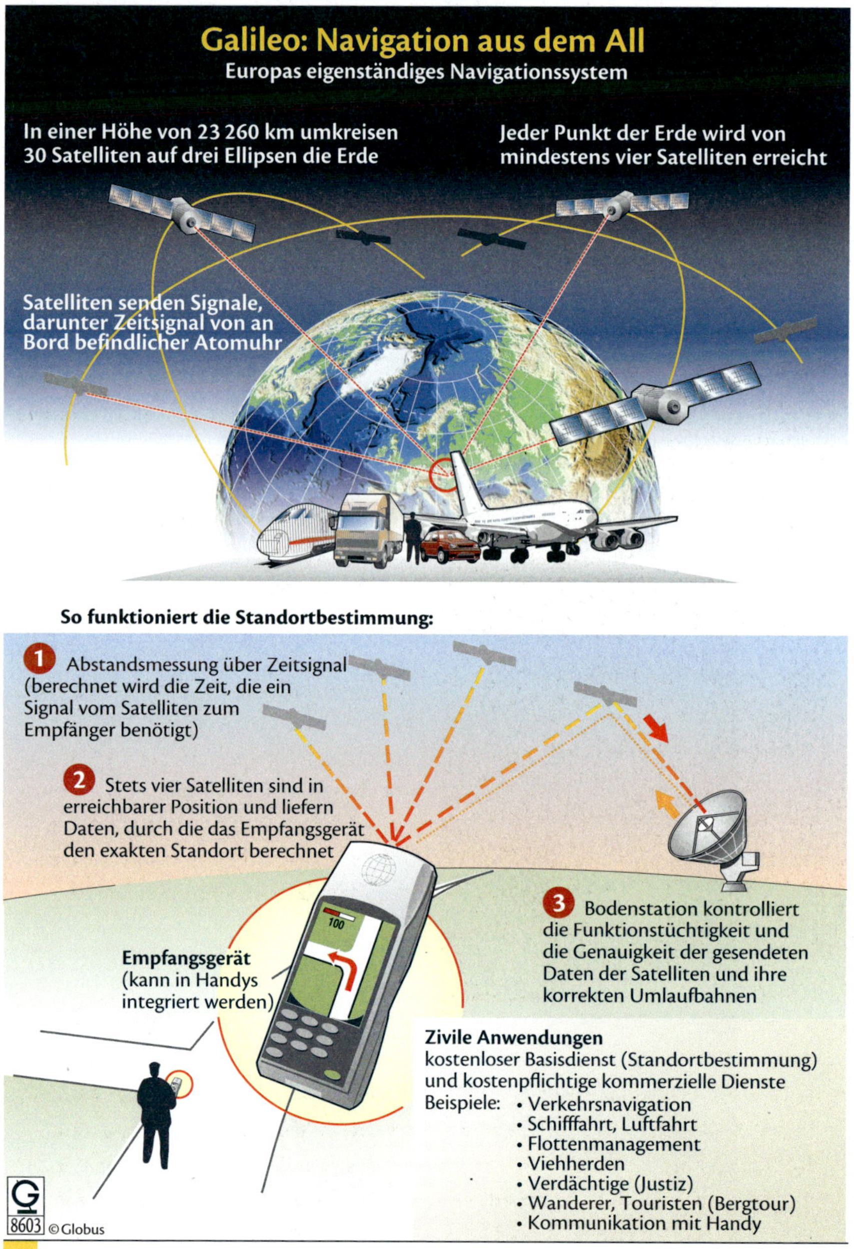

M 1 *Standortbestimmung mithilfe von Navigationssatelliten*

Navigationssatelliten

Wir kennen das Navigationsgerät aus dem Auto, das uns hilft, zu einem bestimmten Ort zu finden. Auch dafür werden Satelliten gebraucht. Ein Navigationssatellit sendet aus über 20 000 Kilometer Entfernung ununterbrochen Signale aus, die das Navigationsgerät erhält und verarbeitet. Da die Satelliten aber in einer bestimmten Bahn um die Erde kreisen und nicht immer unseren Ort im Blickfeld haben, braucht man idealerweise 20 bis 30 Navigationssatelliten.

Das derzeit bekannteste Satellitensystem ist das amerikanische GPS. Die Abkürzung steht für „Global Positioning System" und bedeutet so viel wie „globales System zur Positionsbestimmung". Wenn man das Navigationsgerät einschaltet oder das GPS-Signal auf dem Handy aktiviert, wird zunächst der Standort ermittelt, an dem man sich gerade befindet. Wenn man dann einen Zielort eingibt, wird die Strecke berechnet.

Neben dem amerikanischen Satellitennavigationssystem wird auch ein europäisches aufgebaut, das „Galileo" heißt. 30 Satelliten werden ab 2020 auf drei Umlaufbahnen die Erde umkreisen und Daten liefern. Mithilfe dieser Daten lässt sich ein Standort auf der Erdoberfläche bis auf einen Meter genau bestimmen. Ende 2016 nahm Galileo seinen eingeschränkten Betrieb mit 18 verfügbaren Satelliten auf. Dieser wird vom Galileo-Hauptkontrollzentrum in Oberpfaffenhofen überwacht.

Wettersatelliten

Die Meteosat-Wettersatelliten stehen immer an gleicher Stelle über dem Äquator. Sie befinden sich etwa 36 000 Kilometer über der Erdoberfläche, wodurch sie einen größeren Überblick haben. Sie umkreisen die Erde einmal in 24 Stunden, sodass sie sich genau mit ihr mitdrehen. Meteosat-Satelliten beobachten die aktuelle Wetterlage vor allem über dünn besiedelten und schwer zugänglichen Gebieten. Sie untersuchen Wolkenformen sowie Wolkenbewegungen. Die zur Erde gesandten Daten werden für die Wettervorhersage ausgewertet. Beispielsweise versorgt der europäische Wettersatellit METEOSAT die Bodenstationen mit Informationen über das Wetter in Europa und Afrika.

M 3 *Meteosat-Wettersatellit umkreist die Erde*

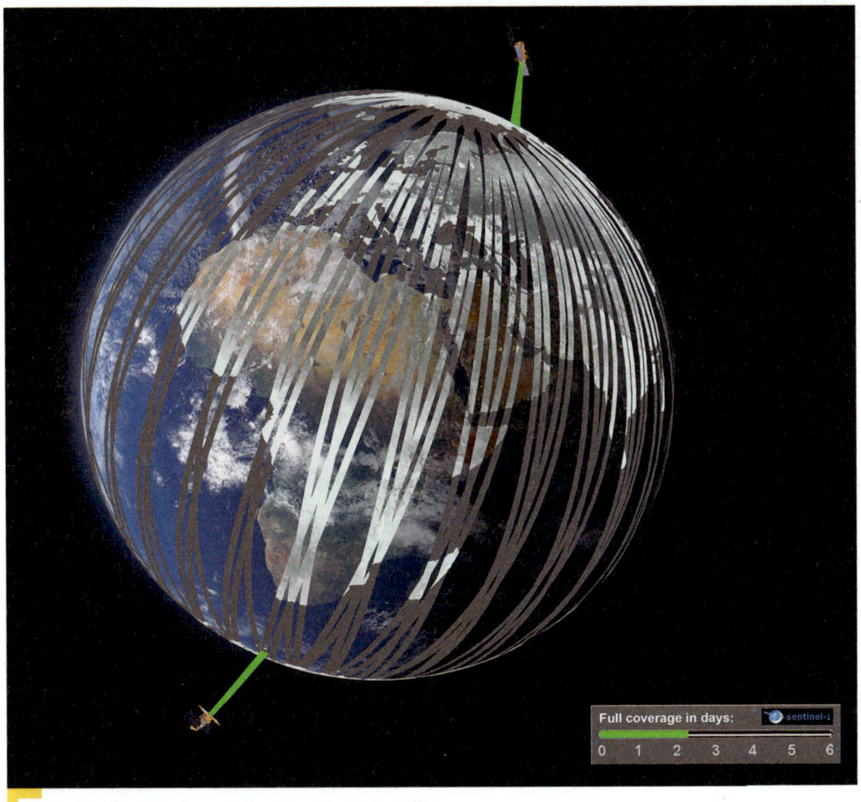

M 2 *Umlaufbahnen der Sentinel-Satelliten*

Erdbeobachtungssatelliten

Die Sentinel-Satelliten sind Erdbeobachtungssatelliten, die seit 2014 von der europäischen Weltraumbehörde gestartet werden, um regelmäßig Messungen durchzuführen und wichtige Umweltinformationen zu übermitteln. Bis 2021 sollen sich alle fünf bisher geplanten Sentinel-Satelliten im Weltraum befinden.

Sie umkreisen die Erde in einer Höhe von ungefähr 700 Kilometern in einer festgelegten Bahn. Dadurch erhalten sie innerhalb weniger Tage ein gesamtes Bild unserer Erdoberfläche. Sie liefern zum Beispiel Bilder der Land-, Eis- und Ozeanoberflächen, der unterschiedlichen Landnutzung oder auch Bilder zu wichtigen Veränderungen in der Lufthülle, die die Erde umgibt.

1 Beschreibe die Merkmale der verschiedenen Satelliten. Erstelle hierzu eine Tabelle (**M 1** bis **M 3**).

2 Erkläre mithilfe eines Fließdiagramms, wie ein Navigationsgerät funktioniert (🔑, **M 1**)

3 Erläutere die Funktion und Bedeutung von Wettersatelliten (**M 3**).

4 Beurteile die Bedeutung von Satelliten für unseren Alltag. Liste hierzu auf, wofür Satelliten gebraucht werden. Erstelle einen Plan, wie oft am Tag/in einer Woche du oder deine Familie diese Informationen nutzt.

Der Mensch erkundet den Weltraum

M 1 *Die Internationale Raumstation ISS über der Erde*

check-it

- Stationen der bemannten Weltraumerkundung benennen
- Aufbau der ISS beschreiben
- Leben und Arbeiten auf der ISS erläutern
- Bedeutung der bemannten Weltraumfahrt beurteilen
- Bilder und Grafiken lesen

Jahr	Ereignis
1957	Die Hündin Laika wird als erstes Lebewesen in den Weltraum geschickt.
1961	Ein russischer Weltraumfahrer ist als erster Mensch im Weltraum.
1969	Der erste Mensch betritt den Mond.
1971	Start der ersten Raumstation.
1978	Der erste Deutsche ist im Weltraum.

M 2 *Ausgewählte Stationen der bemannten Raumfahrt*

Die Internationale Raumstation (ISS)

Die Internationale Raumstation ist das größte bemannte Weltraumprojekt. Sie wird vereinfacht ISS genannt, was auf Englisch „International Space Station" heißt. Am Aufbau und Betrieb dieser Station sind 15 Länder beteiligt.

Nach etwa 13 Jahren und mehr als 100 Transportflügen war die Raumstation weitgehend fertiggestellt und hat nun zusammen mit ihren Sonnensegeln etwa die Größe eines Fußballfeldes. Durch diese Segel ist es möglich, die Station nur über Sonnenenergie mit Strom zu versorgen. In der Raumstation gibt es Lager für Kleidung, Nahrungsmittel und Instrumente, Labore für Untersuchungen und Experimente, einen Wohn- und Schlafraum für die **Astronauten**, Schleusen und zahlreiche Verbindungen zwischen den Bereichen.

Astronauten auf der ISS

Seit dem Jahr 2000 leben und arbeiten ständig Astronauten aus verschiedenen Ländern auf der ISS. Die Besatzung besteht aus sechs Personen, die nach einem halben Jahr durch eine neue Mannschaft ausgetauscht werden. Sie werden mit Raketen zur ISS gebracht und wieder abgeholt – so wie alles andere, was dort benötigt wird.

Leben und Arbeiten im Weltraum – Alexander Gerst

Ende Mai 2014 wurde der deutsche Wissenschaftler Alexander Gerst zusammen mit einem russischen und einem amerikanischen Astronauten zur ISS gebracht. Zu seinen Aufgaben gehörten zum Beispiel wissenschaftliche Experimente und Untersuchungen in den Bereichen Biologie, Medizin oder Physik.

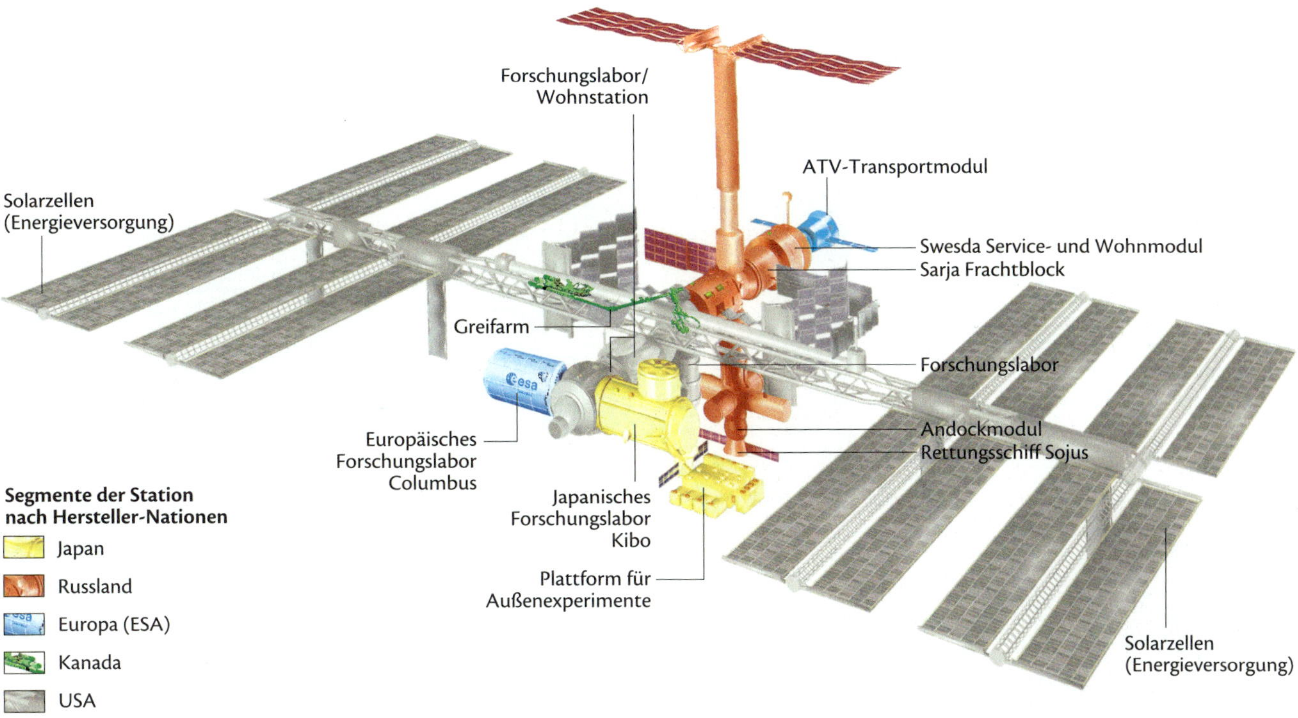

M 3 *Aufbau der ISS*

Innerhalb eines Tages auf der Raumstation erleben die Astronauten 16-mal einen Sonnenaufgang und Sonnenuntergang. Das Leben im Weltall stellt ganz besondere Anforderungen. Auf der Erde hält die **Schwerkraft** uns am Boden fest und alle Gegenstände an ihrem Platz. Diese fehlt im Weltraum, sodass dort alles schwebt. Das nennt man Schwerelosigkeit. Es gibt kein fließendes Wasser, da es wegen der Schwerelosigkeit durch den Raum fliegen würde. Wassertropfen können nur vorsichtig aus einem Vorratsbeutel gedrückt werden. Wenn sich ein Astronaut also die Zähne putzt, muss er den Mund geschlossen halten, damit die Zahncreme nicht im Raum schwebt. Am Ende müssen sie die Zahncreme sogar hinunterschlucken. Auch der Toilettengang ist umständlich. Die Astronauten müssen sich, wie so oft, anschnallen und anschließend wird das Geschäft mit einem Schlauch und einer Pumpe weggesaugt. Bei den Mahlzeiten wird nur mit einem Strohhalm getrunken und das Essen hat eher eine klebrige Konsistenz, damit es am Löffel haften bleibt und nicht im Raum herumschwebt. Gegessen wird direkt aus einer Dose oder Tüte, die wiederum an der Wand befestigt sein muss. Jeden Tag gibt es zwei Konferenzen mit den Bodenstationen auf der Erde. Dabei werden immer die Planungen bzw. Ergebnisse des Arbeitstages besprochen.

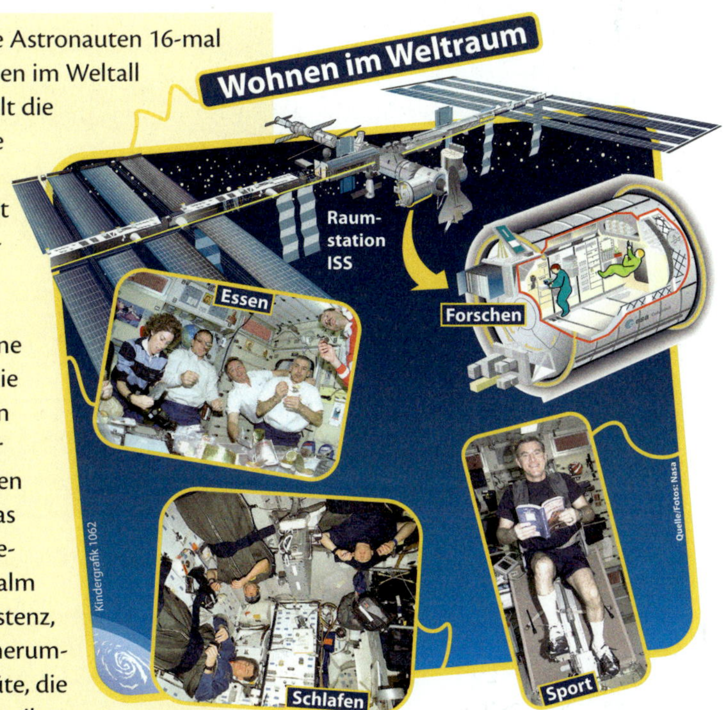

M 4 *Aus dem Alltag auf der ISS*

1 Nenne wesentliche Ereignisse in der Geschichte der menschlichen Weltraumerkundung (**M 1**, **M 2**).

2 Beschreibe den Aufbau der ISS (**M 1** und **M 3**).

3 Erläutere, wie sich das Leben und Arbeiten auf der ISS abspielt (**M 4**).

4 Beurteile, inwieweit der Aufenthalt von Menschen auf einer Raumstation wichtig für das Leben auf der Erde ist (**M 4**).

5 Informiere dich im Internet über geplante bemannte Raumfahrtmissionen auf andere Planeten und berichte der Klasse.

Unsere Erde hat eine lange Geschichte

check-it
- die Zeitabschnitte der Erdgeschichte benennen
- Zeitabschnitten wichtige Ereignisse zuordnen
- Bedeutung von Fossilien erklären

M 1 *Die Erdoberfläche vor 5 Milliarden Jahren*

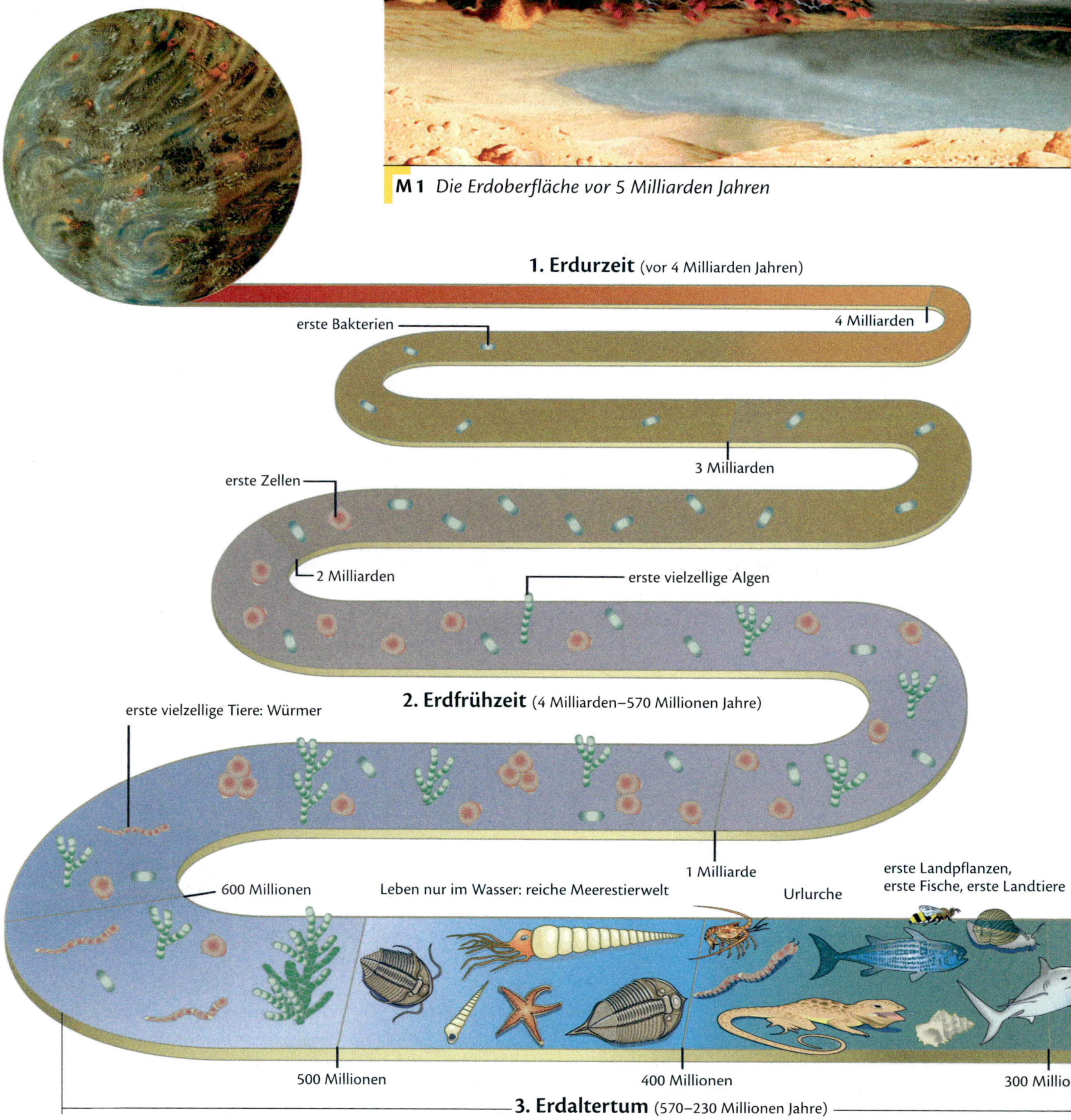

M 2 Die Entwicklungsgeschichte der Erde

Anhand von **Fossilien** können wir uns heute ein Bild machen, wie es in ganz früher Zeit auf der Erde aussah.
Im Laufe der Erdgeschichte veränderte sich auf der Erdoberfläche die Verteilung von Meer und Land immer wieder. Eine Zeit lang befand sich in weiten Teilen ein großes Meer, dann trocknete es allmählich aus. Das Land hob sich an einer Stelle, an anderer senkte es sich ab. Gesteinsschichten entstanden und wurden wieder abgetragen. Tiere und Pflanzen, die während der Entstehung der Gesteinsschichten dort lebten, kann man heute als Fossilien im Gestein entdecken. Je nach Gestalt oder Art der Versteinerung können Wissenschaftler feststellen, wann das Gestein entstanden ist.

M 3 *Zeitzeugen der Erdgeschichte*

Ein Blick in die Erdgeschichte

Die Entwicklungsgeschichte der Erde reicht fast 5 Milliarden Jahre zurück. Damals bildeten sich aus heißem Gas und Staub unsere Sonne und unser Sonnensystem. Die Erde war fast 4000 °C heiß. Nur ganz allmählich kühlte sie sich ab. Es sollte noch 4 Milliarden Jahre dauern, bis aus dem zerklüfteten Felsbrocken die üppig grüne Welt wurde, auf der wir jetzt leben.

Die Einteilung der Erdgeschichte

Der unvorstellbar lange Zeitraum der Erdgeschichte wurde in fünf große **Erdzeitalter** eingeteilt. Die Einteilung der Zeitabschnitte ist mit der Entwicklung des Lebens, dem Bilden von Kontinenten und Meeren sowie dem Entstehen und Vergehen von Gebirgen verbunden.

Das Leben auf der Erde

Dinosaurier sind die bekanntesten Tiere aus früherer Zeit. Allerdings sind sie nicht die ersten Bewohner der Erde gewesen. Viele Pflanzen und Tiere haben sich entwickelt, aber genauso viele Arten sind wieder von der Erde verschwunden. Der Mensch trat erst vor rund zwei Millionen Jahren in Erscheinung.

1 Beschreibe die Entwicklung des Lebens (**M 2**).

2 Lege eine Tabelle an. Trage darin die Erdzeitalter ein und nenne jeweils den Zeitraum sowie die Tiere und Pflanzen (**M 2**).

3 Erkläre, wie man mit Fossilien die Geschichte der Erde nachvollziehen kann (**M 3**).

Die Erde – ein besonderer Planet

M 1 *Die sichtbare Atmosphäre der Erde mit dem Mond im Hintergrund*

check-it
- Voraussetzungen für ein Leben auf der Erde benennen
- Aufgaben der Atmosphäre beschreiben
- Bedeutung von Sonne und Wasser erläutern
- Schalenbau der Erde beschreiben
- Grafiken und Bilder auswerten

Die Erde als Lebensraum

Unser Planet ist ein ganz besonderer. Im Vergleich zu den sieben anderen Planeten können wir Menschen auf ihm leben. Damit aber ein Leben möglich ist, müssen drei Voraussetzungen erfüllt sein:

- das Vorhandensein der Energie der Sonne,
- das Vorhandensein von Wasser,
- die schützende Lufthülle, die **Atmosphäre**.

Ohne Sonne kein Leben

Nur der Planet Erde hat im Sonnensystem genau den richtigen Abstand zur Sonne. So ist es bei uns weder zu kalt noch zu heiß. Sie ist unsere überlebenswichtige Licht- und Wärmequelle. Außerdem spielt sie für die Abläufe auf der Erde eine große Rolle. Wenn wir die Sonne nicht hätten, könnte kein Leben entstehen. So sorgt sie zum Beispiel beim Wasser dafür, dass es flüssig bleibt, es regnet und Leben entstehen kann. Ohne Sonne wäre alles Wasser gefroren.

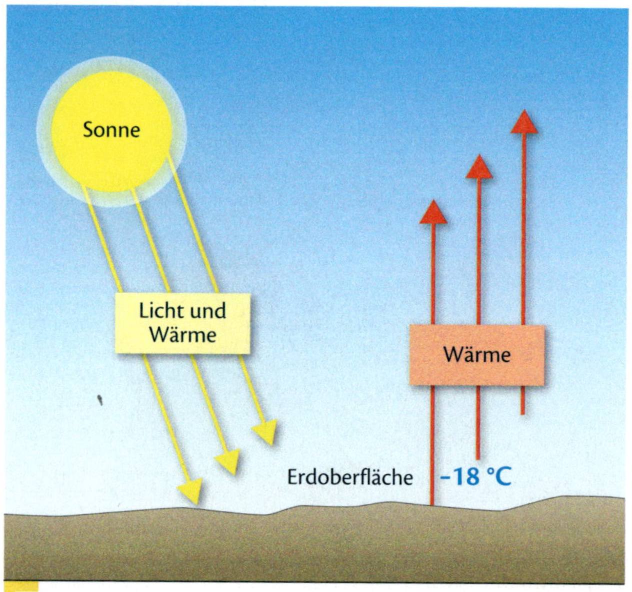

M 2 *Unsere Erde ohne Atmosphäre*

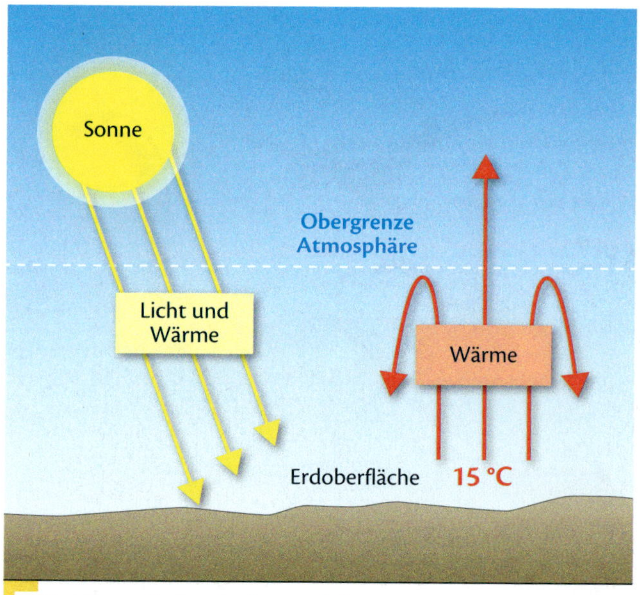

M 3 *Unsere Erde mit Atmosphäre*

Ohne Wasser kein Leben

Beim flüssigen Wasser spielen nicht nur salzwasserhaltige Meere und Ozeane eine Rolle. Es muss vor allem ausreichend und flüssiges Süßwasser für die Lebewesen an Land verfügbar sein. Da die Erde auch diese Voraussetzung erfüllt, ist ein Leben auf unserem Planeten möglich.

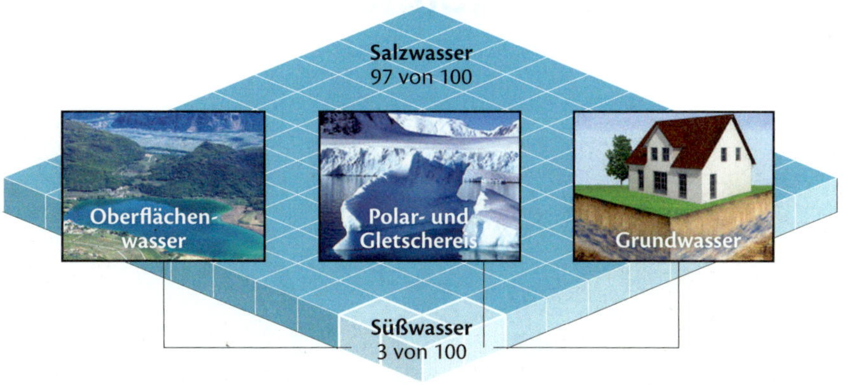

M 5 *Wassermengen auf der Erde*

Ohne Atmosphäre kein Leben

Unsere Erde wird von einer Lufthülle umgeben, der Atmosphäre. Ohne sie würde es kein Leben auf der Erde geben, denn wir Menschen, Tiere und Pflanzen brauchen Luft zum Atmen. Die Atmosphäre verhindert auch, dass die Wärme ungehindert in den Weltraum entweichen kann. Sie schirmt uns außerdem vor schädlichen Strahlen aus dem Weltraum ab.

Die Erde – in Schalen aufgebaut

Auch wenn noch niemand im Erdinneren war, können Wissenschaftler Aussagen zum Aufbau unserer Erde treffen. Durch Messungen von Erdbebenwellen konnte festgestellt werden, dass die Erde aus verschiedenen Schichten besteht.

1 Liste die Voraussetzungen auf, die gegeben sein müssen, um Leben auf einem Planeten zu ermöglichen (**M 1** bis **M 3**, **M 5**, S. 26 **M 2**).

2 Beschreibe die Aufgaben der Atmosphäre (**M 1** bis **M 3**).

3 Erläutere, inwiefern Sonne und Wasser eine wichtige Rolle spielen (**M 5**, S. 26 **M 2**).

4 Beschreibe den Schalenbau der Erde (**M 4**).

5 Vergleiche den Aufbau des Pfirsichs mit dem der Erde (**M 4**).

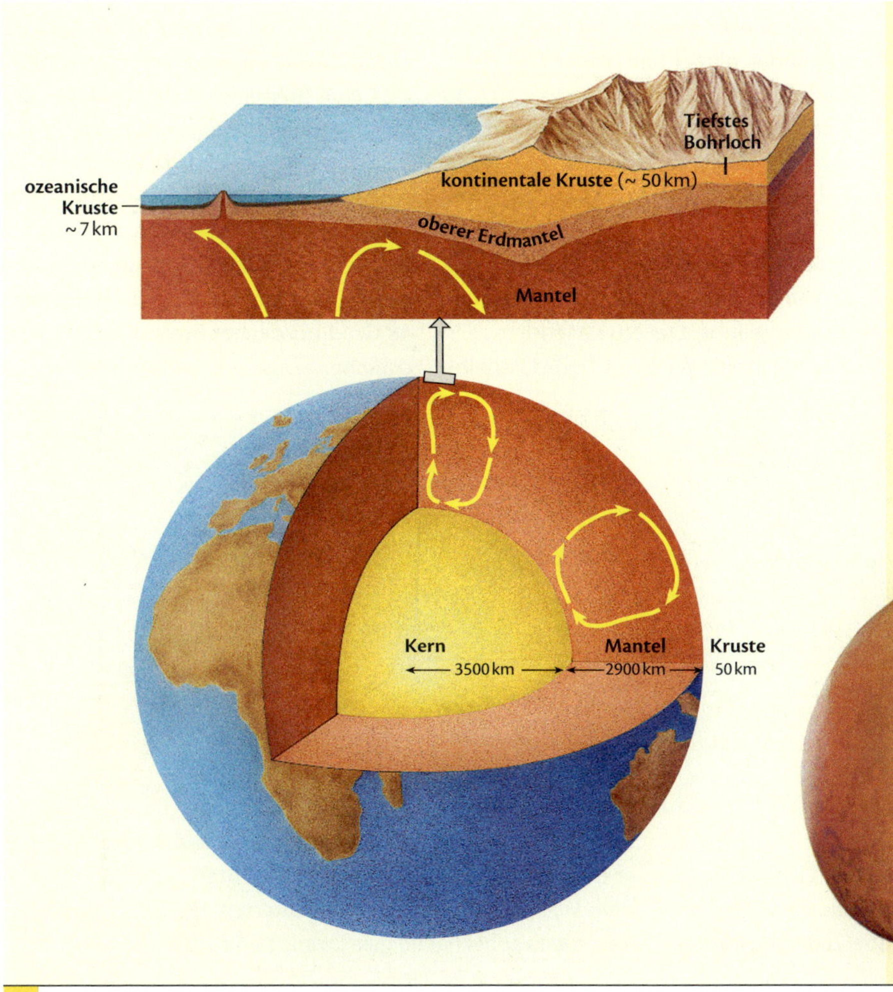

Von der Kruste zum Kern

Die **kontinentale Kruste** weist mit vier Milliarden Jahren die ältesten Gesteine auf, die bislang gefunden wurden. Die **ozeanische Kruste** ist mit 200 Millionen Jahren noch relativ jung. Im oberen Erdmantel liegt die Grenze zwischen dem festen Gestein und dem flüssigen Gestein. Diese Schicht mit Temperaturen von etwa 1000 °C ist nur wenige Hundert Kilometer dick. Darunter ist der **Erdmantel** wieder fest.
Über den **Erdkern** weiß man kaum etwas. Sein äußerer Teil ist vermutlich flüssig, sein innerer hingegen fester. Im Erdkern steigt die Temperatur auf 5000 bis 6000 °C an.

M 4 *Der Schalenbau der Erde*

Der Globus – ein Modell der Erde

M 1 *Unser Planet Erde aus dem All betrachtet und als Globus*

check-it
- im Gradnetz orientieren
- das Gradnetz der Erde beschreiben und erläutern
- mit dem Globus arbeiten
- Lage von Orten im Gradnetz bestimmen

Der Globus

Bereits Ende des 15. Jahrhunderts ließ Martin Behaim in Nürnberg den ersten Erdglobus bauen. Der **Globus** gibt unsere Erde in einem verkleinerten Abbild wieder. Die Größenverhältnisse, die Formen der Kontinente und der Meere stimmen mit der Wirklichkeit überein. Damit man einen bestimmten Ort auf dem Globus (oder auf einer Karte) finden kann, hat man die Erde mit einem gedachten Netz von Linien überzogen, dem **Gradnetz.**

Das Gradnetz der Erde

Das Gradnetz besteht aus waagerechten und senkrechten Linien. Die senkrechten Linien, die die Erde umspannen, heißen **Längenkreise.** Ein halber Längenkreis, der vom **Nordpol** zum **Südpol** verläuft, wird **Meridian** genannt. Die waagerechten Linien heißen **Breitenkreise.** Um Breiten- und Längenkreise durchzuzählen, benutzt man eine Gradeinteilung. Der Null-Meridian teilt die Erde in eine West- und eine Osthalbkugel. Er verläuft durch die Sternwarte von Greenwich, einem Vorort von London. Von dort aus zählt man 180 Längengrade nach Osten und 180 Längengrade nach Westen. Auf der Erde verlaufen also insgesamt 360 Längengrade von Pol zu Pol.

Der Null-Breitenkreis ist der **Äquator.** Er ist der längste Breitenkreis: 40 076 Kilometer. Der Äquator teilt die Erde in eine Nord- und eine Südhalbkugel. Die geographische Lage eines Ortes wird durch Breiten- und Längengrade angegeben. Man sagt z. B.: Augsburg liegt 48 Grad nördlicher Breite und 11 Grad östlicher Länge (48° N/11° O).

Die Erde ist eine Kugel

Bereits vor über 2200 Jahren berechnete der Grieche Eratosthenes den Erdumfang annähernd genau. Er war entgegen der allgemeinen Meinung davon überzeugt, dass die Erde eine Kugel sei. Wenn er im Hafen stand, beobachtete er die ankommenden Schiffe. Sie tauchten allmählich aus dem Wasser auf, wenn sie sich näherten. Daraus schloss er, dass die Erdoberfläche gekrümmt sein müsse.

M 2 *Die Erde ist eine Kugel*

Die Breitenkreise

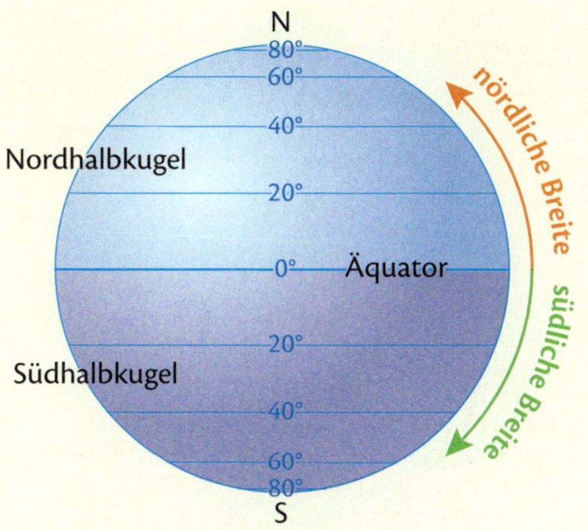

Die Längenkreise

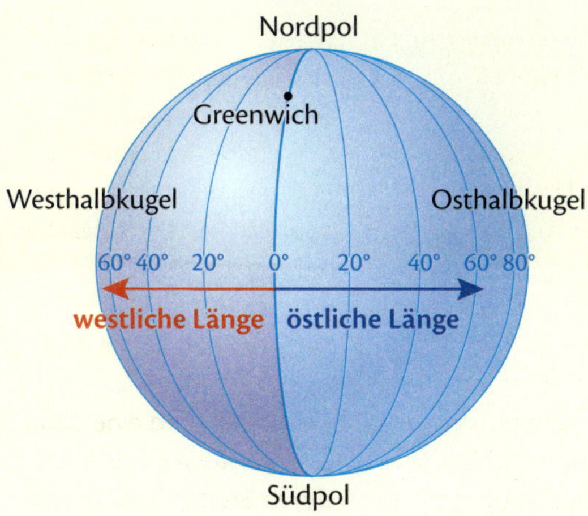

Das Gradnetz

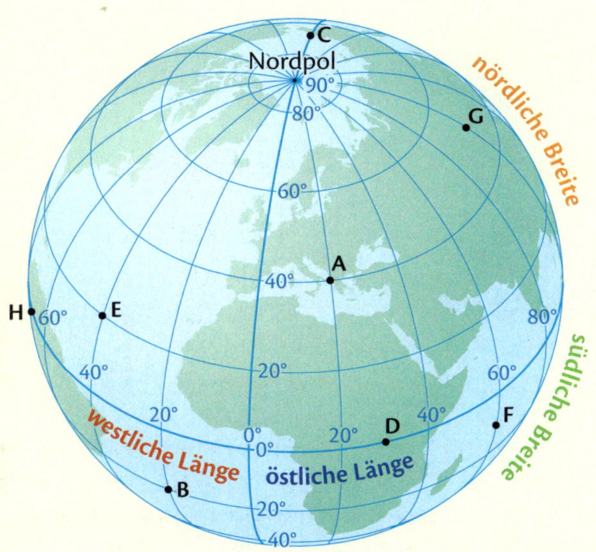

M 3 *Globus mit Gradnetz*

So bestimmst du die Lage eines Ortes im Gradnetz

1. Schritt: Die geographische Breite
- Ermittle, ob der Ort nördlich oder südlich des Äquators liegt (N oder S).
- Nenne die beiden Breitenkreise, zwischen denen sich der Ort befindet.
- Bestimme die geographische Breite in Grad. Zur Lageangabe benutzt du die niedrigere Gradzahl.

2. Schritt: Die geographische Länge
- Ermittle, ob der Ort westlich oder östlich des Null-Meridians liegt (W oder O).
- Nenne die beiden Längenkreise, zwischen denen sich der Ort befindet.
- Bestimme die geographische Länge in Grad. Zur Lageangabe benutzt du die niedrigere Gradzahl.

3. Schritt: Angabe der Lage im Gradnetz
- Gib zuerst die Breitenlage und dann die geographische Länge des Ortes an. In **M 3** hat z. B. der Ort D die Lage 0°/30° O.

M 4 *Lagebestimmung eines Ortes*

1 Zeige auf einem Globus Nordpol und Südpol, den Äquator, die Erdachse, Nord-, West-, Süd- und Osthalbkugel (**M 1**).

2 Ermittle mithilfe des Globus, an welcher Stelle du „auftauchen" würdest, wenn du von deinem Heimatort aus quer durch die Erde hindurch reisen könntest.

3 Stelle die Beobachtungen von Eratosthenes (**M 2**) nach. Nutze dazu einen Globus oder einen großen Ball.

4 Erläutere das Gradnetz der Erde (**M 3**).

5 Bestimme die geographische Lage der Orte A bis H (**M 3**).

6 Suche die Städte mit den folgenden Lageangaben (**M 4**, Karte S. 180/181).

a) 54° N/12° O **b)** 52° N/0° W
c) 50° N/14° O **d)** 40° N/4° W

Geo-Check: Die Erde als Himmelskörper beschreiben

Sich orientieren

M 1 *Unser Sonnensystem*

1 Benenne die Planeten der Reihe nach. Beginne dabei mit dem Planeten, der der Sonne am nächsten ist.

2 Benenne die beiden Nachbarplaneten der Erde (**M 1**).

3 Ordne den Buchstaben die genannten Begriffe zu: Westhalbkugel – Osthalbkugel – Null-Meridian – westliche Länge – östliche Länge – Längenhalbkreis (Meridian) (**M 2**).

4 Ordne den Buchstaben die genannten Begriffe zu: Nordhalbkugel – Südhalbkugel – Äquator – nördliche Breite – südliche Breite – Breitenkreis (**M 3**).

5 Bestimme die Lage der Punkte A bis K im Gradnetz (**M 4**).

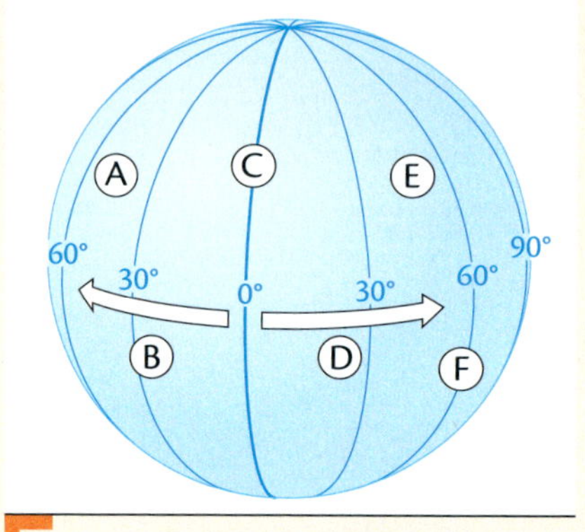

M 2 *Längenkreise*

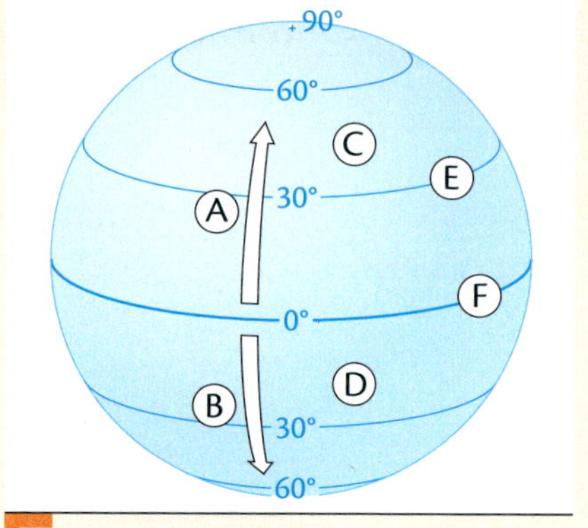

M 3 *Breitenkreise*

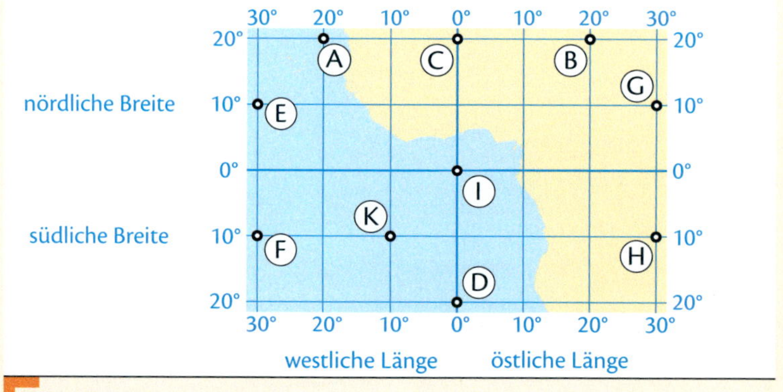

M 4 *Gradnetz*

Erde physisch, Kontinente und Ozeane

Erde physisch

Landhöhen
0 | 200 | 500 | 1000 | 2000 | 4000 m

ständige Eisbedeckung

0 3000 km

Kontinente und Ozeane

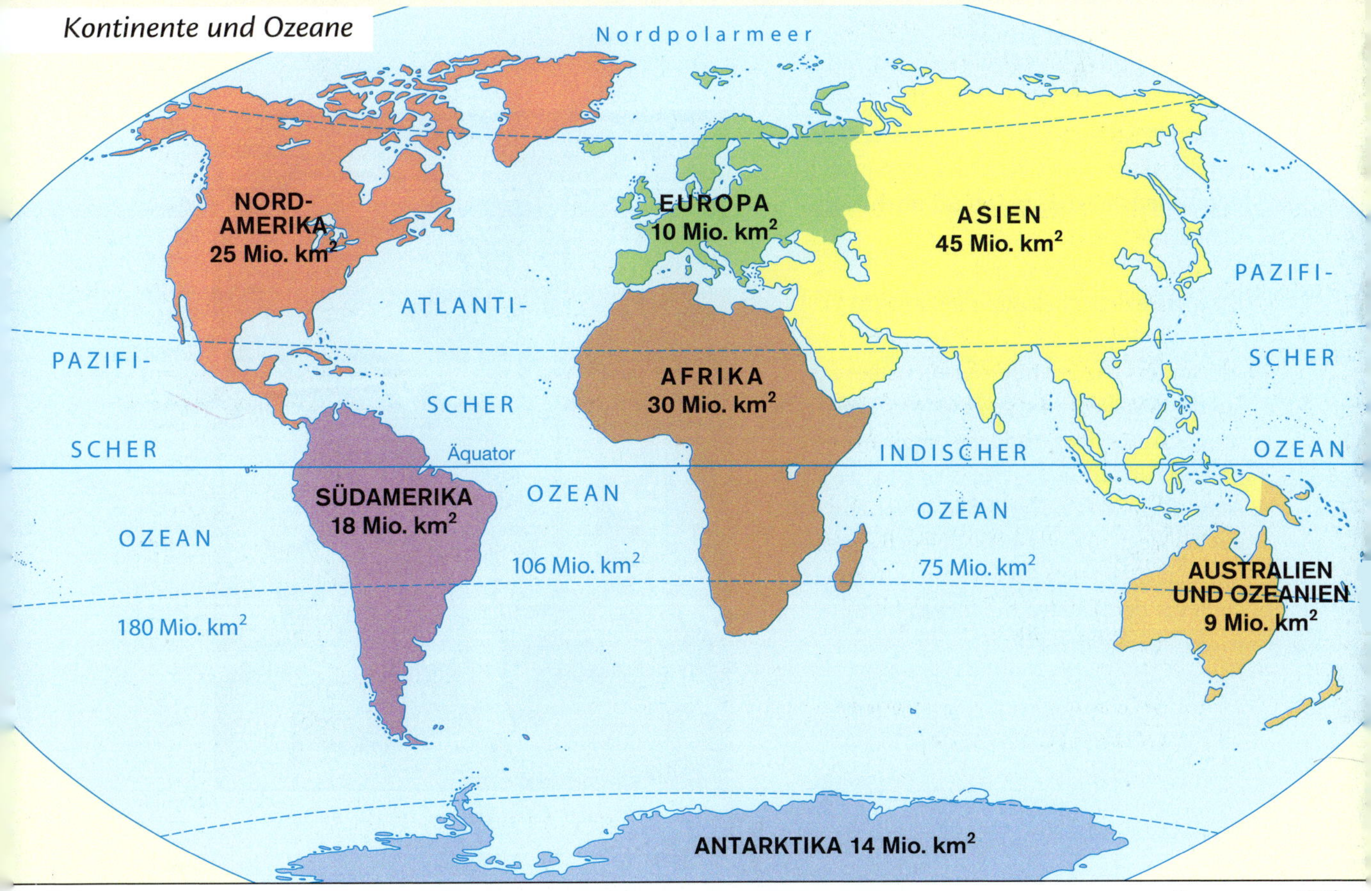

0 3000 km

Sich verständigen, beurteilen und handeln

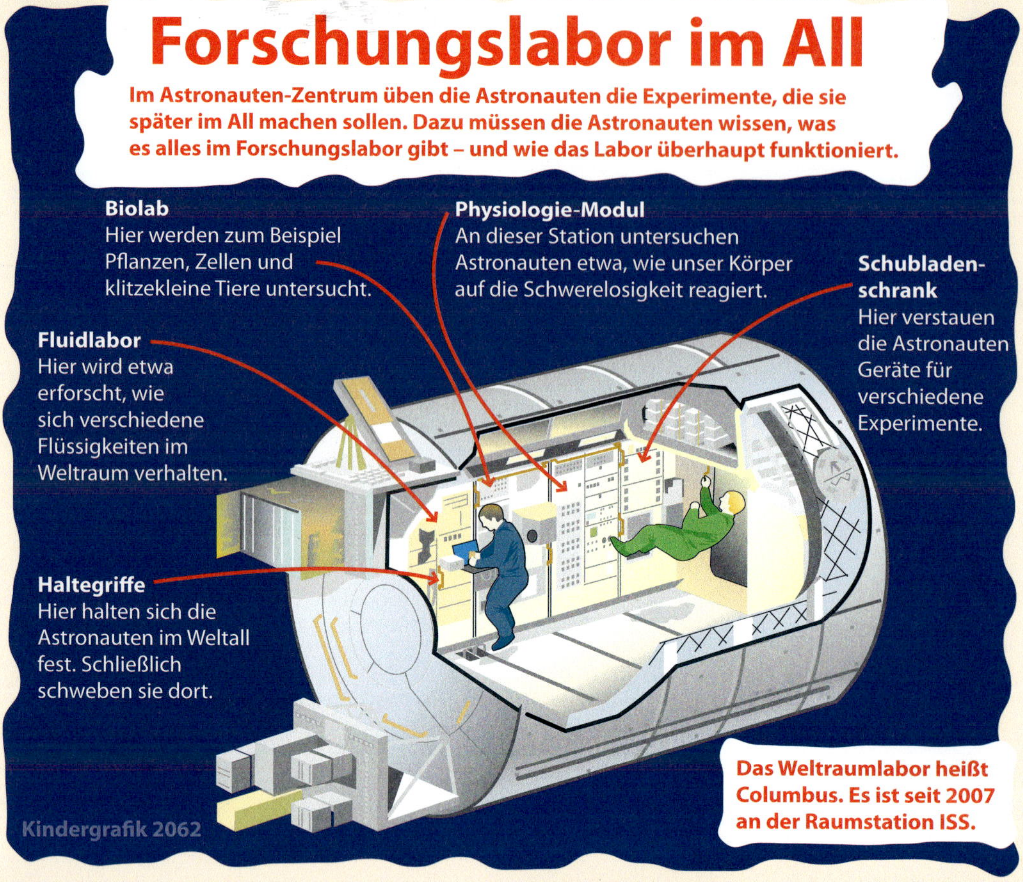

M7 *Forschungslabor der ISS*

9 In dem Weltraumlabor Columbus der ISS führen die Astronauten verschiedene Versuche durch. Berichte in einem zusammenhängenden Text,

a) was sie erforschen und
b) was sie dabei beachten müssen (**M7**).

10 Alexander Gerst, der bereits ein halbes Jahr auf der ISS gelebt und geforscht hat, wird 2018 wieder zur ISS fliegen. Suche dir einen Lernpartner. Notiert euch jeweils Fragen, die ihr Alexander Gerst stellen wollt, bevor er wieder zur ISS fliegt, und versucht sie euch gegenseitig zu beantworten. Ihr könnt das „Interview" auch vor der Klasse durchführen (**M8**).

M8 *Alexander Gerst beim Fitnesstraining auf der ISS*

Wissen und verstehen

6 Nenne zu jedem dieser Begriffe mindestens zwei Merkmale.

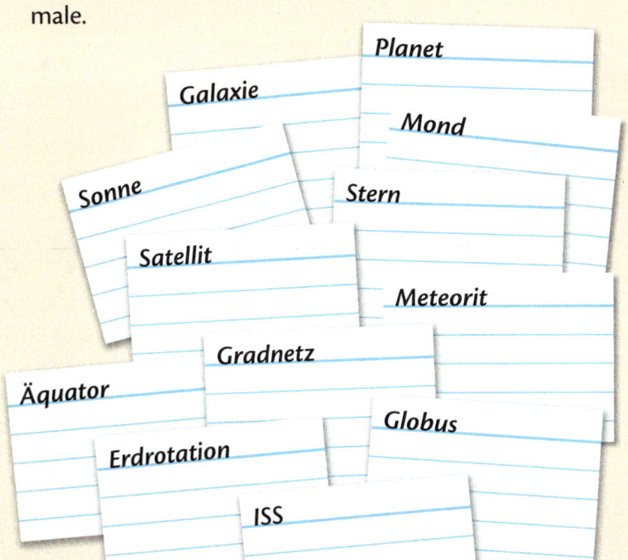

M5 *Geo-Begriffestapel*

7 Sortiere die Aussagen in richtige und falsche Aussagen. Verbessere die falschen Aussagen und schreibe diese richtig auf.

Richtig oder falsch?

- Jupiter ist der kleinste Planet in unserem Sonnensystem.
- Die Erde dreht sich einmal am Tag von Osten nach Westen um die eigene Achse.
- Die Erde ist in Schalen aufgebaut: im Innern der Kern, dann der Mantel und außen die Kruste.
- Die Erde ist ein Fixstern.
- Die Meridiane sind die Breitenkreise.
- Auf der Erde gibt es mehr Süßwasser als Salzwasser.
- Der Neptun ist am nächsten an der Sonne.
- Alle Planeten haben Monde.
- Der Null-Längenkreis ist der Äquator.
- Die Sentinel-Satelliten sind Wettersatelliten.
- China gehört zu den Ländern, die an der ISS beteiligt sind.

8 Löse das Kreuzworträtsel. Schreibe dazu die Begriffe in dein Heft und markiere den Buchstaben, den du für das Lösungswort benötigst (orange Felder). Das Lösungswort benennt einen Wettersatelliten (**M6**).

Hinweis: Bitte nicht in das Buch schreiben

1 Begleiter von Planeten
2 Name des kleinsten Planeten unseres Sonnensystems
3 äußerste Schale der Erde
4 europäisches Satellitennavigationssystem
5 Lufthülle der Erde
6 es muss vorhanden sein, damit Leben möglich ist
7 anderer Begriff für unsere Milchstraße
8 technisches Gerät, das die Erde umkreist und Daten sendet

M6 *Rätsel*

3 Die Vielfalt der Erde charakterisieren

Bunte Vielfalt

Bei einem Blick vom Weltall aus auf unsere Erde fallen die vielen verschiedenen Farben auf. Was mag sich dahinter verbergen? – Deutlich erkennbar ist das Blau der Meere. Aber zeigen die weißen Stellen Wolken oder gar Eis und Schnee? Auf der Erde gibt es vieles zu entdecken.

In diesem Kapitel lernst du
- die geographische Lage der Kontinente und Ozeane zu beschreiben,
- Ozeane und Kontinente zu vergleichen,
- über Entdeckungsreisen und die Erforschung der Erde zu berichten,
- die natürliche Vielfalt der Erde zu beschreiben und
- das Leben in verschiedenen Gebieten der Erde zu vergleichen.

Dazu nutzt du
- den Globus,
- Karten,
- Bilder,
- Grafiken und
- das Internet.

Du beurteilst
- die Lebenssituation der Menschen in verschiedenen Zonen.

Die Erde vom Weltraum aus gesehen

Das Gesicht der Erde – Kontinente und Ozeane

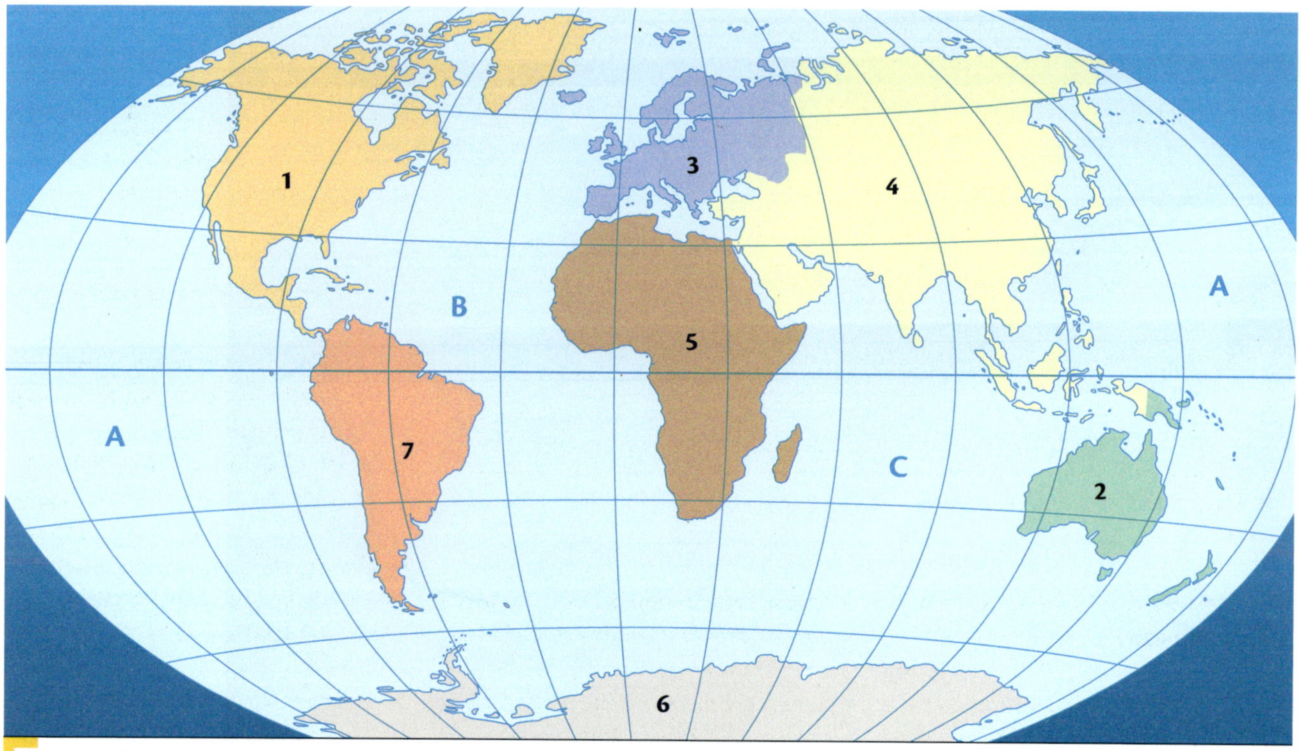

M 1 *Kontinente und Ozeane*

check-it
- Namen der Kontinente und Ozeane benennen
- ihre Lage beschreiben und ihre Größe vergleichen
- unterschiedliche Sichtweisen auf die Erde darlegen
- Karten und Größen vergleichen

Die Gliederung der Erde

Der blaue Planet – spätestens seit Astronauten das erste Mal die Erde aus dem All betrachteten, trägt die Erde diesen Beinamen. Nicht zu Unrecht: Immerhin bedecken **Ozeane** und Meere zwei Drittel der Erdoberfläche. Die Erde ist ein „Wasserplanet". Als Festländer oder **Kontinente** werden die großen zusammenhängenden Landmassen der Erde bezeichnet, die wie riesige Inseln aus den Weltmeeren herausragen. Jeder Kontinent hat seine unverwechselbaren Umrisse mit Buchten, Inseln und Halbinseln. Am Rand der Ozeane liegt eine Reihe von kleineren Meeren, die durch Halbinseln von den Ozeanen getrennt sind.

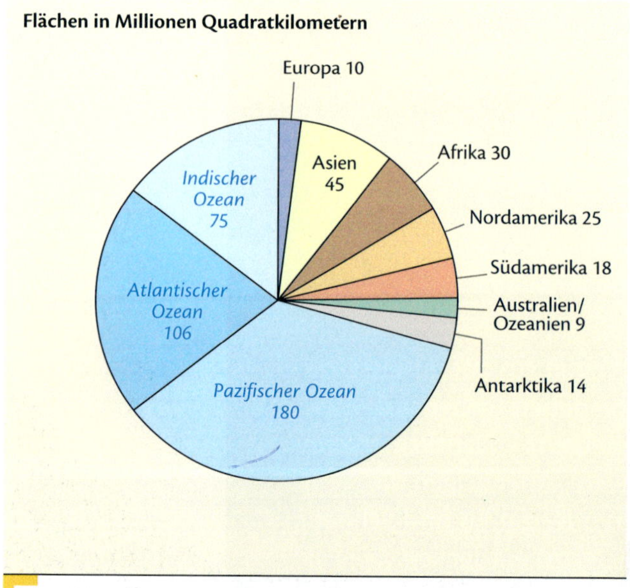

M 2 *Verteilung von Wasser und Land auf der Erde*

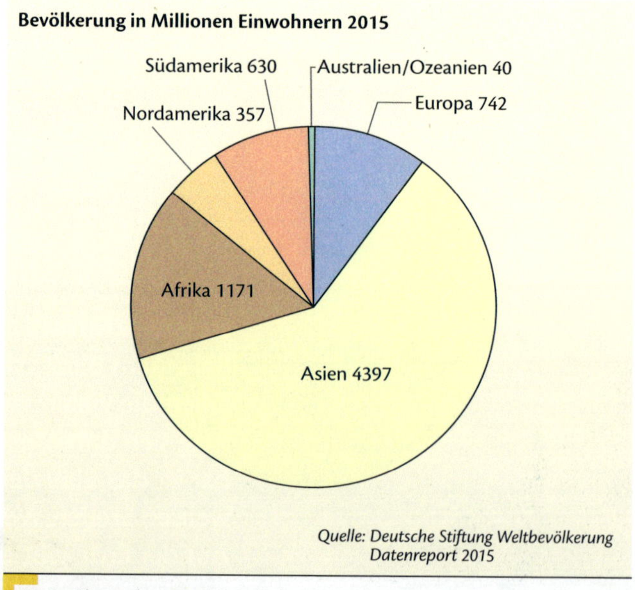

M 3 *Einwohnerzahl auf den Kontinenten*

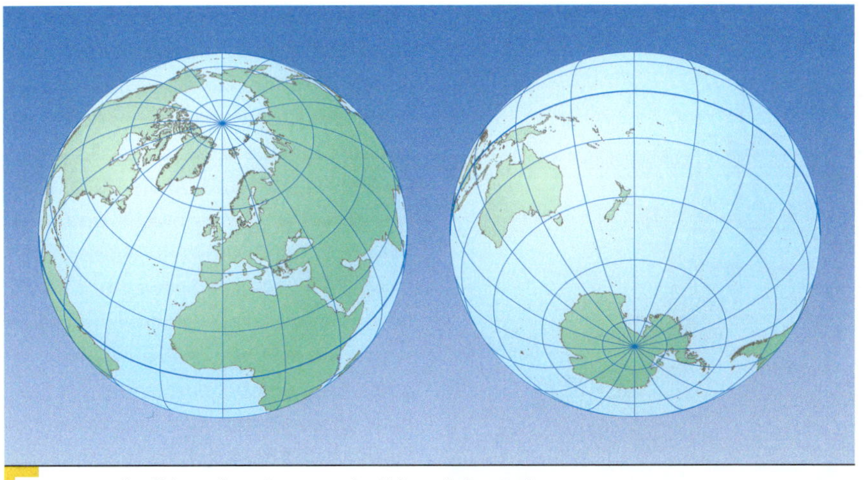

M 4 *Landhalbkugel und Wasserhalbkugel der Erde*

Wie kamen die Kontinente zu ihren Namen?

Die Griechen nannten das westlich von ihnen gelegene Land „Europa“, was so viel wie „Land des Sonnenuntergangs“ bedeutet. Das östlich gelegene „Land des Sonnenaufgangs“ bezeichneten sie als „Asien“.

Die Römer gaben dem südlichen Küstenland des Mittelmeeres den Namen Afrika, weil dort das Volk der Afri lebte. Der italienische Seefahrer Amerigo Vespucci wurde durch Zufall Namenspatron Amerikas. Er segelte mehrmals nach Südamerika. Deshalb wurde sein Name auf einer der ersten Weltkarten und einem Globus dort eingetragen, wo er gelandet war. Dieser Name breitete sich sehr schnell als Bezeichnung für den neuen Kontinent aus.

Australien ist der „Südkontinent“, denn lateinisch australis bedeutet „südlich“. Schon die Griechen nannten die im Norden gelegenen Land- und Meeresgebiete „Arktis“ (= Nordpolargebiet). Antarktis sind die auf der anderen Seite (anti = gegen) der Arktis gelegenen Gebiete, also die Landmassen und Meere rund um den Südpol. Der Kontinent trägt den Namen Antarktika.

1 Benenne die Kontinente und Ozeane und vergleiche ihre Größe (**M 1, M 2**).

2 „Die Erde ist ein Wasserplanet.“ Prüfe die Richtigkeit dieser Aussage und begründe (**M 2**).

3 Beschreibe die Lage der Kontinente. Bilde dazu Sätze, die die Lage zu den Ozeanen beschreiben (**M 1**).

4 Ordne die Kontinente nach ihrer Einwohnerzahl. Beginne mit dem einwohnerstärksten Kontinent (**M 3**).

5 Nenne auf jedem Kontinent drei Staaten. Ziehe die Weltkarte im Atlasteil hinzu (**M 1**, Karte S. 182/183).

6 Erkläre die Begriffe „Landhalbkugel“ und „Wasserhalbkugel“ (**M 4**).

7 Begründe, warum Weltkarten so unterschiedlich aussehen können (**M 1, M 5**).

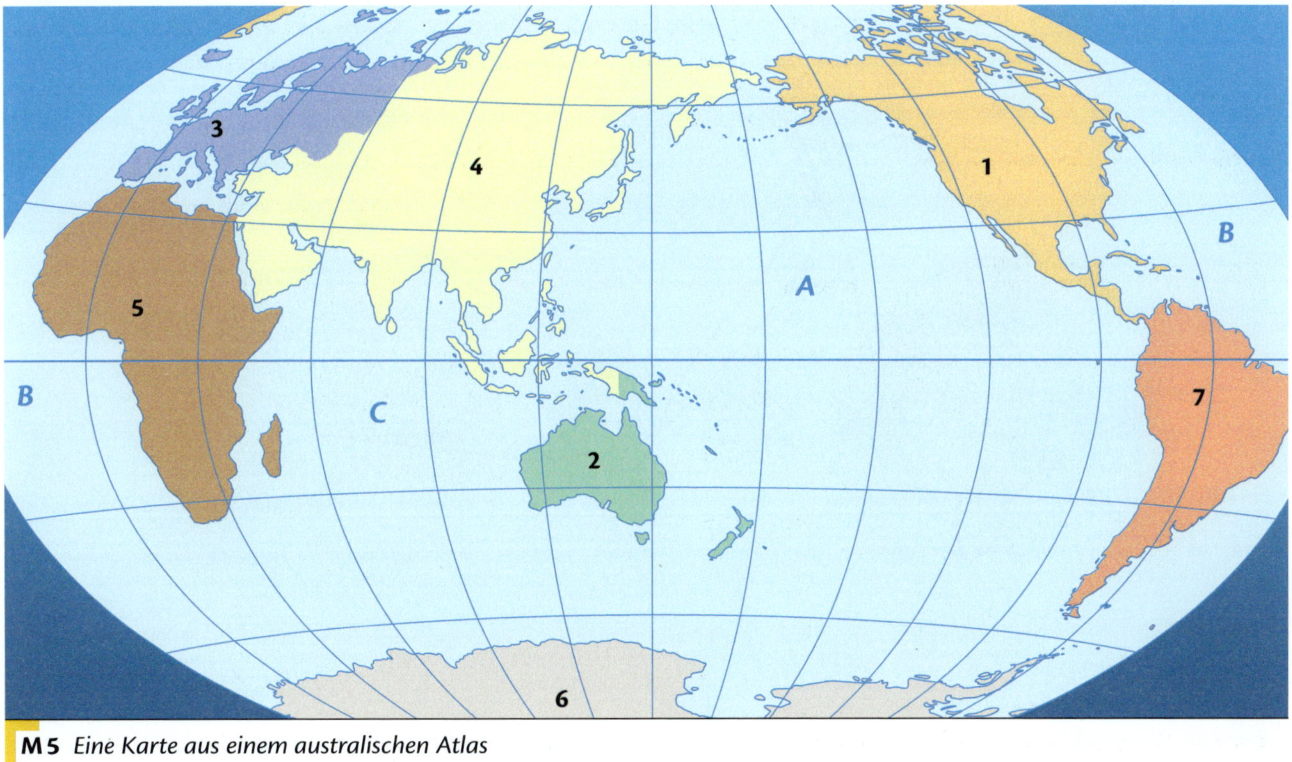

M 5 *Eine Karte aus einem australischen Atlas*

Menschen erforschen die Erde

M 1 *Nachbauten der drei Schiffe von Christoph Kolumbus*

check-it
- Reisewege der Seefahrer beschreiben
- Gründe der Entdeckungsreisen nennen
- Veränderung des Weltbilds erläutern
- über Entdeckungsreisen berichten

Seefahrer erforschen die Erde

Zu allen Zeiten zog es Menschen in die Ferne, um die Erde möglichst genau kennenzulernen. Bis ins 15. Jahrhundert glaubten die Menschen, dass die Erde eine runde Scheibe sei, auf der das Land von einem riesigen Meer umgeben wird. Seefahrer blieben in der Nähe der Küsten, da sie Angst hatten, von der Scheibe abzustürzen. So waren bis ins 15. Jahrhundert die Küsten des Mittelmeeres gut erforscht und man kannte bereits weite Teile Asiens. Über Land oder auf dem Seeweg um Afrika herum fand ein reger Handel mit Indien statt. Waren aus Asien waren vor 600 Jahren sehr begehrt in Europa. Deshalb unterstützten die Königshäuser in Spanien und Portugal alle Seefahrer, die es wagen wollten, einen kürzeren Seeweg nach Indien zu suchen. Zu ihnen gehörte auch Christoph Kolumbus, der von der Kugelgestalt der Erde überzeugt war. Er wollte Indien in nur wenigen Wochen erreichen, indem er von Europa aus einfach immer nach Westen segelte. Erst seit der Entdeckung der Antarktis um 1820 sind alle Kontinente bekannt.

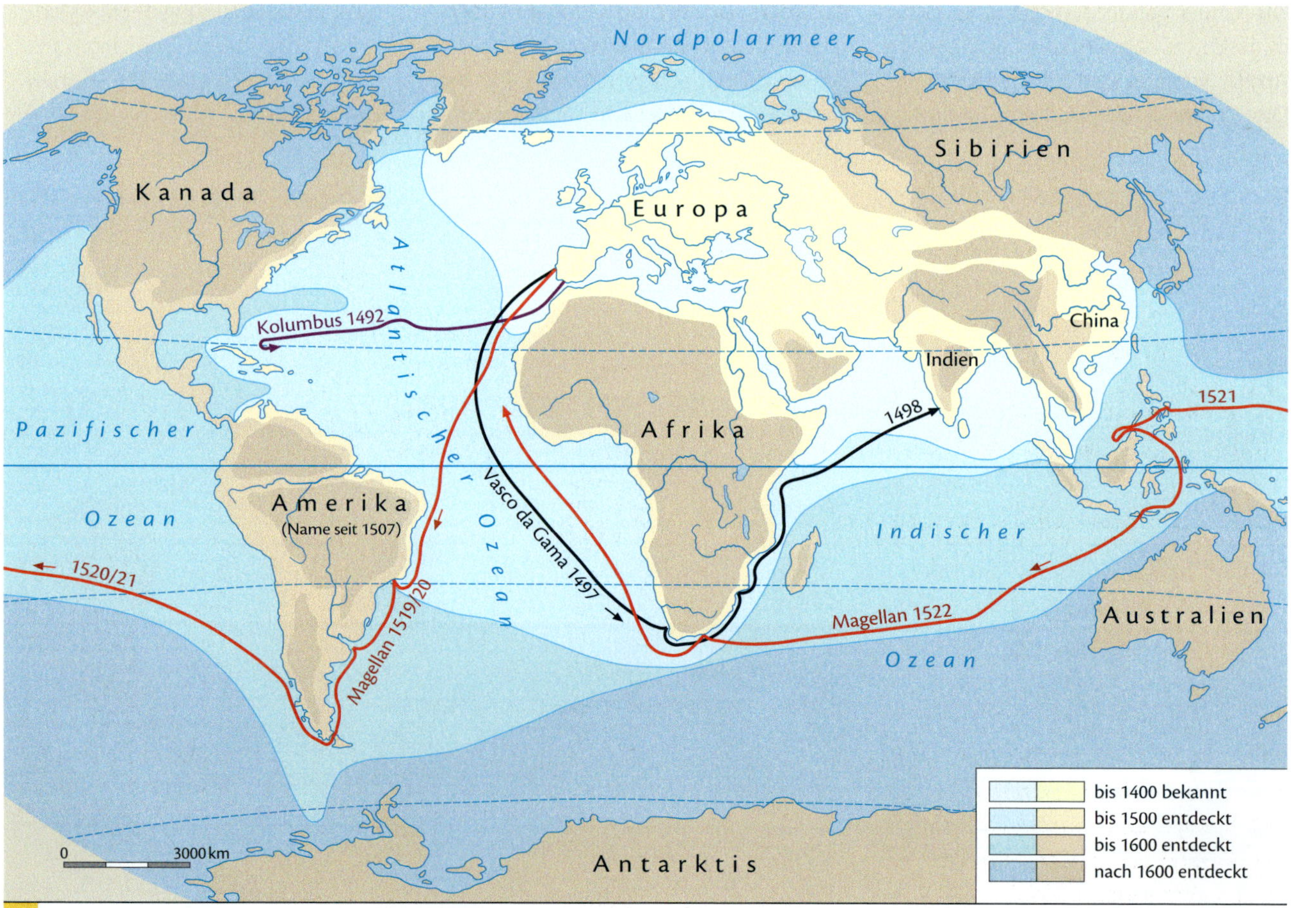

M 2 *Die wichtigsten Entdeckungsreisen von Europa aus im 15. und 16. Jahrhundert*

Christoph Kolumbus erhielt für seine Entdeckungsreise vom spanischen Königshaus drei Schiffe. Die Fahrt ins Ungewisse begann am 3. August 1492. Noch nie waren Seeleute so weit auf die offene See hinausgefahren. Der Unmut der Mannschaft nahm täglich zu. Doch eine Meuterei konnte Kolumbus verhindern.
Endlich ertönte am 12. Oktober der lang erwartete Ruf: „Licht! Land!" – endlich Land.
Kolumbus nannte das Land, eine Insel der Bahamas, „San Salvador" – Heiliger Erlöser – und dessen Bewohner „Indianer". Er wusste nicht, dass er nicht in Indien gelandet war, sondern auf einem neuen, in Europa noch unbekannten Kontinent: Amerika.

M 3 *Kolumbus erreicht Amerika am 12. Oktober 1492*

Die erste Weltumseglung

Ferdinand Magellan verließ am 10. August 1519 den Hafen von Sevilla und umfuhr Südamerika auf der später nach ihm benannten Meeresstraße. Nach einer stürmischen Fahrt erreichte er ein Meer, das ihm ruhig erschien. So nannte er es den „Stillen Ozean" (Portugiesisch: *pacifico* = friedlich, still). Er erreichte als Erster Asien über einen westlichen Weg. Magellan sah seine Heimat aber nicht wieder. Im Kampf mit Eingeborenen auf den Philippinen starben er und viele seiner Begleiter. Nur eines seiner Schiffe kehrte nach Europa zurück und hatte so die Welt umsegelt.
Die Entdeckungsfahrten über die Meere führten zu einem neuen Weltbild. Die Größe der Erde konnte neu bestimmt werden, ebenso die Ausdehnung der Ozeane. Von den Küsten aus wurde in den folgenden Jahrhunderten das Innere der Kontinente erforscht.

Erforschung der Pole

Zu den wenigen noch unerforschten Gebieten der Erde gehörten Anfang des 20. Jahrhunderts die beiden Pole. Im Jahr 1911 machten sich fast gleichzeitig zwei Forscher auf den Weg zum Südpol: Robert Scott und Roald Amundsen. Amundsen erreichte im Dezember 1911 als Erster den Südpol.

1 Bildet Gruppen. Wählt je einen der Entdeckungsreisenden des 15. und 16. Jahrhunderts aus, mit dem ihr euch beschäftigen möchtet. Beschreibt die Entdeckungsreise: Startpunkt, Ziel, Verlauf (**M 2, M 3**).
2 Nenne Gründe, warum Menschen die Erde entdecken wollten.
3 Erläutere, wie sich das Weltbild durch die Entdeckungsreisen verändert hat (**M 2**).
4 Beschreibe, wie Nord- und Südpol erforscht wurden (**M 4**).
5 Informiert euch in Gruppen über weitere Entdeckungsreisende und erstellt ein Reisetagebuch mit Berichten, Karten und Abbildungen. Stellt eure Ergebnisse in der Klasse aus.

M 4 *Roald Amundsen hisst am Südpol die norwegische Flagge*

Forschung im ewigen Eis der Antarktis

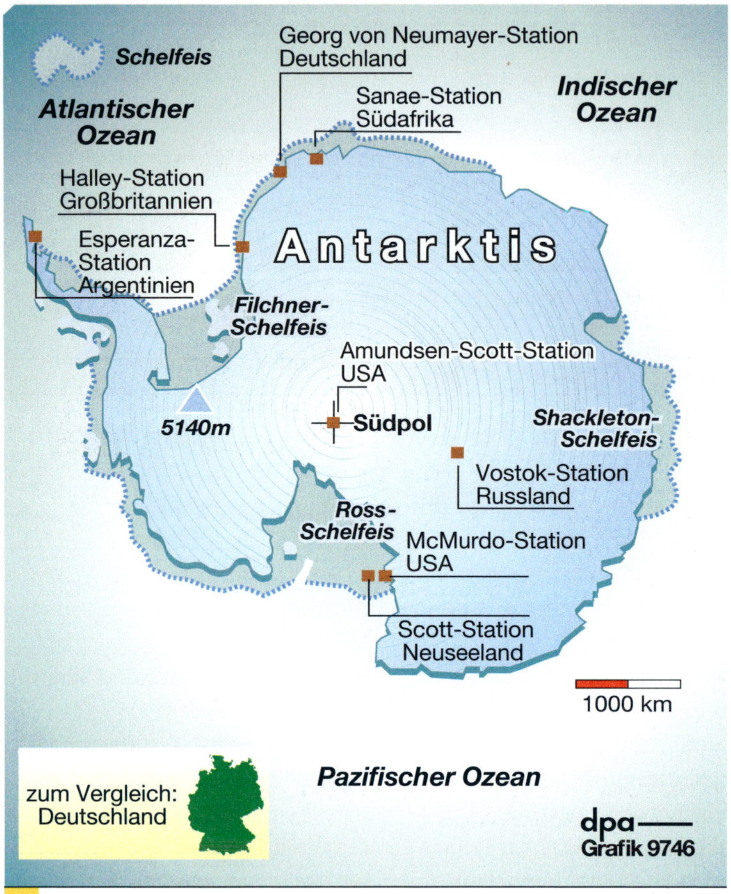

M 1 *Forschungsstationen in der Antarktis*

check-it
- geographische Lage der Antarktis beschreiben
- Naturraum und Lebensbedingungen erläutern
- Merkmale und Aufgaben der Neumayer-III-Station beschreiben
- Entfernungen messen
- Besonderheiten der Antarktisforschung diskutieren

Forschungsstationen im Eis

Die Antarktis gilt als unbewohnt. Dabei leben das ganze Jahr über Menschen im ewigen Eis rund um den Südpol. Die erste ganzjährig besetzte Forschungsstation in der Antarktis wurde 1904 von Argentinien ganz an der nördlichen Grenze gegründet. Erst 50 Jahre später folgten weitere Forschungsstationen. Heute betreiben 29 Staaten 80 Forschungsstationen in der Antarktis. Ungefähr die Hälfte von ihnen ist ganzjährig besetzt. Auf den anderen Stationen leben Menschen nur im antarktischen Sommer, wenn bei uns Winter ist. So sind im antarktischen Sommer rund 4000 Wissenschaftler auf dem Kontinent und im Winter noch etwa 1000 Menschen.

Die Antarktis – Kontinent unter ewigem Eis

Die Antarktis erstreckt sich vom südlichen Polarkreis bis zu den Polen. In der Antarktis liegt der Südpol, den 1911 der Norweger Roald Amundsen als erster Mensch erreichte.
Im Zentrum der Antarktis liegt der Kontinent Antarktika, der von Inlandeis bedeckt ist. Es reicht an den Küsten bis aufs Meer hinaus. Von dem **Schelfeis** brechen immer wieder Eisplatten ab und schwimmen als **Eisberge** im Ozean. In der Antarktis werden die tiefsten Temperaturen der Erde gemessen. Deshalb leben hier dauerhaft keine Menschen.

Schutz für den Südpol – der Antarktisvertrag

In der Antarktis machen verschiedene Staaten Besitzansprüche geltend. Zum Schutz des Naturraums trat deshalb 1961 der **Antarktisvertrag** in Kraft, der noch eine Laufzeit bis 2041 hat. Der Antarktisvertrag verbietet jede militärische Nutzung der Antarktis sowie den

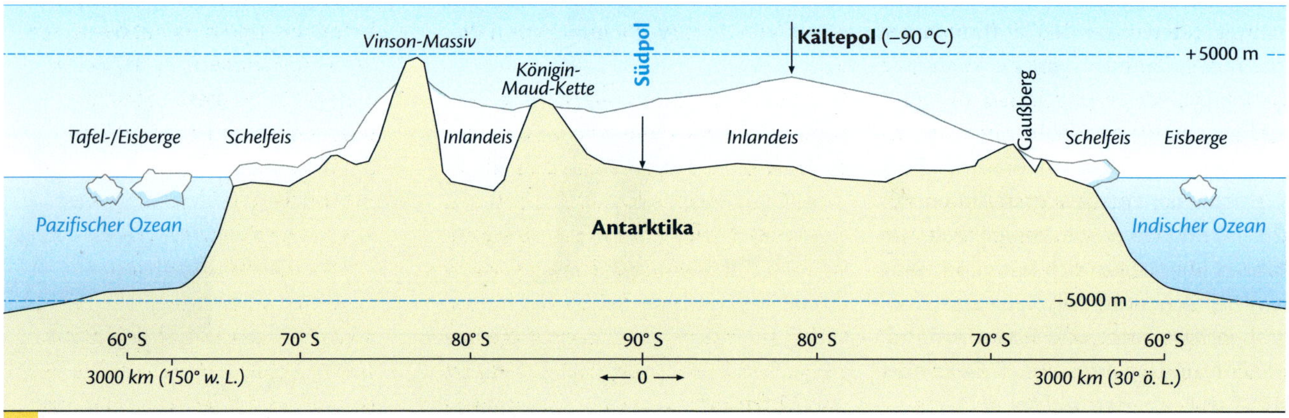

M 2 *Profil durch die Antarktis*

1 *Fundament*
2 *Fahrzeughalle sowie Technik- und Lagerräume*
3 *Kraftstation: Hier wird die Energieversorgung sichergestellt, unterstützt von Windkraftanlage im Umkreis der Station.*
4 *Ballonfüllhalle: Meteorologische Ballons werden auf dem Außendeck der Station gestartet.*
5 *Treppenhaus*
6 *Wohn- und Arbeitsräume*
7 *Wasserversorgung: Über eine Schneeschmelze wird die Versorgung der Station mit Trinkwasser gewährleistet.*
8 *Zufahrt: Über eine verschließbare Rampe aus Schnee gelangen die Fahrzeuge in die Garage der Station.*

M 3 *Die deutsche Forschungsstation Neumayer III in der Antarktis*

Abbau von Bodenschätzen. Die Antarktis soll ausschließlich für friedliche Forschungen genutzt werden.

Leben und Forschen auf der Station Neumayer III

Die Station Neumayer III ist das Zentrum der deutschen Antarktisforschung. Sie wurde 2009 in Betrieb genommen. Daneben gibt es noch vier weitere Forschungsstationen, die aber nur im antarktischen Sommer in Betrieb sind.
Der Bau von Forschungsstationen auf Eis und Schnee ist schwierig. Die ersten beiden deutschen Stationen wurden mit der Zeit unter Schneemassen begraben. Das zwang die Forscher dazu, in der Nachbarschaft eine neue Station zu bauen – so entstand die dritte deutsche Station, die „Neumayer-Station III". Sie steht auf beweglichen Pfählen, die es ermöglichen, die Station den sich verändernden Schneeverhältnissen des Untergrunds anzupassen.
Bis zu 40 Forscher können in der Station leben und arbeiten. Sie erforschen das Klima und seine Veränderungen, die Meere, die Atmosphäre oder das Leben von Robben, Pinguinen und Walen.
Im März, wenn der antarktische Winter beginnt, verlassen die meisten Forscher die Station. Im Winter wird es bis zu –40 Grad kalt, Schneestürme toben und viele Monate ist es fast vollkommen dunkel oder nur dämmerig. Durch das dicke Eis können Schiffe die Station nicht mehr erreichen. Zurück bleiben einige Wissenschaftler, die die Station am Laufen halten sowie Messergebnisse ablesen und weiterleiten.

1 Beschreibe die geographische Lage der Antarktis und der Neumayer-Station (Karten S. 43, **M 1**).
2 Erläutere den Naturraum und die Lebensbedingungen in der Antarktis (**M 2**).
3 Liste auf, welche Staaten Forschungsstationen in der Antarktis betreiben, und miss auf der Karte, wie viele Kilometer Luftlinie die Antarktis von diesen Staaten jeweils entfernt ist (**M 1**, Karte S. 182/183).
4 Beschreibe die Forschungsstation Neumayer III: Aufbau, Ausstattung, Forschungsaufgaben (**M 3**).
5 Diskutiert in der Klasse, ob ihr euch vorstellen könntet, als Forscher in der Antarktis zu leben und zu arbeiten. Begründet eure Meinung (**M 1** bis **M 3**,).

Wir erstellen ein Entdeckerporträt

M 1 *Neil Armstrong*

M 2 *James Cook*

Entdecker – wagemutige Wissenschaftler

Entdecker und Forschungsreisende zeichnen sich dadurch aus, dass sie „Neuland“ betreten haben. Sie erforschten Gegenden, die bis dahin noch nicht bekannt und beschrieben waren. Dadurch hat sich oft das Bild auf die Erde verändert.

Vor allem im Zeitraum vom 15. bis zum 18. Jahrhundert wurden viele Entdeckungen auf der Welt gemacht. Das lag auch an dem technischen Fortschritt im Schiffsbau sowie an den Erkenntnissen im Bereich der Sternenkunde. Die Gestalt und die Drehbewegungen der Erde im Weltall wurden genauer berechnet. So wurde die Navigation einfacher und damit manche Forschungsreise erst ermöglicht.
Entdecker, die sich auf die oft sehr gefährlichen und anstrengenden Abenteuerfahrten einließen, waren gefragt. Sie waren wagemutige Wissenschaftler.

Warum aber zogen die Entdecker los? Viele von ihnen wurden aus wirtschaftlichen Gründen von ihren Königen ausgesandt. Gewürze, Seide, aber auch Edelmetalle waren begehrte und wertvolle Handelsgüter. Manchmal waren auch religiöse Gründe vorherrschend: Das Christentum sollte auch in anderen Ländern der Welt verbreitet werden.

Auch heute gibt es noch Entdeckungen zu machen, vor allem im Weltraum oder in der Tiefsee. Dadurch kann sich das Weltbild ebenfalls immer wieder verändern.

Und nun bist du dran: Entdecke deinen Entdecker mithilfe des Entdeckerporträts.

Gestalte dazu mindestens eine, aber höchstens zwei DIN-A4-Seiten im Heft zu Deinem Entdecker, die du auch der Klasse vorstellen kannst.

M 3 *Alexander von Humboldt*

So gehst du beim Erstellen eines Entdeckerporträts vor

- **Entscheide dich** für einen Entdecker: zum Beispiel Robert Peary, Marco Polo, James Cook, Livingston und Stanley, Vitus Bering, Alexander von Humboldt, Neil Armstrong, Jacques Piccard, Edmund Hillary, Roald Amundsen.
- **Suche im Internet** nach dem Entdecker. Benutze dazu am besten eine Suchmaschine für Kinder, die verständliche Kinderseiten liefert. Sicherlich kann dir auch deine Lehrerin oder dein Lehrer weiterhelfen.
- Diese Suchmaschinen leiten dich auf Internetseiten weiter. Notiere die Internetseite, damit du in deinem Hefteintrag die **Quelle** nennen kannst.
- Lies die Seite in Ruhe durch und schreibe wichtige Informationen über die Entdecker heraus.
- Auf jeden Fall musst du folgende Daten aufnehmen:
  - seine Lebensdaten (Geburts- und Sterbejahr),
  - sein Heimatland,
  - seine wichtigsten Entdeckung(en),
  - die Gründe für seine „Fahrt".
- Zeichne die ungefähre Reiseroute in eine Weltkarte ein bzw. besondere Orte, die für die Entdeckung wichtig waren. Beschreibe diese mithilfe von Lagebeziehungen. Himmelsrichtungen und die Kontinente können dir dabei helfen.
- Schreibe zum Schluss mindestens fünf vollständige Sätze, wo du deine Meinung über diese Persönlichkeit darlegst. Beschreibe dabei auch die persönlichen Eigenschaften des Entdeckers. Was war deiner Meinung nach das Besondere? Was wäre heute anders?
- Gestalte dazu einen bebilderten Hefteintrag.

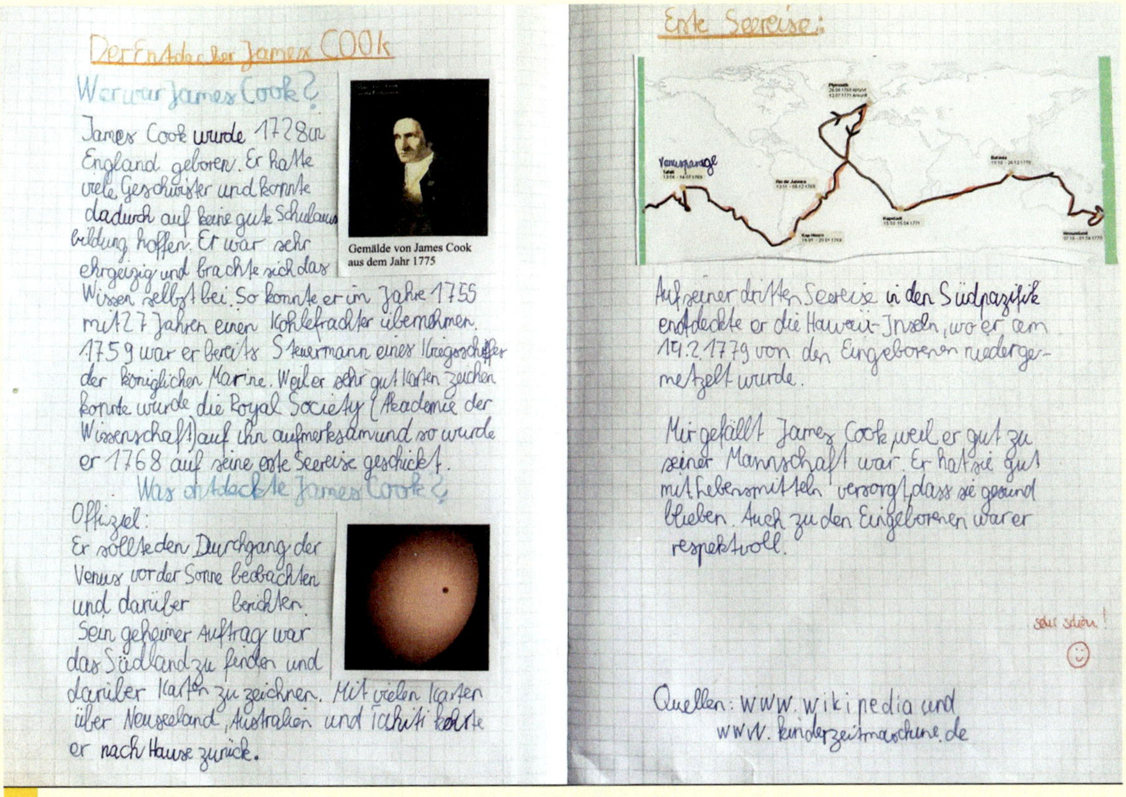

M4 *Entdeckerporträt*

Hast du bei der Gestaltung ...

- eine Überschrift für deinen Hefteintrag gestaltet?
- deinen Hefteintrag mit aussagekräftigen Bildern beklebt oder bemalt?
- mit Farben gearbeitet?
- ein Lineal verwendet?
- leserlich geschrieben?
- die Internetseite genannt, von der die Informationen stammen?

Hast du beim Inhalt ...

- den vollen Namen deines Entdeckers in die Überschrift gesetzt?
- die Lebensdaten deines Entdeckers genannt?
- aufgeschrieben, aus welchem Land dein Entdecker stammt?
- seine wichtigsten Entdeckungen genannt?
- die Reiseroute und das Gebiet, das dein Entdecker erforscht hat, in die Karte farbig eingezeichnet?
- es mithilfe von Lagebeziehungen beschrieben?
- beschrieben, was der Grund für die Entdeckungsfahrt war?
- deine eigene Meinung über den Entdecker in mindestens fünf vollständigen Sätzen formuliert?

M5 *So kontrollierst du dein Entdeckerporträt*

Wir arbeiten mithilfe eines Gruppenpuzzles

check-it
- Methode „Gruppenpuzzle" kennenlernen
- einfache Informationen in verschiedenen Medien finden und bewerten
- Ergebnisse teamorientierten Arbeitens präsentieren

Was ist ein Gruppenpuzzle

Bei der Methode „Gruppenpuzzle" setzt ihr als Klasse euch mit einem Thema auseinander, indem ihr es in Teilthemen aufteilt. Diese werden von verschiedenen Schülerinnen und Schülern bearbeitet. Der Name der Methode verrät bereits, dass eure Einzelergebnisse am Ende der Arbeitsphase wie in einem Puzzle zusammengesetzt werden. Es wird aber auch gepuzzelt, wenn ihr euch in verschiedenen Gruppen trefft und besprecht.

Arbeitsphasen im Gruppenpuzzle

Erste Arbeitsphase: Themenverteilung in den Stammgruppen

Bevor die eigentliche Arbeit beginnen kann, werden die sogenannten Stammgruppen gebildet. Seht euch die Arbeitsmaterialien an und teilt anschließend die Teilthemen auf die einzelnen Gruppenmitglieder auf.

Nun habt ihr die Gelegenheit, euch einzeln und in Ruhe intensiv mit eurem Teilthema zu beschäftigen. In eurer Stammgruppe sollt ihr zum Spezialisten in eurem Themenbereich werden. Arbeitet deshalb selbstständig und sorgfältig. Auf eurem Protokollbogen ist Platz für Notizen.

Zweite Arbeitsphase: Ausarbeitung der Themen in den Expertengruppen

Jetzt wird gepuzzelt: Alle Schüler, die das gleiche Thema bearbeitet haben, treffen sich in ihren Expertengruppen. Als Expertinnen und Experten besprecht ihr nun, was ihr über euer Thema herausfinden konntet. In dieser Arbeitsphase könnt ihr auch Fragen und Schwierigkeiten klären, die in der ersten Arbeitsphase aufgetreten sind. Bereitet eine Präsentation vor, die jeder in seiner Stammgruppe halten wird. Denkt dabei daran, dass ihr die Experten für euer Thema seid und die anderen Gruppenmitglieder sich nicht damit beschäftigt haben.

Dritte Arbeitsphase: Ergebnispräsentation in den Stammgruppen

Nachdem ihr in die Stammgruppen zurückgewechselt seid, werdet ihr zu Lehrerinnen und Lehrern. Nacheinander stellt ihr eure Präsentationen vor. Die Zuhörer machen sich Notizen auf ihren Protokollbögen. Besprecht schließlich Zusammenhänge und Unterschiede eurer Teilthemen. Notiert, was ihr euch unbedingt merken wollt.

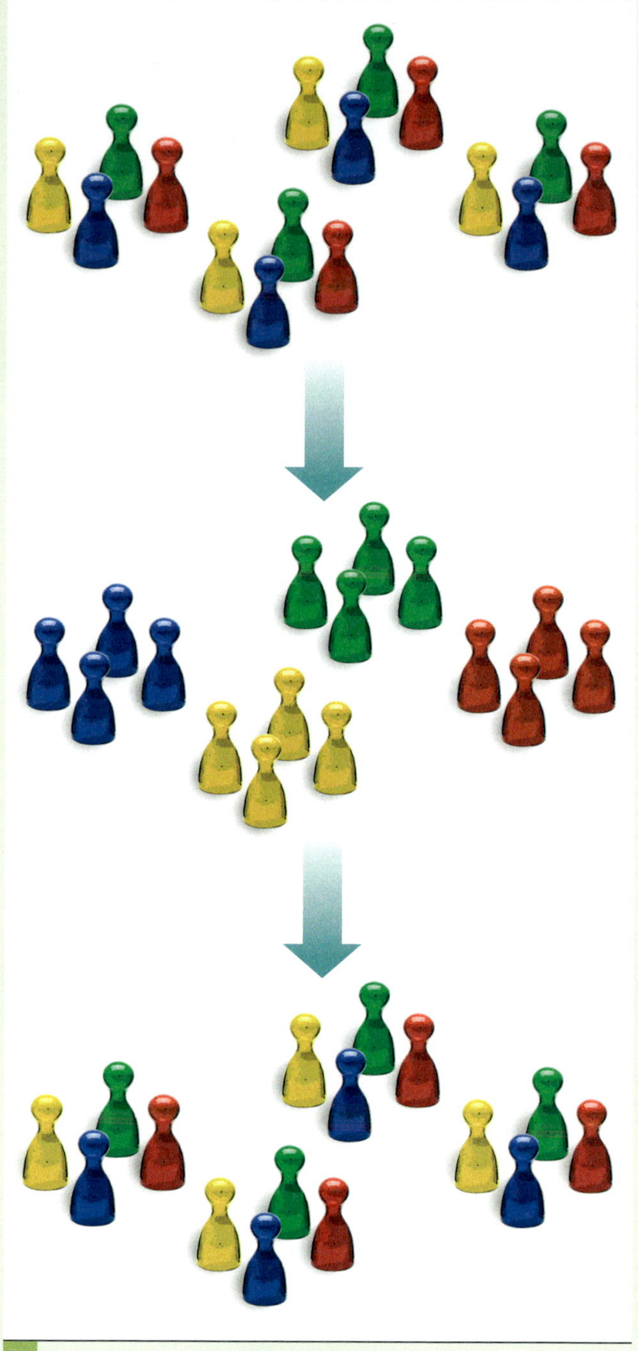

M 1 *Übersicht über die Arbeitsphasen des Gruppenpuzzles*

Natürliche Vielfalt der Erde	
Teilthema 1: Leben in der kalten Zone	Teilthema 2: Leben in der gemäßigten Zone
Teilthema 3: Leben in der trocken-heißen Zone	Teilthema 4: Leben in der feucht-warmen Zone

M 2 *Thema und Teilthemen*

Protokollbogen

Name: ______________________ Klasse: ______________

Mein Themengebiet:

Thema: *Natürliche Vielfalt der Erde*

☐ Teilthema 1: *Leben in der kalten Zone* bearbeitet von: ______________

Meine Notizen zu Teilthema 1:

☐ Teilthema 2: *Leben in der gemäßigten Zone* bearbeitet von: ______________

Meine Notizen zu Teilthema 2:

☐ Teilthema 3: *Leben in der trocken-heißen Zone* bearbeitet von: ______________

Meine Notizen zu Teilthema 3:

☐ Teilthema 4: *Leben in der feucht-warmen Zone* bearbeitet von: ______________

Meine Notizen zu Teilthema 4:

Das will ich mir merken:

Wir führen eine Internetrecherche durch

check-it

- Möglichkeiten der Informationssuche im Internet kennen
- Schrittfolge für die Beschaffung geographischer Informationen durch Internetrecherche kennen und anwenden

Internetseiten finden – die Suchmaschine

Das Internet ermöglicht es heute, schnell an aktuelle Informationen zu nahezu jedem Thema zu kommen. Sie ergänzen die Inhalte aus dem Schulbuch, aus Nachschlagewerken oder anderen Medien. Am schnellsten funktioniert die Internetrecherche, wenn du eine passende Internetadresse hast. Wenn nicht, dann helfen Suchmaschinen weiter. Das sind Programme, die mithilfe von einzelnen Suchbegriffen alle in einem Computer oder Computernetzwerk wie dem World Wide Web (WWW) gespeicherten Dokumente finden können. Meist werden so viele Einträge angezeigt, sodass du unmöglich alle anschauen kannst. Deshalb solltest du professioneller suchen, indem du mehrere Suchbegriffe kombinierst. Einige Suchmaschinen bieten Themenkataloge an, die häufig eine höhere inhaltliche Qualität haben.

Checkliste für die Internetrecherche

1. Schritt: Starte die Suchmaschine
Gib in das Adressfeld der Internet-Startseite entweder die gewünschte Adresse oder die Suchmaschine ein. Drücke die Enter-Taste, um die Suche zu starten.

2. Schritt: Gib einen Suchbegriff ein
Füge den Suchbegriff ein und die Webseiten werden angezeigt. Manchmal ist es sinnvoll, erst nach Oberbegriffen zu suchen, um dann weiter ins Detail zu gehen. Dies ist dann der Fall, wenn ein Begriff auch in anderen Bereichen benutzt wird oder so selten ist, dass eine Suchmaschine ihn nicht findet.

3. Schritt: Wähle die Webseite aus
Wähle aus den gefundenen Einträgen einige aus. Auf den Seiten finden sich oft Links, die weitere Informationen zum Thema bieten. Dabei wirst du feststellen, dass einige Seiten nicht zu deinem Thema passen. Wenn keine der gefundenen Seiten passt, solltest du zum zweiten Schritt zurückkehren und einen anderen Suchbegriff versuchen.

4. Schritt: Speichere die Information oder drucke sie aus
Die wichtigen Informationen werden markiert und entweder sofort ausgedruckt oder auf dem Computer abgespeichert. Manchmal verbergen sich hinter einem Link ganze Buchkapitel oder Aufsätze. Markiere die Seiten oder Absätze, die dir wichtig erscheinen. Gib dem Drucker den Befehl, nur den markierten Text zu drucken.
Denke daran, die genaue Adresse als Quelle zu kopieren, damit dein Lehrer die Fundstelle überprüfen kann.

Durchführen einer Internetrecherche zum Thema „Regenwald"

1. Schritt: Starte die Suchmaschine
Gib in das Adressfeld den Namen einer Suchmaschine (**M 3**) ein. Drücke die Enter-Taste.

2. Schritt: Gib einen Suchbegriff ein.
Füge in das Suchfeld den Begriff „Regenwald" ein und starte die Suchmaschine durch Anklicken der Taste „Suche" oder durch drücken der Enter-Taste.

3. Schritt: Wähle die Webseite aus
Wähle aus der angezeigten Liste von Internetseiten zum Thema „Regenwald" eine aus. Entscheide, ob die Information für das Thema wichtig und aktuell ist.

Regenwald – Wikipedia
https://de.wikipedia.org/wiki/Regenwald
Als Regenwald bezeichnet man Wälder, die durch ein besonders feuchtes Klima aufgrund von meist mehr als 2000 mm Niederschlag (im Jahresmittel) ...
Tropische Regenwälder - Monsunwälder - Regenwälder der gemäßigten Breiten

Tropischer Regenwald – Wikipedia
https://de.wikipedia.org/wiki/Tropischer_Regenwald
Als tropischen Regenwald oder tropischen Tieflandregenwald bezeichnet man eine Vegetationsform, die nur in den immerfeuchten Tropen (Klimazone) ...
Ökologie - Pflanzen- und Tierwelt - Menschen im Regenwald

Abenteuer Regenwald – Schüler und Kids für den Regenwald
https://www.abenteuer-regenwald.de/
Erfahre alles über das grüne Wunder Regenwald. Ob Gorilla, Tukan oder Elefant: Hier findet ihr Spiele, spannendes Wissen und Tipps rund um den Schutz der ...
Tiere - Wissen - Der tropische Regenwald - Abholzung

Der tropische Regenwald - Abenteuer Regenwald
https://www.abenteuer-regenwald.de/wissen/regenwald
Im tropischen Regenwald ist es das ganze Jahr grün, da die Laubbäume nicht ... Alle Regenwälder zusammen bedecken aber nur drei bis vier Prozent der ...

Faszination Regenwald – die Regenwald-Initiative von Dr. Tom ...
www.faszination-regenwald.de/
Der tropische Regenwald im Internet mit Informationen, Bilder und Links zu dem faszinierenden Ökosystem.

Wo gibt es Regenwälder? Faszination Regenwald
www.faszination-regenwald.de/info-center/.../geografie.htm
Weltweite Verteilung tropischer Regenwälder: Die Erdflächen zwischen den Wendekreisen werden gemeinhin als Tropen bezeichnet. Die grünen Flächen ...

Wissenswertes über tropische Regenwälder, Faszination Regenwald
faszination-regenwald.de/info-center/index.htm
Hier im Info-Center finden Sie Wissenswertes über die tropischen Regenwälder. Zum Beispiel: Warum heißt der Regenwald eigentlich "Regenwald"? Wo gibt es ...

Rettet den Regenwald e.V. - Ihre Stimme hilft
https://www.regenwald.org/
Der Verein setzt sich für die Erhaltung des Regenwaldes ein. Es werden Aktionen vorgestellt, Hintergrundinformationen und aktuelle News zum Thema ...

Landschaften - Regenwald - Landschaften - Natur - Planet Wissen
www.planet-wissen.de/natur/landschaften/regenwald/
Rund um den Globus erstrecken sich in den immerfeuchten, warmen Regionen beiderseits des Äquators die bedeutendsten Urwälder der Erde - die tropischen ...

Regenwald in Schule und Unterricht | OroVerde
www.regenwald-schuetzen.org/lehrer.html
Hier finden Sie viele Informationen zum Thema Regenwald für Schule und Unterricht, sowie aktuelle Unterrichtsmaterialien rund um den Regenwald zum ...

Urwälder der Erde - Tropischer Regenwald - Naturdetektive
www.naturdetektive.de/natdet-wochenwettbewerb_2011-25.html
Tropische Regenwälder gibt es rund um den Äquator auf allen Erdteilen. Der größte von ihnen ist der Amazonas-Regenwald in Brasilien. Hier gibt es Gebiete, ...

Pro REGENWALD News
www.pro-regenwald.de/
Pro REGENWALD arbeitet seit über 25 Jahren zu Waldschutz und Menschenrechten. Ein Großteil der Arbeit wird von ehrenamtlichen MitarbeiterInnen bestritten ...

M 1 *Ergebnisliste nach dem Eingeben des Suchbegriffs*

4. Schritt: Speichere die gesuchten Information oder drucke sie aus

Öffne eine neue Datei. Markiere den gefundenen Artikel und speichere ihn mit der Quellenangabe unter deinem Namen auf dem Computer oder drucke ihn aus.

Anmerkung: Du kannst auch Bilder suchen, aufrufen, drucken und speichern. Dazu klickst du bei der Suchmaschine „Bilder“ statt „Alle“ oder „Web“ an. Anschließend gehst du nach den Schritten 2 bis 4 vor.

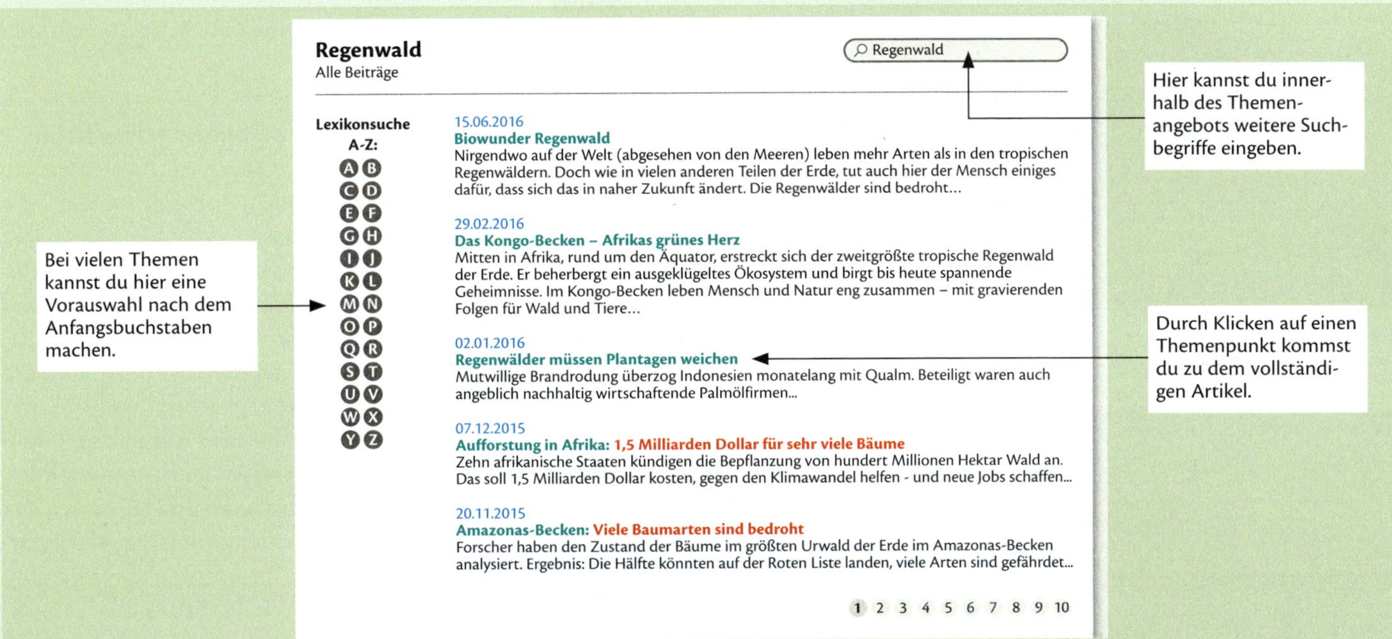

M 2 *Lesen der Internetseite*

Internationale Suchmaschinen verzeichnen Webseiten weltweit. Sie können Inhalte in allen Sprachen und Ländern finden. Deutsche Suchmaschinen suchen nur Webseiten aus dem deutschsprachigen Raum. Häufig sind sie für den deutschsprachigen Raum genauer als internationale Suchmaschinen. Metasuchmaschinen können Inhalte in mehreren Suchmaschinen gleichzeitig finden.

Deutsche Suchmaschinen (eine Auswahl):	**Themenkatalog** (eine Auswahl):
www.fireball.de www.bing.de www.google.de	www.yahoo.de www.allesklar.de
Internationale Suchmaschinen (eine Auswahl):	**Metasuchmaschinen** (eine Auswahl):
www.duckduckgo.com www.hotbot.com www.lycos.com	www.metager.de www.metacrawler.de

M 3 *Auswahl an Suchmaschinen*

1 Führe eine Internetrecherche mithilfe der Schritte 1 bis 4 durch und suche Informationen zur natürlichen Vielfalt der Erde (**M 1** bis **M 3**).

2 Suche mithilfe der Schritte 1 bis 4 die passenden Bilder zu deinem Thema.

3 Speichere alle Ergebnisse, die dir nützlich erscheinen, oder drucke sie aus. Denke daran, die jeweilige Quelle festzuhalten (**M 4**).

4 Werte deine gesammelten Ergebnisse aus und stelle sie unter Angabe der Quellen deinen Mitschülern vor.

M 4 *Das Copyright beachten*

Natürliche Vielfalt der Erde

M 1 *Tundra*

M 2 *Laub- und Mischwald*

check-it
- Begriff „Klima" kennen
- Merkmale von Klima und Vegetation benennen
- Zusammenhang zwischen Klima und Vegetation
- Bilder beschreiben
- Bedeutung und Gefährdung der natürlichen Vielfalt diskutieren

Natürliche Vielfalt – Reichtum der Erde

Ewiges Eis, Wüsten, dichte Wälder – die Natur auf der Erde hat viele Gesichter. Sie besteht aus vielen unterschiedlichen Lebensräumen für Tiere, Pflanzen und den Menschen. Diese sind vor allem durch das **Klima** geprägt. Gebiete mit annähernd gleichen Temperaturen und Niederschlägen werden zu Zonen zusammengefasst. Durch unterschiedliche Temperaturen und Niederschläge entstehen unterschiedliche Bedingungen für das Wachstum von Pflanzen. Die natürliche Vielfalt dieser Lebensräume zeigt den Reichtum der Natur auf der Erde. Der Mensch ist Teil dieser Lebensräume. Er nutzt den natürlichen Reichtum wirtschaftlich und ist gleichzeitig von der Natur abhängig.

Natur und Mensch – ein Konflikt?

In der heutigen Zeit ist die natürliche Vielfalt der Erde bedroht. Wissenschaftler fanden heraus, dass etwa alle

M 3 *Wüste*

M 4 *Regenwald*

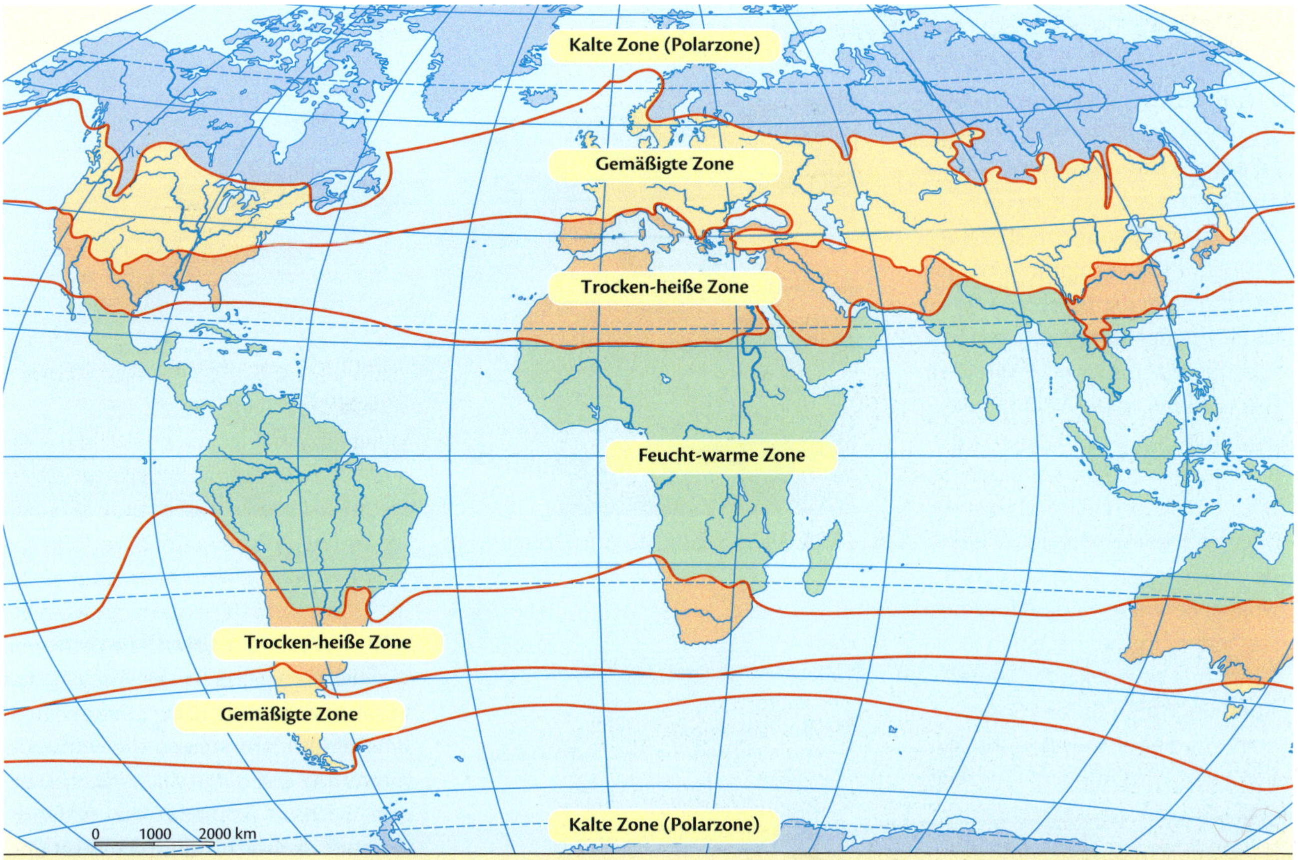

A In dieser Zone ist es ganzjährig sehr kalt. Die Niederschläge fallen meistens in Form von Schnee. Es gibt außer einigen Moosen und Flechten im Sommer keine Vegetation. Bäume wachsen hier nicht.

B Diese Zone hat sehr heiße Sommer und milde Winter. Es fällt kein oder nur sehr wenig Niederschlag. Die Pflanzen müssen sich an die Trockenheit anpassen. Manche Gebiete sind fast pflanzenlos.

C In dieser Region ist es ständig warm. Es gibt keine Jahreszeiten. Es regnet hier besonders häufig und stark. Die Pflanzen sind ganzjährig grün und wachsen sehr dicht. Es gibt eine große Vielfalt an Pflanzen.

D Der Niederschlag und die Temperatur sind hier abhängig von der Lage. Es gibt sehr kalte bis kühle Winter und milde bis warme Sommer. Es regnet hier ganzjährig. Es gibt Laub- und Nadelbäume und viele andere Pflanzen.

M 5 *Die Temperaturzonen der Erde*

20 Minuten eine Art auf unserer Erde ausstirbt. Auch unsere heimischen Pflanzen und Tiere sind betroffen – jedes dritte Tier und jede vierte Pflanze ist bereits gefährdet.

Die Hauptursache dabei ist der Mensch. Durch die weltweit steigenden Bevölkerungszahlen braucht der Mensch immer mehr Platz, um zu wohnen, um Nahrungsmittel anzubauen oder um Dinge zu produzieren. Das hat Auswirkungen auf die natürliche Vielfalt der Erde.

Der Mensch versucht die Vielfalt der Natur durch gezielte Maßnahmen zu bewahren und wiederherzustellen.

1 Beschreibe die Bilder (**M 1** bis **M 4**).

2 Lege eine Tabelle an. Ordne den Bildern die Texte A bis D zu (**M 1** bis **M 5**).

3 Ordne anschließend in einer weiteren Spalte die entsprechende Temperaturzone zu (**M 5**).

4 Erläutere anhand deiner Tabelle, welcher Zusammenhang zwischen Temperatur und Vegetation in der jeweiligen Zone besteht (M 1 bis **M 5**).

5 Diskutiert in der Klasse, welche Bedeutung die natürliche Vielfalt der Erde für die Menschen hat und wodurch sie gefährdet ist (**M 1** bis **M 5**).

Leben in der kalten Zone

Bei uns in Grönland
Meine Familie und ich wohnen in einem kleinen Haus gar nicht weit von unserer Schule. Dort sitze ich gerade am Computer, um zu lernen. Meine Mutter arbeitet bei der Stadtverwaltung und mein Vater stellt ganz tolle Skulpturen her. Einige kann er an die Touristen hier verkaufen. In den Sommermonaten kommen sie immer öfter mit Kreuzfahrtschiffen zu uns. Mein Onkel organisiert für sie Fahrten mit dem Hundeschlitten. Wir benutzen heute einen Motorschlitten (Skidoo) oder im Sommer ein Quad. Wenn wir einen anderen Ort besuchen wollen, nehmen wir das Flugzeug. Fast jeder Ort hier hat einen Flugplatz, aber es gibt kaum Straßen. Auch die Waren für den Supermarkt und alles, was wir sonst so brauchen, wird mit dem Flugzeug gebracht. Mit der Jagd verdienen nur noch wenige Menschen in Grönland ihr Geld. Seitdem nur noch eine vorgeschriebene Zahl von Tieren getötet werden darf, kann man davon kaum noch leben. Ich spiele viel mit meinen Freundinnen, aber trotz Computer und Fernseher ist es hier in den langen Wintern, in denen es auch tagsüber gar nicht hell wird, oft schrecklich langweilig.

M1 *Alukie berichtet*

M3 *Nuuk – eine Stadt in Grönland*

check-it
- geographische Lage der kalten Zone beschreiben
- Naturbedingungen erläutern
- Anpassung von Pflanzen und Menschen erklären
- Bilder und Grafiken beschreiben
- Lebenssituation in der Polarzone beurteilen

An den Polen
Die kalte Zone erstreckt sich rund um die beiden Pole. Man nennt sie deshalb auch Polarzone. Den Nordpol umgibt die Arktis, während der Südpol in der Antarktis liegt.
Die kalte Zone ist nur sehr dünn besiedelt, denn sie ist das kälteste Gebiet der Erde. Große Teile sind ganzjährig mit Eis und Schnee bedeckt.

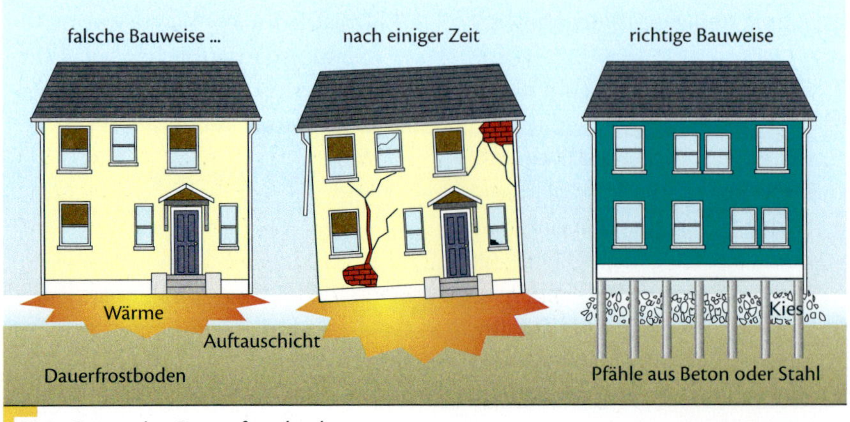

M2 *Bauen im Dauerfrostboden*

Ohne Wärme keine Pflanzen
In der kalten Zone ist die Wachstumszeit für Pflanzen sehr kurz. Nur wenige Wochen im Jahr steigen die Temperaturen über null Grad an, sodass Pflanzen wachsen können. Die fehlende Wärme führt dazu, dass nur Gräser und Moose vorkommen und vereinzelte Sträucher nur 50 Zentimeter hoch werden. Deshalb ist die kalte Zone größtenteils eine baumlose Landschaft – die Tundra. Die Pflanzen wachsen nur langsam. Sie haben oft dunkle Blätter, denn diese sorgen für eine stärkere Erwärmung des Bodens. Bei Schnee sind die niedrigen Pflanzen unter der Schneedecke vor Kälte geschützt. Je weiter man nach Norden kommt, desto dünner wird die Pflanzendecke. Die Tundra geht allmählich in die Eiswüste über. Nach Süden hin, wo es wärmer wird, wachsen Nadelbäume.

Ewiges Eis unter der Erdoberfläche
In der kalten Zone sind der Boden und die Gesteine seit tausenden Jahren im Untergrund ständig gefroren. Die Gebiete mit Dauerfrost nehmen ungefähr ein Viertel der Landmasse der Nordhalbkugel ein. Nur in den Sommermonaten taut der Boden für kurze Zeit an der Oberfläche auf. Da das Schmelzwasser in dem gefrorenen Boden des Untergrunds nicht versickern kann, bil-

den sich an vielen Stellen Sümpfe und flache Seen.

Bauen auf gefrorenem Boden

Der Bau von Häusern und Straßen ist auf dem gefrorenen Untergrund sehr aufwändig. Weite Teile der Tundra sind im Sommer unpassierbar. Menschen und Fahrzeuge versinken im Schlamm. Die Orte werden mit dem Flugzeug oder mit Schiffen versorgt. Nur im Winter können die Siedlungen auf dem Landweg erreicht werden. Die Winterstraßen verlaufen über zugefrorene Seen und Sümpfe.

Leben in der kalten Zone

Winterliche Kälte von bis zu minus 54 Grad und viele Wintermonate, an denen es nur wenige Stunden am Tag hell wird – ein Leben in der kalten Zone stellt besondere Anforderungen an die Menschen. So gibt es auf allen Parkplätzen Steckdosen, damit die Automotoren elektrisch angewärmt werden können, denn sie würden bei der großen Kälte nicht mehr funktionieren. Im Sommer machen unzählige Stechmücken das Leben schwer. Wenn die oberste Bodenschicht auftaut, bilden sich Sümpfe, die ideale Brutplätze für die Mücken sind. Da die Temperaturen nur wenige Wochen im Jahr über null Grad liegen, ist Ackerbau in der kalten Zone kaum möglich. Die Menschen leben hauptsächlich vom Fischfang, der Jagd oder der Rentierzucht. Die Rentiere weiden das ganze Jahr über auf wechselnden Weideplätzen im Freien. Rentierfleisch ist ein wichtiges Nahrungsmittel in der kalten Zone. An den Küsten ganz im Norden Grönlands werden Robben gejagt. Sie können fast vollständig verwertet werden und liefern wichtige Rohstoffe für das Überleben in der Kälte.

M 4 *Die Tundra*

M 5 *Verwertung einer Robbe*

1 Beschreibe die geographische Lage der kalten Zone und Grönlands (S. 59, **M 5**).

2 Erläutere die natürlichen Bedingungen in der kalten Zone (**M 3**, **M 4**, S. 59 **M 5**).

3 Erläutere, wie sich Pflanzen an die Bedingungen in der kalten Zone angepasst haben (**M 4**).

4 Erkläre, was beim Bau von Häusern auf Dauerfrostboden beachtet werden muss (**M 2**).

5 Erläutere die Bedeutung der Robbe für die Menschen in der kalten Zone (**M 5**).

6 Leben in der kalten Zone – Traum oder Albtraum? Begründe deine Meinung (**M 1** bis **M 5**).

Leben in der gemäßigten Zone

M 1 *Baden am See im Sommer*

check-it
- Lage der gemäßigten Zone beschreiben
- Naturbedingungen beschreiben
- Beispiele für Anpassung an die Jahreszeiten benennen und erklären
- Lernplakat erstellen und präsentieren
- Lebensbedingungen in der gemäßigten Zone beurteilen

M 2 *Skifahren im Winter*

Alles in Maßen

Das Wetter kann sich bei uns von Tag zu Tag ändern. Manchmal ist es im Sommer an mehreren Tagen sehr heiß und trocken, aber wir kennen keine lang anhaltende Hitze und Trockenheit, wie sie in den Wüstengebieten der Erde anzutreffen ist. Auch wir haben eiskalte Tage im Winter, aber sie halten nicht so lange an wie in der kalten Zone der Erde. Auch bei uns regnet es mitunter, aber niemals erleben wir die andauernde Schwüle und gleichbleibende Wärme, wie sie in der feucht-warmen Zone vorkommt.

Vier Jahreszeiten

Der Wechsel der vier Jahreszeiten kennzeichnet die gemäßigte Zone, in der wir leben. Pflanzen, Tiere und Menschen müssen sich diesen Naturbedingungen anpassen. Die Laubbäume werfen ihr Laub im Herbst ab, um nicht zu erfrieren. Die Nadelbäume überstehen auch strenge Winter, weil ihre Nadeln durch Wachsschichten vor der Winterkälte und Verdunstung geschützt sind. Die

M 3 *Buche im Frühjahr, Sommer, Herbst und Winter*

M4 *Apfelbäume*

Zugvögel ziehen im Winter fort, manche Tiere halten einen Winterschlaf, wieder andere legen sich eine Speckschicht zu oder bilden ein dickes Winterfell aus.

Leben mit den Jahreszeiten

Auch die Menschen, die in der gemäßigten Zone leben, passen sich dem Wechsel der Jahreszeiten an. In den kalten Wintern müssen die Gebäude beheizt und die Kleidung entsprechend angepasst werden. Für das Wachstum von Pflanzen ist es draußen zu kalt. Deshalb wird das meiste Obst und Gemüse, das wir in den Wintermonaten essen, aus wärmeren Gegenden eingeführt. In der gemäßigten Zone beginnt die Wachstumszeit der Pflanzen wieder im Frühjahr. Die Bäume und Sträucher bekommen Blätter und beginnen zu blühen und auf den Feldern wird gesät und gepflanzt. Haupterntezeit ist dann im Sommer und Herbst. Durch beheizte Gewächshäuser wird die natürliche Wachstumszeit verlängert, sodass wir zu allen Jahreszeiten frisches Obst und Gemüse essen können.

1 Beschreibe die geographische Lage der gemäßigten Zone (S. 59 **M5**).
2 Beschreibe die natürlichen Bedingungen in der gemäßigten Zone (**M1** bis **M3**; S. 59 **M5**).
3 Nenne Beispiele dafür, wie sich Pflanzen, Tiere und Menschen den Jahreszeiten und ihrem Wechsel anpassen (**M3** bis **M6**).
4 Erkläre anhand von Beispielen, wodurch das Leben der Menschen in der gemäßigten Zone weitgehend unabhängig von dem Wechsel der Jahreszeiten verläuft (**M5**).
5 Beurteile die Vor- und Nachteile eines Lebens in der gemäßigten Zone. Erstellt in Gruppen ein Lernplakat mit Beispielen, die für oder gegen ein Leben im Wechsel der Jahreszeiten sprechen, und präsentiert es der Klasse (**M1** bis **M5**).

M5 *Gewächshaus*

	A	M	J	J	A	S	O
Äpfel							
Kirschen							
Pflaumen							
Weintrauben							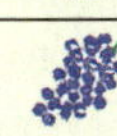
Spargel							
Tomaten							
Erdbeeren							

M6 *Erntezeiten für Obst und Gemüse in Deutschland*

Leben in der trocken-heißen Zone

„Wir Tuareg leben in den Gebirgen der **Sahara**, der größten Wüste der Erde. „Amam iman, ach isudar", sagt man bei uns. Das bedeutet: „Das Wasser lässt uns leben, die Milch gibt uns Kraft." Bei uns ist es das ganze Jahr über trocken. Aber wir kennen die Stellen, an denen wir Wasser finden. Nur am Rande der Gebirge regnet es manchmal im Sommer. Deshalb kann dort etwas Gras wachsen. Auf diesen Weiden finden unsere Kamele, Ziegen und Schafe ihr spärliches Futter. Die Tiere liefern uns Fleisch und Milch, Häute und Haare. Noch bevor die Tiere die Pflanzen schädigen könnten, treiben wir sie weiter. Wir ziehen mit den Herden mit. Deshalb leben wir nicht in festen Häusern, sondern in Zelten. Alles, was wir zum Leben brauchen, haben wir immer bei uns. Wegen dieser Lebensweise bezeichnet man uns als **Nomaden**. Vor den sengenden Sonnenstrahlen und der Hitze des Tages, vor zu starker Verdunstung, aber auch vor der unerbittlichen Kälte der Nacht schützt uns unsere Kleidung, die den ganzen Körper bedeckt. Das Fleisch unserer Tiere verkaufen wir den Bewohnern der **Oasen** – das sind die Stellen in der Wüste, an denen Wasser vorkommt. Von den Oasenbauern bekommen wir Datteln und Getreide, Obst und Gemüse. Manche von uns verdienen sich ihren Lebensunterhalt als Karawanenführer. Sie transportieren mit ihren Dromedaren die Waren aus den Oasen durch die menschenleeren Gebiete der Wüste. Zu den wichtigsten Transportgütern gehört das Salz."

M 1 *Der junge Sadah aus dem Volk der Tuareg berichtet*

check-it
- geographische Lage der Sahara und der trocken-heißen Zone beschreiben
- Merkmale von Oasen benennen
- Anpassung von Pflanzen, Tieren und Menschen erklären
- Skizze einer Oase zeichnen

Oasen – Inseln in der Wüste

Im Untergrund der Wüste Sahara gibt es Gesteinsschichten, die Wasser führen. An manchen Stellen kommt das Grundwasser der Erdoberfläche so nahe, dass die Pflanzen es mit ihren Wurzeln erreichen können. An wenigen Stellen tritt das Wasser sogar in Quellen aus. Wieder anderswo haben Menschen Brunnen gegraben.

Das Dromedar

Reittier: 150 Kilometer pro Tag
Lasttier: 30 Kilometer pro Tag
(200 Kilogramm)
2,3 bis 3,5 Meter lang
1,9 bis 2,3 Meter hoch (mit Höcker)

Anpassung an die Natur
- Große Hufe verhindern das Einsinken im Sand.
- Dicke Schwielensohlen schützen vor Hitze.
- Lange Beine schützen den Körper vor der heißen Luft am Boden.
- Langer Hals ermöglicht das Abweiden hoher Bäume.
- Verschließbare Nüstern und lange Augenwimpern schützen vor Treib- und Flugsand.
- Starke Zähne zermalmen sogar Dornen.
- Das Fettpolster im Höcker speichert Energie und schützt vor starken Temperaturschwankungen.
- Das Gehirn wird durch besondere Blutgefäße gekühlt.

Der Nutzen
- Die Milch ist hochwertige Nahrung.
- Das Fleisch ist wohlschmeckend und eiweißreich.
- Kamelhaar wird zu Mänteln, Decken, Teppichen verarbeitet.
- Aus der Haut werden Sandalen und Säcke hergestellt.
- Der Kamelmist dient als Brennmaterial.

M 2 *Kamelkarawane*

M 3 *Dattelpalmenoase*

Die wichtigste Pflanze der Oasen ist die Dattelpalme. Sie findet in der Wüste ideale Wachstumsbedingungen, denn ihre „Füße" stehen im Wasser und ihr „Kopf" ragt in die Sonnenglut. In ihrem Schatten gedeihen in den Oasengärten Getreide, Gemüse, Gewürze und Obstbäume. Wo genügend Wasser vorkommt, haben sich weite Oasen mit Tausenden von Dattelpalmen entwickelt. Dort gibt es sogar große Oasenstädte mit Händlern und Handwerkern, Ärzten und Apotheken, Gaststätten und Hotels.

1 Beschreibe die geographische Lage der Sahara (Karte S. 180/181).
2 Berichte über die Bedeutung des Dromedars für die Menschen in der Wüste (**M 1, M 2**).
3 Erkläre, wie sich die Tuareg den Bedingungen in der Wüste angepasst haben (**M 1, M 2**).
4 Erläutere die Bedeutung der Dattelpalme für die Menschen in der Wüste (**M 4**).
5 Zeichne nach dem Bild die Skizze einer Oase. Beachte die Lage der Häuser. Beschreibe das Bild (**M 3**).
6 Erkläre, an welchen Stellen in der Wüste sich Oasen entwickeln können (**M 3**).
7 Begründe, warum Oasenbauern und Nomaden aufeinander angewiesen sind.

M 4 *Alle Teile der Dattelpalme werden genutzt*

Leben in der feucht-warmen Zone

M 1 *Wohnhaus im tropischen Regenwald*

Ich lebe mit meiner Familie mitten im Regenwald in der Nähe des Amazonas, eines riesigen Flusses in Südamerika. Damit die vielen giftigen Schlangen im Regenwald nicht so leicht in unser Haus kommen, steht es auf Stelzen. Um unser Haus herum haben wir den Urwald gerodet. Nach der Schule helfe ich auf dem Feld mit. Es ist sehr mühsam, weil der Urwald ganz schnell wieder unsere Felder überwuchert. Wir bauen Bohnen, Mais und Maniok an. Aus den Knollen stellen wir Mehl her. Ganz lecker sind die Bananen. Mein Vater verkauft sie auf dem Markt in der Stadt. Da es hier im dichten Urwald kaum Straßen gibt, fahren wir mit dem Boot auf dem Fluss.

M 3 *Yara, ein Mädchen berichtet*

check-it
- geographische Lage der feucht-warmen Zone beschreiben
- Naturbedingungen erläutern
- Anpassung von Pflanzen und Menschen erklären
- Bilder und Grafiken vergleichen
- Lebensbedingungen beurteilen

Ein Tag im Regenwald

In der feucht-warmen Zone ist es das ganze Jahr über warm und feucht. Es gibt keine Jahreszeiten. Dafür gibt es im Laufe eines Tages große Temperaturunterschiede. Tag und Nacht sind gleich lang und die Dunkelheit bricht sehr rasch herein. Morgens sind die Temperaturen noch angenehm, aber durch die starke Sonneneinstrahlung erwärmt sich die Luft schnell sehr stark. Am frühen Nachmittag kommt es täglich zu starken Regengüssen. Dadurch kühlt sich die Luft wieder etwas ab.

Kampf ums Licht

In der feucht-warmen Zone gibt es immer ausreichend Wasser und Wärme. Das bewirkt ein ganzjährig kräftiges Pflanzenwachstum. Dabei hat sich auf der Suche nach ausreichend Licht der Stockwerkbau des Regenwaldes entwickelt. Die bis zu 40 Meter hohen Bäume, deren Kronen ein dichtes Dach bil-

M 2 *Der tropische Regenwald*

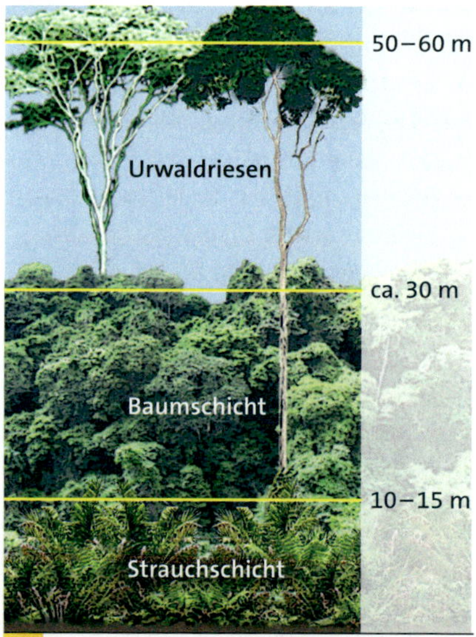

M 4 *Stockwerkbau im Regenwald*

den, nehmen einen Großteil des Sonnenlichtes auf. Dieses Kronendach ist ein wichtiger Lebensraum für Säugetiere und Vögel. Die Baumschicht wird nur vereinzelt von bis zu 70 m hohen Baumriesen überragt. Unterhalb der Baumschicht befindet sich die Strauchschicht mit Sträuchern und jungen Bäumen. Direkt am Boden wachsen Kräuter, Kriechpflanzen und Pilze, die mit sehr wenig Licht auskommen müssen. Man schätzt, dass es allein mehr als 3000 verschiedene Baumarten gibt, und viele Pflanzen und Tiere sind noch gar nicht entdeckt.

Leben in der feucht-warmen Zone

Die Menschen im Regenwald leben größtenteils in Dorfgemeinschaften und betreiben Feldbau. Um Felder anlegen zu können, muss der Wald gerodet werden. Mit Buschmessern und Äxten werden zunächst Sträucher und kleinere Bäume abgehackt. Bei größeren Bäumen wird die Rinde eingekerbt. So wird verhindert, dass weiter Baumsäfte aufsteigen können, und der Baum stirbt ab. Die Urwaldriesen lässt man häufig stehen, damit sie die empfindlichen Jungpflanzen vor der Sonne schützen. Wenn die abgehackten Büsche und Bäume verdorrt sind, werden sie in Brand gesetzt. Durch die Brandrodung entstehen freie Flächen im Regenwald, die dann als Feld genutzt werden. Die Asche dient als Dünger.

In den letzten Jahrzehnten wurden in den Regenwäldern wertvolle Bodenschätze wie Gold entdeckt und die Baumriesen liefern wertvolles Holz. Deshalb werden immer größere Flächen abgeholzt, um für die Bergleute und Holzgesellschaften Straßen und Siedlungen anzulegen. So wird alle zwei Sekunden Regenwald in der Größe eines Fußballfeldes zerstört und mit ihm der Lebensraum der Bevölkerung sowie vieler Pflanzen und Tiere.

1 Beschreibe die geographische Lage der feucht-warmen Zone (S. 59 M 5).

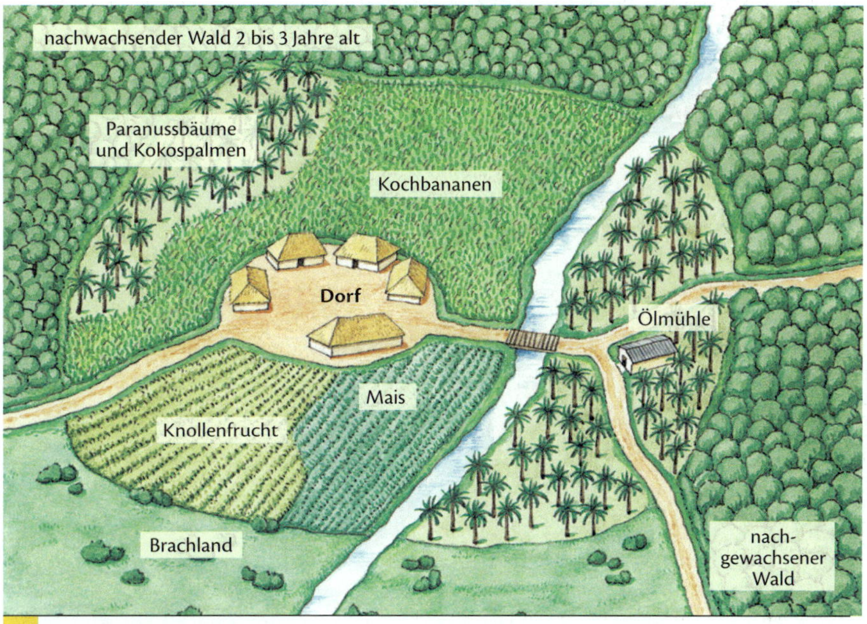

M 5 *Dorf im Regenwald*

M 6 *Familie bei der Feldarbeit*

2 Erläutere die natürlichen Bedingungen in der feucht-warmen Zone (**M 2** und **M 4**).

3 Beschreibe und erkläre den Stockwerkbau der Pflanzen (**M 2**, **M 4**).

4 Erkläre, wie sich die Menschen an die natürlichen Bedingungen angepasst haben (**M 1**, **M 3**, **M 5** bis **M 7**).

5 Vergleiche das Foto und die Grafik der Siedlung im Regenwald. Lege dazu eine Tabelle an (**M 1** und **M 5**).

6 Leben in der feucht-warmen Zone – Traum oder Albtraum? Begründe deine Meinung (**M 1** bis **M 7**).

M 7 *Maniokwurzeln, frisch geerntet*

Geo-Check: Die Vielfalt der Erde charakterisieren

Sich orientieren

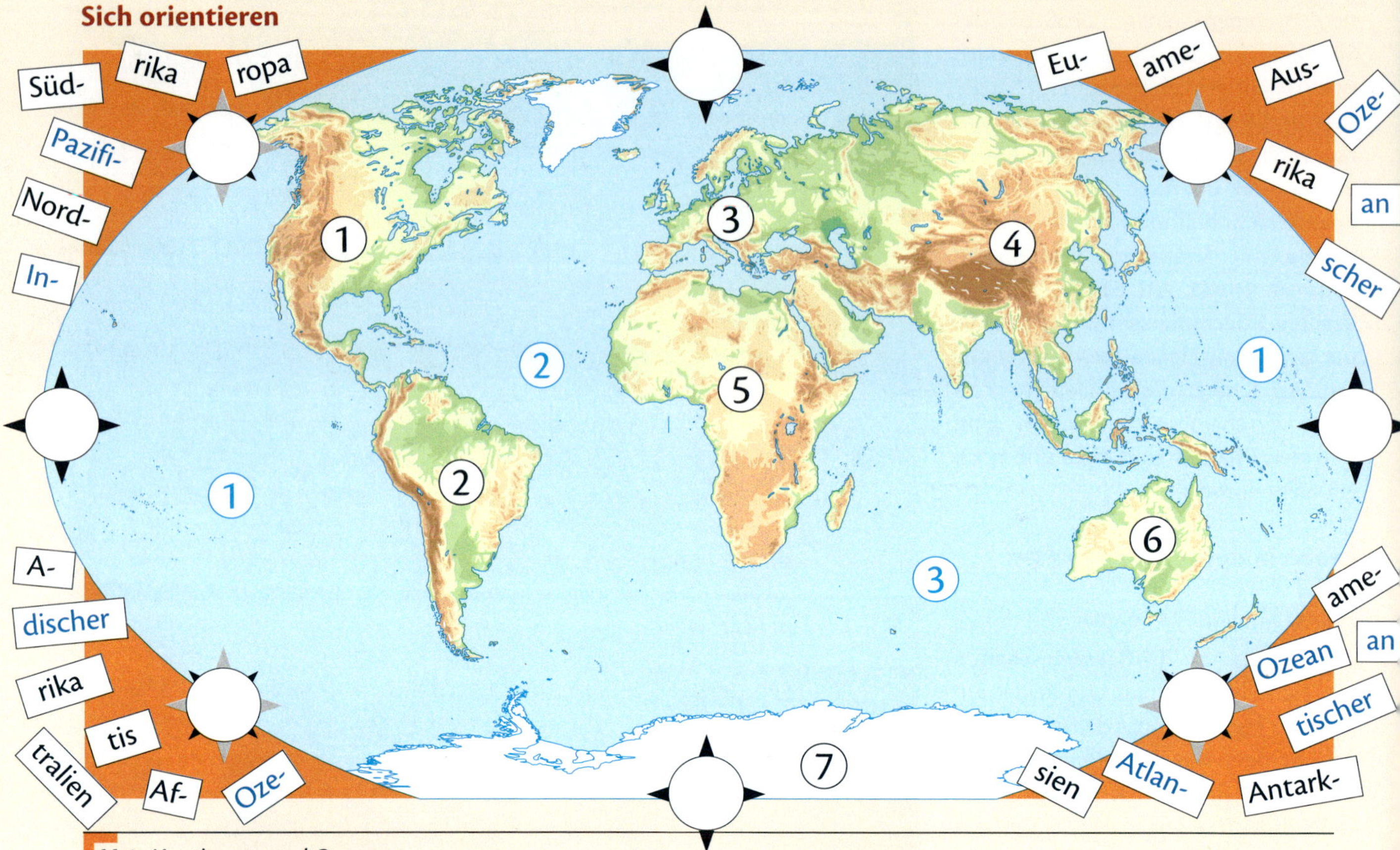

M 1 *Kontinente und Ozeane*

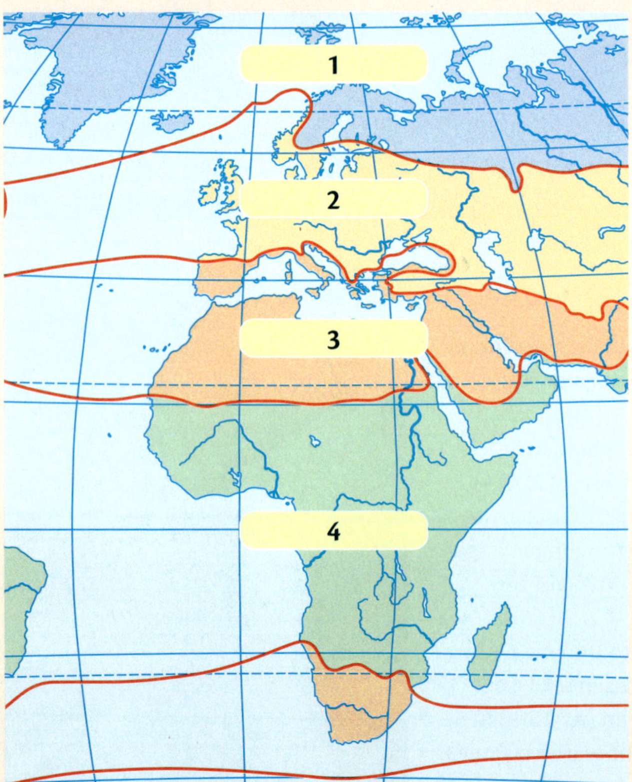

M 2 *Temperaturzonen Europas und Afrikas*

1 Ordne den Ziffern die Kontinente und Ozeane mithilfe der Puzzleteile zu (**M 1**).

2 Schreibe im Uhrzeigersinn die in der Karte eingezeichneten Himmelsrichtungen in dein Heft. Beginne auf der Weltkarte am oberen Rand (**M 1**).

3 Vervollständige mit den richtigen Himmelsrichtungen. Schreibe die Sätze in dein Heft:
- Europa liegt ______________ von Afrika.
- Afrika liegt ______________ von Australien.
- Asien liegt ______________ von Europa.
- Afrika liegt ______________ von Südamerika.
- Nordamerika liegt ______________ von der Antarktis.

4 Benenne die Temperaturzonen (1 bis 4) Europas und Afrikas (**M 2**).

5 Nenne für jede Temperaturzone zwei Länder, die in ihr liegen (**M 2**, Karte S. 182/83).

Plattentektonik und Naturkatastrophen

Erde: Plattentektonik

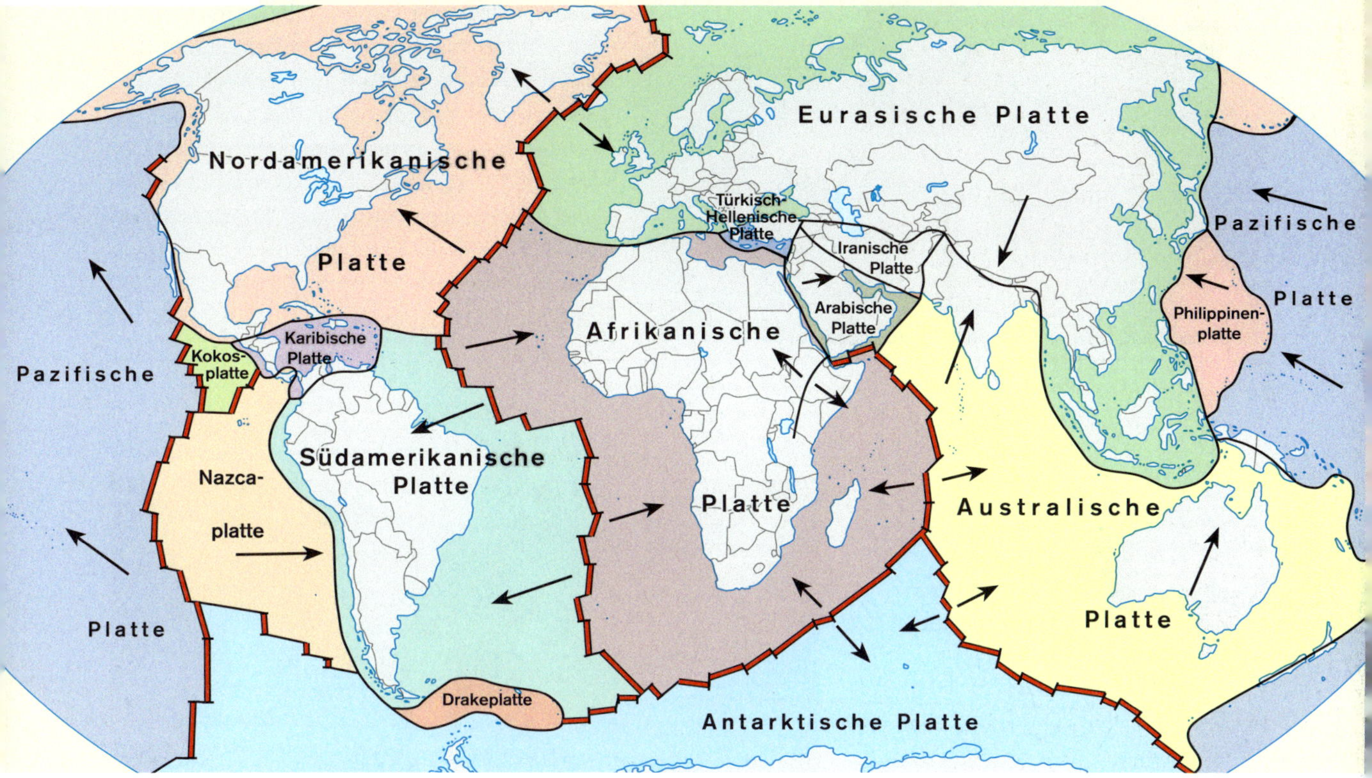

Plattengrenzen

Ozeanischer Rücken — Andere Plattengrenze — Richtung der Plattenbewegung

0 3000 km

Erde: Naturkatastrophen

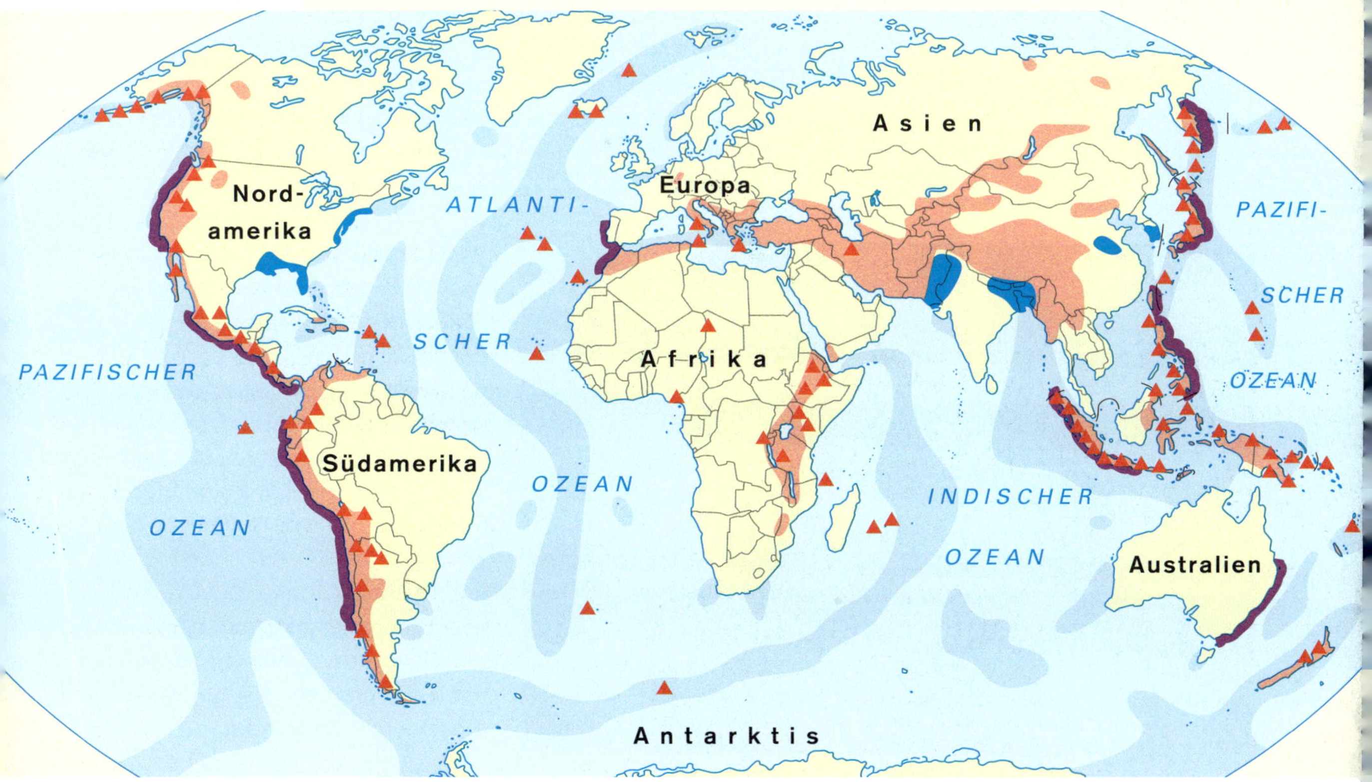

Gefährdung durch:

Überschwemmungen — Vulkanismus — Erdbeben — Seebeben — Tsunami

0 3000 km

Sich verständigen, beurteilen und handeln

Bei uns in Godhavn
Ich glaube, bei uns in Grönland sehen die Siedlungen gar nicht viel anders aus als bei euch in Deutschland. Wir haben Supermärkte, Schulen, Häuser mit Heizung, Fernsehgeräten und Internet – aber natürlich auch ganz viel Eis und Schnee. Der Winter dauert bei uns von September bis Juni. Es gibt aber einen großen Unterschied zu euren Städten: Autos gibt es kaum und Eisenbahnen, Busse und Straßenbahnen gar nicht. Hier wird fast alles mit dem Flugzeug transportiert und im Sommer, wenn das Eis getaut ist, mit dem Schiff.

M 6 *Leben in der kalten Zone*

12 Vieles im Leben der Kinder in den verschiedenen Temperaturzonen der Erde unterscheidet sich kaum, aber einiges ist auch ganz verschieden. Beschreibe das Leben der Kinder (**M 6** bis **M 8**).

13 Vergleiche das Leben der Kinder mit deinem Leben in der gemäßigten Zone (**M 6** bis **M 8**).

14 Diskutiert in der Klasse, wo ihr gerne einmal leben möchtet. Begründet eure Wahl.

15 Gestaltet in der Schule oder in eurer Klasse eine Ausstellung zum Thema „Kinder der Welt“.

Ich bin ganz besonders stolz auf mein Fahrrad – auch wenn ich es oft gar nicht fahren kann, weil es zum Transport von Wasserkanistern benötigt wird. Wasser ist bei uns hier in der Oase besonders kostbar. Oft müssen wir es von weit her holen.

M 7 *Leben in der trocken-heißen Zone*

Weil es bei uns immer warm ist, sind wir fast immer draußen. Die hohen Bäume und der dichte Wald spenden uns Schatten, sodass es nicht zu heiß wird. Nur die vielen Insekten stören manchmal. In unseren Häusern schlafen wir meistens nur. Auch unser Schulunterricht findet oft im Freien statt. In den Pausen spielen wir am liebsten Fußball. Schade ist nur, dass es in unserem Ort nur einen Computer gibt, mit dem wir manchmal alle zusammen ein Fußballspiel unserer Nationalmannschaft anschauen können.

M 8 *Leben in der feucht-warmen Zone*

Wissen und verstehen

6 Ordne jedem dieser Begriffe mindestens zwei Merkmale zu, die ihn erklären oder beschreiben (**M 3**).

M 3 *Geo-Begriffestapel*

7 Sortiere die Aussagen in richtige und falsche Aussagen. Verbessere die falschen Aussagen und schreibe sie richtig auf.

Richtig oder falsch?

- Asien ist der flächenmäßig größte Kontinent der Erde.
- Der Pazifische Ozean ist der kleinste Ozean der Erde.
- Australien wurde als letzter Kontinent entdeckt.
- Kolumbus segelte als Erster um die ganze Welt.
- In der Antarktis leben schon immer Menschen.
- In der Tundra wachsen die Pflanzen nur langsam.
- In der gemäßigten Zone gibt es keine Jahreszeiten.
- Die Oasen haben Wasser, weil es dort sehr viel regnet.
- Dromedare leben in der kalten Zone.
- Die Pflanzen im tropischen Regenwald wachsen in Stockwerken, damit jede Pflanze genug Wasser bekommt.

8 Welcher Begriff passt nicht zu den anderen? Notiere den richtigen Buchstaben. In der Reihenfolge der Aufgaben ergibt sich ein Lösungswort, das alle Schülerinnen und Schüler mögen.

1)
K Weltumseglung
F Urlaubsreise
H Entdeckungsreise
S Forschungsreise

2)
A Atlantischer Ozean
I Pazifischer Ozean
O Indischer Ozean
E Chinesischer Ozean

3)
R Weise
S Kolumbus
M Magellan
T Vasco da Gama

4)
N Afrika
M Asien
I USA
T Amerika

5)
A kalte Zone
M gemäßigte Zone
E Gefahrenzone
L feucht-warme Zone

6)
Z Neumayer-Station
K Scott-Station
M Esperanza-Station
N Kinder-Station

M 4 *1 aus 4*

Können und anwenden

9 Arbeitet mithilfe eines Gruppenpuzzles zum Thema „Forscher und Entdecker“. Geht dabei nach den Arbeitsschritten auf S. 54/55 vor.

10 Führt eine Internetrecherche zu je einem der Forscher und Entdecker durch. Beachtet dabei die Hinweise von S. 56/57.

11 Erstellt zu jedem der ausgewählten Forscher oder Entdecker ein Entdeckerporträt und präsentiert es. Beachtet dabei die Hinweise zum Erstellen eines Entdeckerporträts auf S. 52/53.

Forscher und Entdecker der Erde

Teilthema 1: Erforscher der Polarzone	Teilthema 2: Erforscher der Hochgebirge
Teilthema 3: Erforscher der Regenwälder	Teilthema 4: Erforscher der Ozeane

M 5 *Thema und Teilthemen*

4 Veränderungen der Erdoberfläche und den Einfluss des Menschen erläutern

Naturgewalten in Aktion

Blitze zucken vom Himmel – riesige Wolkentürme bei Nacht. Ein Gewitter? – Nein, ein Vulkan bricht aus. Gewaltige erdinnere Kräfte verändern die Landschaft der chilenischen Anden. Vulkanausbrüche stellen eine Gefahr dar und trotzdem wohnen viele Menschen in der Nähe von Vulkanen. Wie lässt sich das erklären?

In diesem Kapitel lernst du
- Erdbeben- und Vulkangebiete zu verorten,
- die Plattentektonik kennen,
- Vulkane und Erdbeben sowie deren Wirkung zu vergleichen,
- die Entstehung von Faltengebirgen zu beschreiben,
- das Zusammenwirken exogener Kräfte bei der Veränderung der Erdoberfläche zu erklären,
- den Gesteinskreislauf zu erläutern,
- die gestaltende Kraft des Wassers zu charakterisieren sowie
- den Einfluss des Menschen zu untersuchen.

Dazu nutzt du
- Bilder,
- Karten,
- Grafiken und
- Profile.

Du beurteilst
- die Gefahren von Erdbeben und Vulkanausbrüchen für den Menschen,
- Möglichkeiten des Schutzes der Umwelt.

Ausbruch des Vulkans Chaitén in Chile am 6. Mai 2008

Endogene Vorgänge formen die Erdoberfläche

Der Vulkan Mount St. Helens bricht aus: Der geköpfte Riese

Hundert Jahre lang gilt der Mount St. Helens im Nordwesten der USA als gutmütiger, 2950 Meter hoher Riese. Bis er Anfang 1980 mit leichten Erdstößen aus seinem Schlaf erwacht, ist er ein beliebtes Ausflugsziel. Als sich der Berg im März dann allerdings wie ein Hefeteig aufbläht, säumen vor allem Vulkanologen und Schaulustige die Hänge. Sie alle wollen miterleben, wie der Vulkan endlich wieder Feuer speit. Es ist eine angekündigte Katastrophe. Aber mit dem, was dann passiert, hat keiner gerechnet. Wie der Korken einer Champagnerflasche wird die Nordflanke des Mount St. Helens plötzlich weggesprengt. Mit mehreren hundert Stundenkilometern ergießen sich Gestein, Geröll und vulkanische Gase ins Tal. Insgesamt werden 600 Tonnen Asche in den Himmel geschleudert; auf einer Fläche von 40 000 Quadratkilometern versinkt

M 1 *Vulkanausbruch des Mount St. Helens 1980*

check-it
- Kräfte aus dem Erdinnern kennen
- Gestaltung der Erdoberfläche durch Kräfte aus dem Erdinnern erläutern
- endogene Vorgänge unterscheiden und Beispiele zuordnen

Kräfte aus dem Erdinnern

Schon seit Beginn der Erdgeschichte beherrschen zwei Motoren die Gestaltung der Erde: ein innerer und ein äußerer. Der innere Motor wird durch die Wärmequelle im Erdinnern angetrieben, der äußere durch die Sonnenenergie. Die innere Wärme lässt Gesteine schmelzen und Vulkane entstehen, sie liefert die notwendige Energie, um Gebirge aufsteigen zu lassen, um Kontinente zu bilden und zu bewegen. Diese Vorgänge werden als **erdinnere** (**endogene**) Vorgänge bezeichnet.

Neues Land entsteht

Am 14. November 1963 ragt südlich von Island ein Feuerberg einige Meter aus dem Meer. Er speit Rauch, Asche und **Lava** 3600 Meter hoch in den Himmel. Jeden Lavaausstoß begleitet ein Donnergrollen. In den folgenden Tagen sind die Ausbrüche auch im 120 Kilometer entfernten Reykjavik zu beobachten.

Am dritten Tag ist der Vulkan 550 Meter lang und 40 Meter hoch. Zwei Jahre lang wächst der Berg aus Asche und Lava, dann ist die neue Insel namens Surtsey auf 2,7 Quadratkilometer angewachsen und ragt 170 Meter über den Meeresspiegel. Im Sommer 1965 keimen erste Pflanzen auf dem Gestein. 1986 brüten erste Möwen auf der Insel, die sehr wichtig für die Ansiedlung von Pflanzen auf der Insel sind: 75 Prozent der Pflanzenarten sind durch Vögel auf die Insel Surtsey gelangt, lediglich 14 Prozent über den Wind und elf Prozent über das Meer. Mit der Zeit könnte die Insel dank der Möwen eine grüne Insel werden.

Doch sobald die neue Insel durch die erdinneren Kräfte entstanden war, begannen auch schon die **äußeren** (**exogenen**) Kräfte zu wirken. Die Wellen des Nordatlantiks haben die Fläche der Insel schon auf 1,4 Quadratkilometer verkleinert. Ein Geologe hat berechnet, dass Surtsey in 100 Jahren auf oder unter dem Meeresspiegel liegen wird.

Ebenso wie Surtsey wurde auch Island über Jahrmillionen durch Kräfte aus dem Erdinnern gebildet.

M 2 *Surtsey – eine Insel wächst aus dem Meer*

das Land im Ascheregen. So hoch steigt die Rauchsäule in die Atmosphäre, dass Flugzeuge gezwungen sind, ihre Route zu ändern. Neun Tage dauert der Ausbruch, und als sich die Staubwolken allmählich legen, zeigt sich das ganze Ausmaß der Katastrophe. Im Umkreis von 15 Kilometern ist kein Baum mehr zu sehen. Eine riesige Lawine aus Geröll, Schlamm und mitgerissenen Baumstämmen hat eine Schneise der Verwüstung geschlagen. Der einstmals stolze „Fujijama der USA" ist um 500 Meter geschrumpft. Ein Zehntel des Riesen ist weggesprengt. Noch 10 Jahre später kann man im Krater Steine fallen hören.

Insgesamt kostet der Ausbruch 57 Menschen das Leben: jene Vulkanologen und Schaulustigen zumeist, die die Wucht des Ereignisses überraschte. [...]

Quelle: WDR vom 18. April 2005 (Autor: Herwig C. Katzer, http://www1.wdr.de/themen/archiv/Stichtag/stichtag1514.html)

Der Mount St. Helens am 10. September 1980

Die Erdoberfläche verändert ihr Gesicht

Die Kräfte aus dem Erdinnern gestalten die Oberflächenformen der Erde. Sie bewirken, dass sich Teile der Erdkruste heben und Gebirge entstehen. Andere Bereiche werden durch endogene Kräfte abgesenkt, es bilden sich Gräben und Becken.

Diese Vorgänge laufen sehr langsam über Jahrmillionen ab. Anders ist dies bei **Erdbeben** und Vulkanausbrüchen, die plötzlich auftreten und zu erheblichen Zerstörungen führen können.

1 Erkläre, was man unter „Kräften aus dem Erdinnern" versteht, und nenne Beispiele (**M 3**).

2 Erläutert, wie endogene Kräfte die Erdoberfläche verändern. Bildet dazu zwei Gruppen. Gruppe 1 bearbeitet das Beispiel des Mount St. Helens (**M 1**). Gruppe 2 bearbeitet das Beispiel der Insel Surtsey (**M 2**).

3 Vergleiche langfristige und kurzfristige endogene Vorgänge und nenne jeweils Beispiele (**M 1** bis **M 4**).

4 Informiere dich über kurzfristige endogene Vorgänge des letzten Jahres in den Medien. Liste sie in einer Tabelle auf unter Angabe des Datums, des Ereignisses, der Folgen und des Ortes des Geschehens.

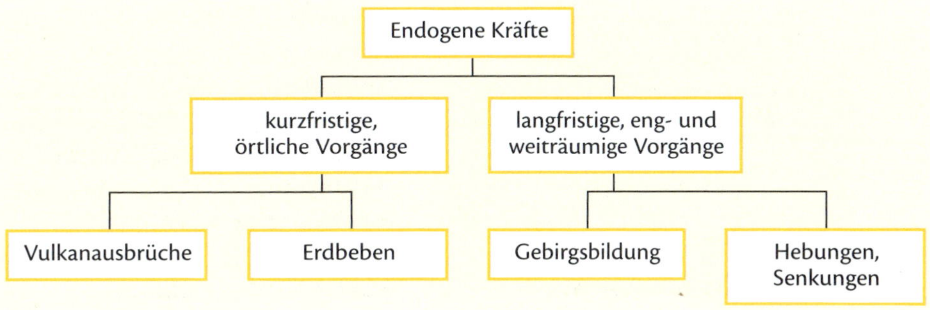

M 3 *Endogene Kräfte im Überblick*

M 4 *Gebirgsbildung*

Kontinente in Bewegung

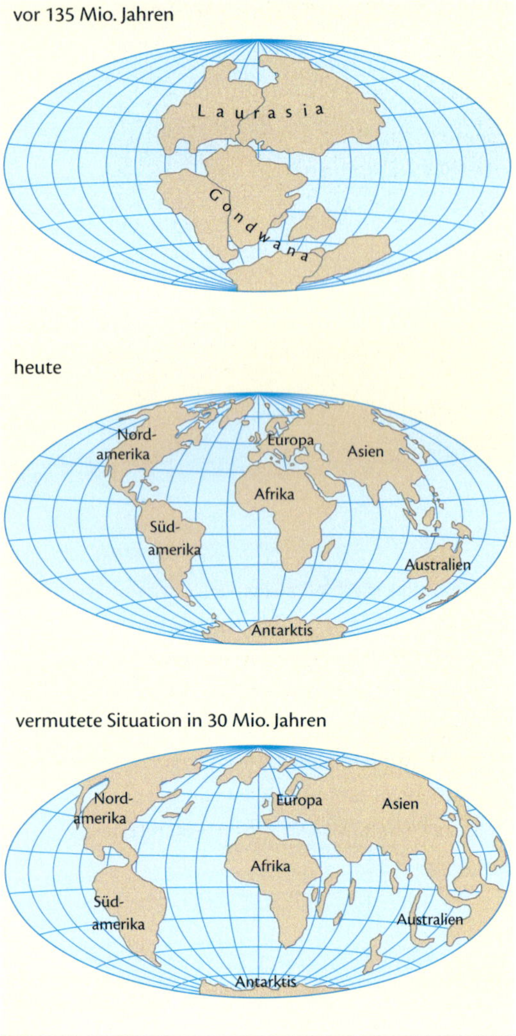

M 1 *Die Kontinentalverschiebung*

check-it
- Theorie der Kontinentalverschiebung und der Plattentektonik kennen
- Plattenbewegungen erläutern
- Blockbilder auswerten

Plattentektonik: das neue Bild der Erde

Wer auf einer Weltkarte die Westküste Afrikas und die Ostküste Südamerikas betrachtet, dem fällt auf, dass beide Küsten wie zwei Puzzleteile zusammenpassen. Diese Beobachtung machte schon zu Beginn des vorigen Jahrhunderts ein Wissenschaftler mit dem Namen Alfred Wegener. Wegener entwickelte die sogenannte „Theorie der Kontinentalverschiebung", die heute durch viele Beweise belegt ist. Auf beiden Kontinenten gibt es gleichartige Gesteine sowie Überreste verwandter Pflanzen- und Tierarten.

Eine Erweiterung der Theorie der Kontinentalverschiebung ist die Theorie der Plattentektonik. Nach heutigen Erkenntnissen besteht die Erdkruste aus mehreren großen und vielen kleineren Bruchstücken, die man „Platten" nennt. Diese starren Gesteinsplatten schwimmen auf dem zähflüssigen Gestein der Fließzone. Aus dem Erdinnern gelangt an manchen Stellen vermehrt Wärme nach oben. Dort quillt das Magma auf und drückt die benachbarte Gesteinsschmelze zur Seite. Andernorts sinkt kühleres **Magma** wieder ab. Auf diese Weise entstehen geschlossene Magmawalzen, die man **Konvektionsströme** nennt. Die Platten werden von den Konvektionsströmen angetrieben – wie Eisschollen durch Meeresströmungen. Sie driften jährlich bis zu dreißig Zentimeter.

Auswirkungen der Plattenbewegungen

Die Auswirkungen der Plattenbewegungen lassen sich gut am Beispiel Südamerikas, des Atlantischen Ozeans und Afrikas erkennen. Unter dem Atlantik strömt Gesteinsschmelze aus dem Erdmantel auf und dehnt dort den Ozeanboden. Dadurch kann Magma aufsteigen und untermeerische Vulkanausbrüche hervorrufen. Das aufsteigende Material bildet untermeerische Gebirge beziehungsweise mittelozeanische Rücken, hier den Mittelatlantischen Rücken. Er ist über 3000 Meter hoch und 17 000 Kilometer lang. Beiderseits dieses Rückens wer-

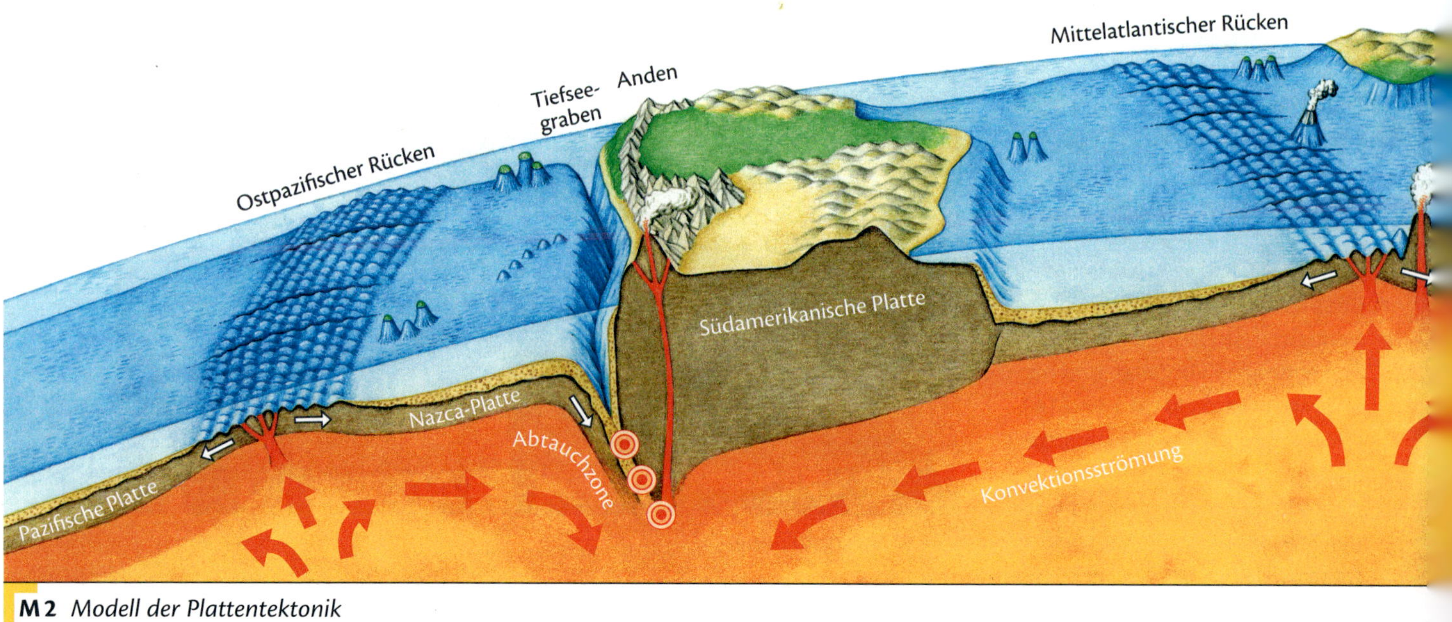

M 2 *Modell der Plattentektonik*

M 3 *Brücke auf Island, die die Nordamerikanische und Eurasische Platte verbindet*

den die Platten durch aufsteigendes Magma auseinandergeschoben. Der Atlantik verbreitert sich durch die Bildung von neuem Ozeanboden, sodass Afrika und Südamerika sich ca. 2 cm im Jahr voneinander entfernen.
An der Westseite wird Südamerika gegen die Nazca-Platte geschoben. Durch diese Stauchung faltete sich am Kontinentalrand ein Gebirge auf, die Anden. Das Basaltgestein der ozeanischen Kruste ist schwerer als das Granitgestein der kontinentalen Kruste und taucht deshalb unter den Kontinent ab. Am Meeresboden entstand in Küstennähe ein Tiefseegraben, der Atacamagraben.

1 Erkläre: „Kontinente bewegen sich“ (**M 1**).
2 Informiere dich über Alfred Wegener und erstelle seinen Lebenslauf (***Eine Internetrecherche durchführen***).
3 Benenne die großen Platten der Erdkruste und beschreibe, wo Abtauchzonen liegen und wo sich das Meer ausdehnt (**M 2**, **M 3**, Karte S. 71 oben).
4 Erläutere die Plattenbewegungen und ihre Auswirkungen am Beispiel des Pazifischen Ozeans vor der Küste Südamerikas (**M 2**).
5 Begründe, warum Kolumbus heute, 500 Jahre nach seiner Entdeckungsreise, etwa zehn Meter weitersegeln müsste, um Amerika zu erreichen.

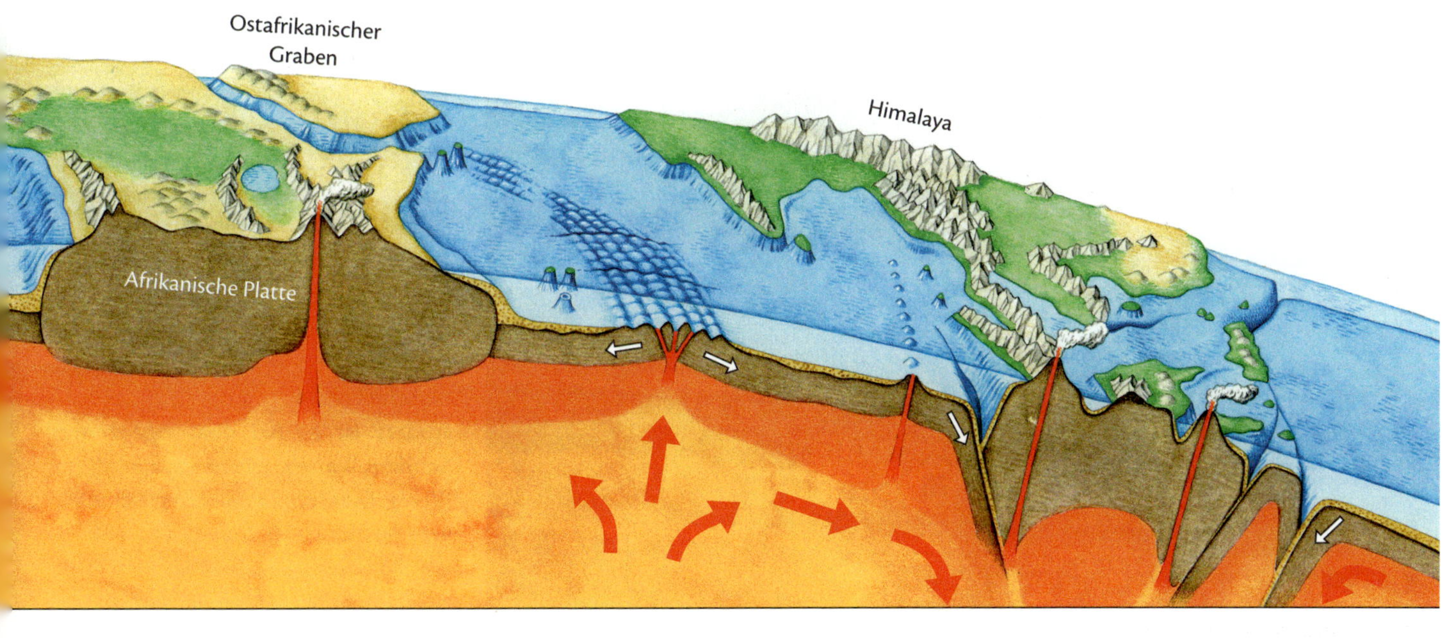

Der Ätna – Leben mit dem Vulkan

M 1 *Ausbruch des Ätna 2002*

Vulkane Europas

1. Ätna (ca. 3340 m)
2. Hvannadalshnúkur (2119 m, unter dem Vatnajökull)
3. Grímsvötn (1725 m, unter dem Vatnajökull)
4. Herðubreið (1682 m)
5. Hekla (1491 m)
6. Vesuv (ca. 1200 m)
7. Stromboli (ca. 926 m)

M 2 *Vulkane Europas*

check-it
- geographische Lage von Vulkanen beschreiben
- Vulkantypen vergleichen
- Vulkanausbrüche erläutern
- Bilder auswerten
- Risiken und Nutzen in Vulkangebieten beurteilen

Der Ätna – ein aktiver Vulkan

Am 17. Mai 2008 strömte Lava aus einem Südostkrater des Ätna. Nur drei Tage später ging im Bereich der Gipfel Ascheregen nieder und es traten mehrere Erdbeben auf. Die seit Jahrhunderten dauernde Vulkantätigkeit hat der Ätna weltweit nur mit acht Vulkanen gemein, unter anderem mit dem Stromboli. Aufgrund seiner Aktivität wächst der Ätna jährlich, kann aber auch durch Einbrüche an Höhe verlieren. Die häufigen Flankenausbrüche lassen immer wieder neue Öffnungen entstehen, die mehrere Wochen bis Monate aktiv Lava ausspeien können. Die Lavaströme dringen dabei teilweise bis in die Vorgärten der Anwohner benachbarter Ortschaften vor.

Der **Vulkanismus** Süditaliens steht in direktem Zusammenhang mit Bewegungen in der Erdkruste im Apennninen-Gebirge, das Italien von Nord nach Süd durchläuft und zu dem auch der Ätna gehört. Das Magma des Ätna stammt aus dem oberen Erdmantel, aus einer Tiefe von 70 bis 120 Kilometern.

M 3 *Zerstörtes Haus am Ätna*

Schicht- und Schildvulkane

Dadurch, dass sich Lavaströme und verfestigtes vulkanisches Lockermaterial abwechselnd ablagern, zählt der Ätna zu den sogenannten **Schichtvulkanen.** Der Austritt von Gasen, die in der Gesteinsschmelze enthalten sind, erfolgt bei den Schichtvulkanen meistens abrupt. Lavafetzen werden hochgeschleudert, erstarren und fallen als Bomben, kleinere (etwa walnussgroße) Steine und Asche zurück. Die Lava von Schichtvulkanen ist zähflüssig, erkaltet schnell und bildet relativ steil einfallende Schichten.

Anders ist es bei den sogenannten **Schildvulkanen.** Deren Lava ist dünnflüssig. Dies führt zu einem gleichmäßigen Ausfluss. Der Mauna Loa auf Hawaii ist ein Schildvulkan und mit mehr als 4000 Metern Höhe der größte aktive Vulkan der Erde.

Leben mit dem Vulkan

Vulkane bringen auch Nutzen: Lava und Asche sind gewöhnlich reich an Mineralien. Dadurch entsteht ein fruchtbarer Boden, der sich gut für Acker- und Weinbau eignet.

Vulkanische Wärme dient der Stromerzeugung. Dazu werden die Dampfkammern ehemaliger Vulkane angebohrt und der heiße Dampf in Kraftwerken zu elektrischer Energie umgewandelt. So kann zum Beispiel auf Island der gesamte Bedarf an Wärmeenergie aus vulkanischer Erdwärme gedeckt werden. Islands Hauptstadt Reykjavik wird deshalb „Stadt ohne Schornsteine" genannt. Es werden keine fossilen Brennstoffe verbrannt und damit auch keine Schornsteine benötigt.

Vulkanausbrüche sind spektakuläre Naturereignisse, die viele Touristen anlocken. Aber auch Lavagrotten oder die unterirdische Hitze, die unter anderem zum Grillen genutzt werden kann, wie auf Lanzarote, sind touristisch attraktiv. Dadurch ist in vielen Vulkangebieten der Tourismus eine wichtige Einnahmequelle.

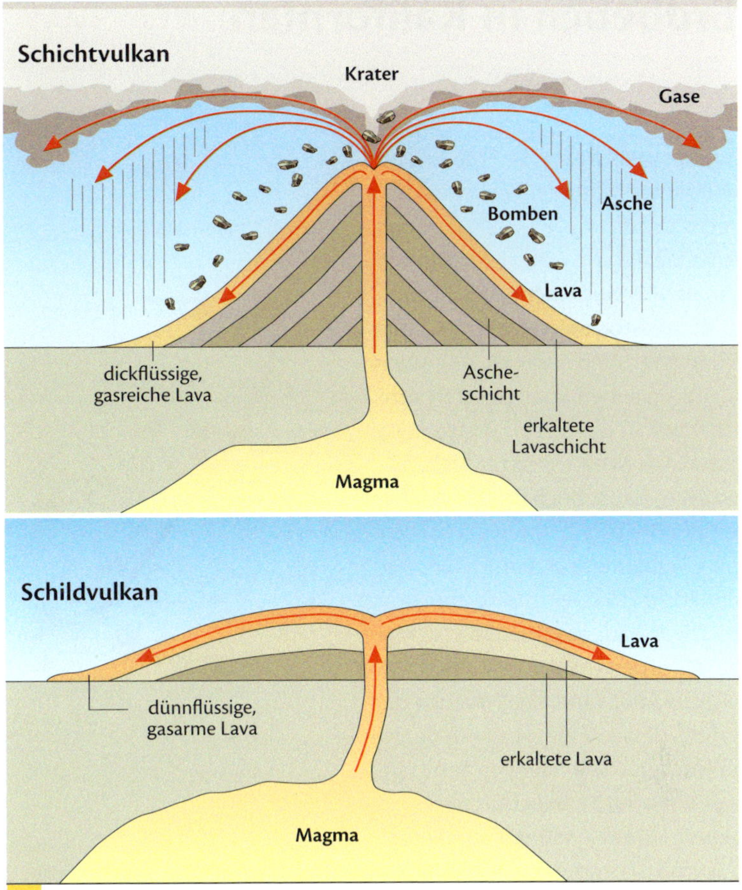

M 4 *Schicht- und Schildvulkan*

1 Beschreibe die geographische Lage des Ätna (Karte S. 178/179).

2 Benenne die Länder, in denen sich die Vulkane Europas befinden, und beschreibe ihre geographische Lage (**M 2**, Karte S. 178/179).

3 Erläutere Ursachen, Erscheinungsformen und Folgen eines Vulkanausbruchs (**M 1**, **M 3**, **M 4**).

4 Vergleiche Schicht- und Schildvulkane und erkläre die Unterschiede (**M 4**).

5 Menschen leben trotz der potenziellen Gefahren in der Nähe von Vulkanen. Beurteile die Bedrohungen und Bereicherungen (**M 3**, **M 5**, **M 6**).

6 „Der Ätna kann Leben zerstören und Leben geben." Nimm zu dieser Aussage Stellung (**M 3**, **M 5**).

M 5 *Weinanbau am Ätna*

M 6 *Touristen am Ätna*

Erdbeben in Kalifornien

Am 17. Oktober 1989 bebte die Erde in San Francisco für einige Sekunden während des Hauptberufsverkehrs um 17 Uhr. Das Beben erreichte eine Stärke von 6,9 auf der Richter-Skala. Mehr als 500 Meter der oberen Fahrbahn einer doppelstöckigen Autobahn stürzten herab und begruben mehr als 200 Autos unter sich. Auf manchen Straßen taten sich riesige Löcher auf, in denen komplette Autos verschwanden. Die Wolkenkratzer hielten dem Beben zwar stand, doch erschlugen herabfallende Fassadenteile mehrere Passanten. Viele kleinere Gebäude stürzten ein. Die Versorgung mit Strom, Wasser und Telefon brach zusammen. Die Schäden summierten sich auf etwa sechs Milliarden Dollar.
Am 30. Oktober 2007 fand ein Erdbeben der Stärke 5,6 statt, dessen Epizentrum in der Nähe von San José lag. Zu Schäden in San Francisco kam es dabei nicht. Experten befürchten für die Zukunft jedoch noch stärkere Erdbeben in Kalifornien. Forscher ermittelten eine Wahrscheinlichkeit von 99,7 Prozent für ein Beben der Stärke 6,7.
Am 29. Juli 2008 wurden die Bewohner von Los Angeles wieder daran erinnert, dass sie auf unsicherem Grund leben. 30 Sekunden lang bebte die Erde mit einer Stärke von 5,4 auf der Richter-Skala. Es war das heftigste Beben seit mehr als zehn Jahren.

M 1 *Erdbeben in Kalifornien*

M 3 *Übersicht über Erdbeben in Kalifornien*

M 4 *San-Andreas-Verwerfung*

check-it
- geographische Lage Kaliforniens und der San-Andreas-Verwerfung beschreiben
- Auswirkungen von Erdbeben benennen
- Entstehung von Erdbeben erklären
- thematische Karten auswerten
- Möglichkeiten der Vorhersagen von Erdbeben beurteilen

M 2 *Zerstörungen an einem doppelstöckigen Highway in San Francisco nach dem Erdbeben 1989*

Entstehung von Erdbeben in Kalifornien

Die Ursache für die Erdbeben in Kalifornien ist die San-Andreas-Verwerfung, ein etwa tausend Kilometer langer Riss in der Erdkruste. An dieser Verwerfung verschieben sich Teile der Erdkruste gegeneinander. Beim Vorbeigleiten der Krustenteile aneinander verhakt sich das Gestein zu beiden Seiten und baut eine Spannung auf. Wird sie zu groß, verschiebt sich das Gestein beiderseits der Verwerfung ruckartig um bis zu mehrere Meter: Ein Erdbeben wird ausgelöst.

Messung von Erdbeben

Die Erschütterungen bei einem Erdbeben breiten sich über große Entfernungen aus. Mithilfe eines **Seismographen** kann man sie messen und den Verlauf von Erdbeben aufzeichnen. Eine solche Aufzeichnung heißt „Seismogramm". Forscher fanden heraus, dass die meisten Erdbeben in Tiefen bis zu hundert Kilometern entstehen.

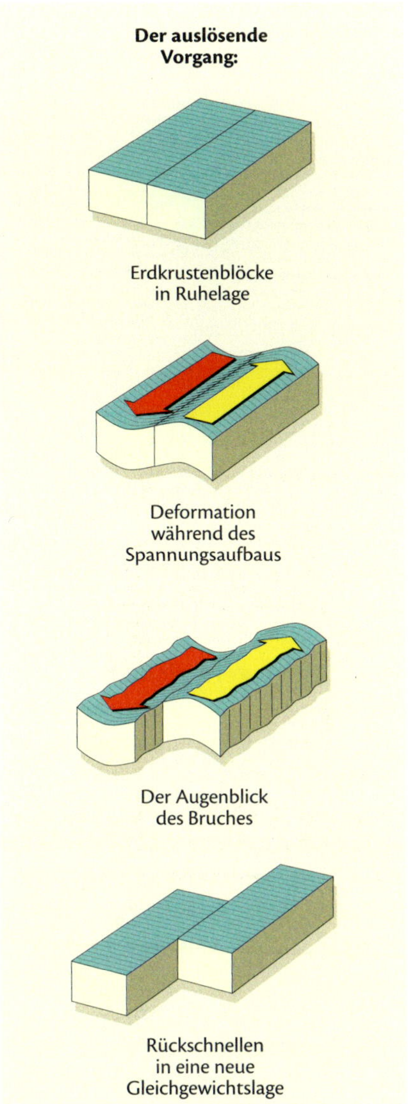

M 5 *Versetzung entlang einer Verwerfung*

Vorhersage und Schutz vor Erdbeben

Eine sichere Vorhersage von Erdbeben ist nicht möglich. Nur in seltenen Fällen konnten sich Menschen aufgrund von Veränderungen an der Erdoberfläche oder durch Beobachtung ungewöhnlicher Verhaltensweisen von Tieren auf ein kommendes Erdbeben vorbereiten. In den erdbebengefährdeten Gebieten wird versucht, Häuser zu bauen, die nicht einstürzen. So ist es gelungen, Gebäude mit einer Art von Stoßdämpfern auszustatten, die Erschütterungen elastisch aufnehmen können.

Amerikanische Geologen haben zudem ein Frühwarnsystem für die Erdbebenregion Kaliforniens entwickelt. Das System fußt auf einem Netzwerk aus 155 seismischen Messstationen. Das automatische Netzwerk soll – so heißt es zumindest aus Kreisen der Forscher – etwa 40 Sekunden vor dem Erdbeben schwache Energiewellen erkennen. Diese gehen ebenso wie die zerstörerischen Bebenwellen vom Erdbebenzentrum aus, wandern aber schneller durch das Gestein und erreichen daher die Erdoberfläche eher.

In diesen lebenswichtigen Sekunden hätte die Bevölkerung noch Zeit, um ins Freie zu laufen oder sich unter Tischen zu schützen. Flugzeuge könnten noch vom Landen abgehalten, Brücken vom Verkehr freigemacht und Gaspipelines unterbrochen werden.

1 Berichte über die Auswirkungen von Erdbeben für San Francisco (**M 1**, **M 2**, **M 6**).

2 Erkläre die Entstehung von Erdbeben in Kalifornien (**M 3** bis **M 5**).

3 Beschreibe, in welchen Gebieten Kaliforniens größere Erdbeben auftraten. Stelle einen Zusammenhang zur San-Andreas-Verwerfung her (**M 1**, **M 3** bis **M 5**).

4 Das Erdbeben in Kalifornien 1989 hatte eine Stärke von 6,9 auf der Richter-Skala. Beschreibe die zu erwartenden Zerstörungen und vergleiche mit dem tatsächlichen Geschehen (**M 1**, **M 6**).

5 Auch in Deutschland gibt es Erdbeben. Informiere dich und stelle deine Informationen in einem Kurzvortrag vor (***Eine Internetrecherche durchführen***).

6 Erläutere die Messung und beurteile Möglichkeiten der Vorhersage von Erdbeben (**M 7**).

Stärke 1 bis 2	nur durch Instrumente nachweisbar
Stärke 3	selten nahe dem Bebenherd zu spüren
Stärke 4 bis 5	im Umkreis von 30 Kilometern um das Bebenzentrum spürbar, leichte Schäden
Stärke 6	mäßiges Beben, Todesopfer und schwere Schäden in dicht besiedelten Regionen
Stärke 7	starkes Beben, Zerstörungen im Umkreis von wenigen Hundert Kilometern
Stärke 8 bis 10	Großbeben; 9,5 war bisher der höchste gemessene Wert, katastrophale Zerstörungen im Umkreis von mehreren Hundert Kilometern

M 6 *Die nach oben offene Richter-Skala*

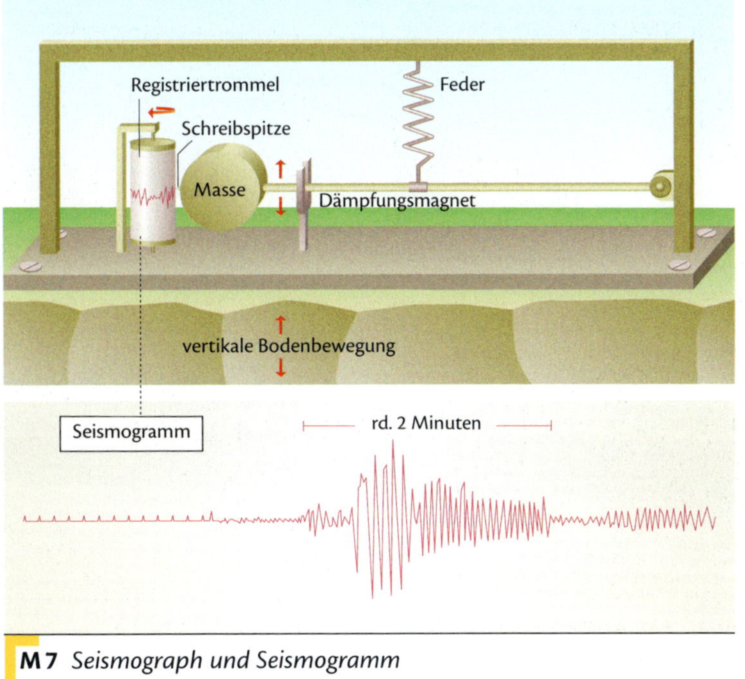

M 7 *Seismograph und Seismogramm*

Aus dem Meer entstehen Gebirge

M1 *Der Montblanc – höchster Berg der Alpen*

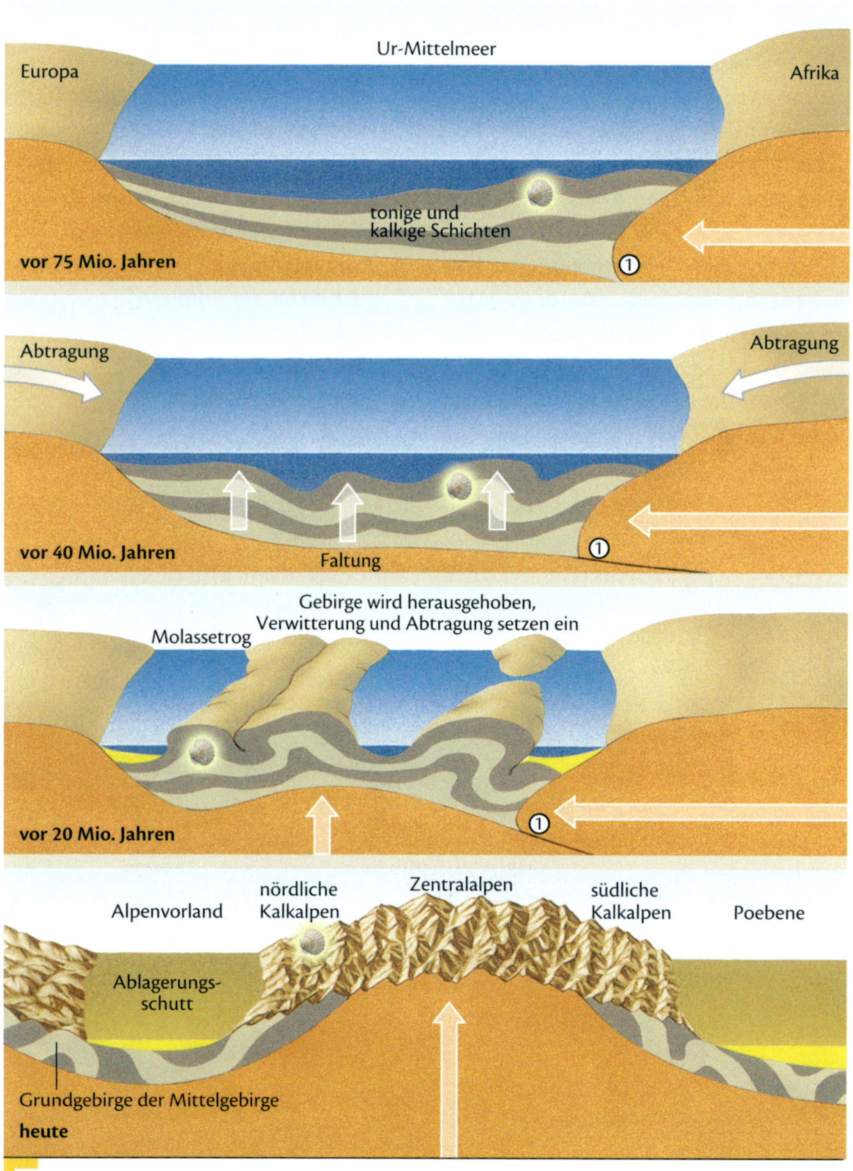

M2 *Entstehung der Alpen*

check-it
- geographische Lage der Alpen und des Himalaya beschreiben
- Entstehung der Faltengebirge erklären und vergleichen
- Blockbilder lesen
- Versuch durchführen

Die Alpen entstehen
Die Alpen sind das größte und höchste Gebirge Europas. Dennoch finden Bergsteiger immer wieder Steine mit Abdrücken von Muscheln und anderen Meerestieren in den Alpen.

Schichten lagern sich ab
Vor vielen Millionen Jahren sind Europa und Afrika auseinandergedriftet. Dazwischen bildete sich ein großes, flaches Meeresbecken, das Ur-Mittelmeer. Auf seinem Grund lagerten sich Sand, Schlamm und Kies von Flüssen ab sowie Kalkschalen abgestorbener Meerestiere, wie Muscheln und Korallen.

Schichten werden gefaltet
Unter dem zunehmenden Gewicht der Ablagerungen senkte sich der Meeresboden. Afrika bewegte sich von Süden darauf zu. Die Ablagerungen wurden zusammengepresst und unter hohem Druck und großer Hitze in der Tiefe teilweise aufgeschmolzen und gefaltet. Mit weiter zunehmendem Druck verformten sich die gefalteten Gesteinsschichten und stellten sich schräg. Sie wurden übereinandergeschoben.

Die Alpen steigen auf
Bei anhaltendem Druck von Süden stiegen die Gesteinspakete aus dem Meer auf. Sofort begannen die erdäußeren Kräfte ihr Werk der Zerstörung. In den Zentralalpen war die Hebung am stärksten. Dort wurden die oberen Gesteinsschichten weitgehend abgetragen. Nördlich und südlich der Zentralalpen wurde das Gebirge nicht so hoch herausgehoben und weniger stark abgetragen. Deshalb findet man dort Schichten aus Kalkstein mit den Versteinerungen von Meereslebewesen.

Der Himalaya entsteht

Der Himalaya ist das gewaltigste Gebirge der Erde. Von West nach Ost hat es eine Länge von fast 3000 Kilometern und es ist bis zu 350 Kilometer breit. Einer der zehn Berge, die mehr als 8000 m hoch sind, ist der Mount Everest (8848 m), der höchste Berg der Erde.

Ablagerungen im Meer

Vor vielen Millionen Jahren befand sich zwischen der Indischen und der Eurasischen Platte ein Meeresbecken. Flüsse und Bäche transportieren Steine, Geröll und Sand in dieses Becken, in dem sich das Material in Schichten ablagerte, die mehrere 100 Meter dick werden konnten. Durch zunehmenden Druck entstanden aus den Ablagerungen Gesteinsschichten.

Faltung und Hebung

Die Indische Platte bewegt sich in Richtung der Eurasischen Platte. Dadurch wurde das dazwischenliegende Meeresbecken immer mehr zusammengeschoben. Vor 50 Millionen Jahren stießen die beiden Platten zusammen. Die in dem Meeresbecken abgelagerten Schichten wurden zusammengepresst und falteten sich auf. Beim Zusammenstoß der beiden Platten türmten sie sich übereinander. So wuchs das gewaltige Faltengebirge in die Höhe. Auch heute noch driftet die Indische Platte nach Norden. Der Himalaya wird weiter angehoben um bis zu einem Zentimeter pro Jahr.

1 Beschreibe die geographische Lage der Alpen und des Himalaya (Karten S. 178 bis 181).
2 Erkläre die Entstehung der Alpen und des Himalaya mithilfe eines Fließdiagramms. (**M 2**, **M 3**, **M 5**,).
3 Erkläre, was an der mit ① markierten Stelle und mit der Muschel passiert (**M 1**, **M 2**).
4 Vergleiche die Entstehung der Alpen mit der des Himalaya (**M 2**, **M 3** und **M 5**).
5 Führe den Versuch durch (**M 4**).

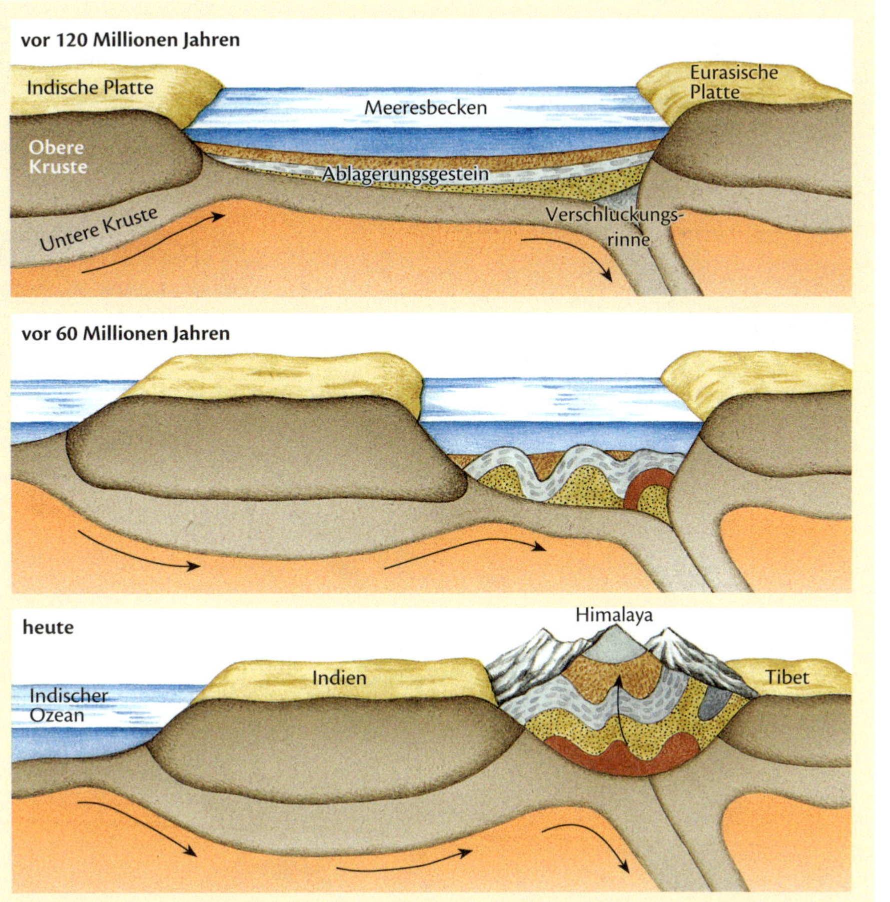

M 3 *Entstehung des Himalaya*

Versuch

Faltung von Gesteinsschichten

Benötigtes Material:
- feste Unterlage: Tisch oder Brett
- verschiedenfarbige Tücher (Haushaltstücher, Handtücher, Filzplatten) gleicher Größe

Versuchsbeschreibung:
- Lege die Tücher abwechselnd übereinander, sodass ein „Stoffpaket" entsteht.
- Ein Schüler hält das „Stoffpaket" auf einer Seite fest.
- Ein anderer Schüler übt an der anderen Seite dieses „Stoffpakets" einen Druck aus, indem er die Stofflagen zusammenschiebt.
- Das „Stoffpaket" kann auch von beiden Seiten zusammengeschoben werden.
- Erläutert eure Beobachtungen.

M 4 *Versuch: Faltung von Gesteinsschichten*

M 5 *gefaltete Gesteinsschichten in den Alpen*

Exogene Kräfte formen die Erdoberfläche

check-it

- Begriffe: Verwitterung, Erosion, Transport, Sedimentation und exogene Kräfte kennen
- Veränderung der Erdoberfläche durch exogene Kräfte erläutern
- Zusammenwirken der exogenen Kräfte erklären
- Blockprofil und Strukturschema auswerten

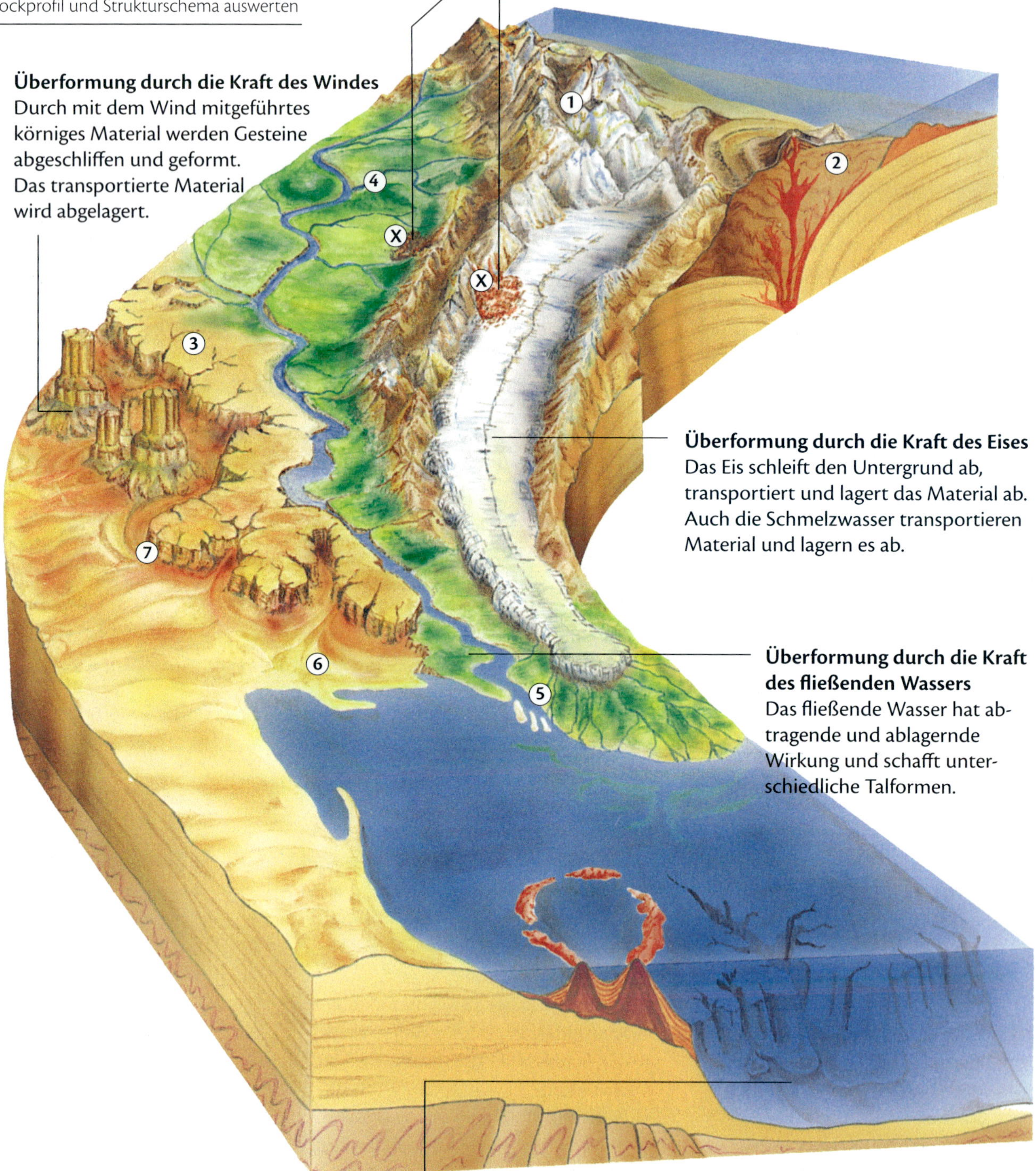

M 1 *Die Erdoberfläche und deren Landschaften werden geformt und verändert*

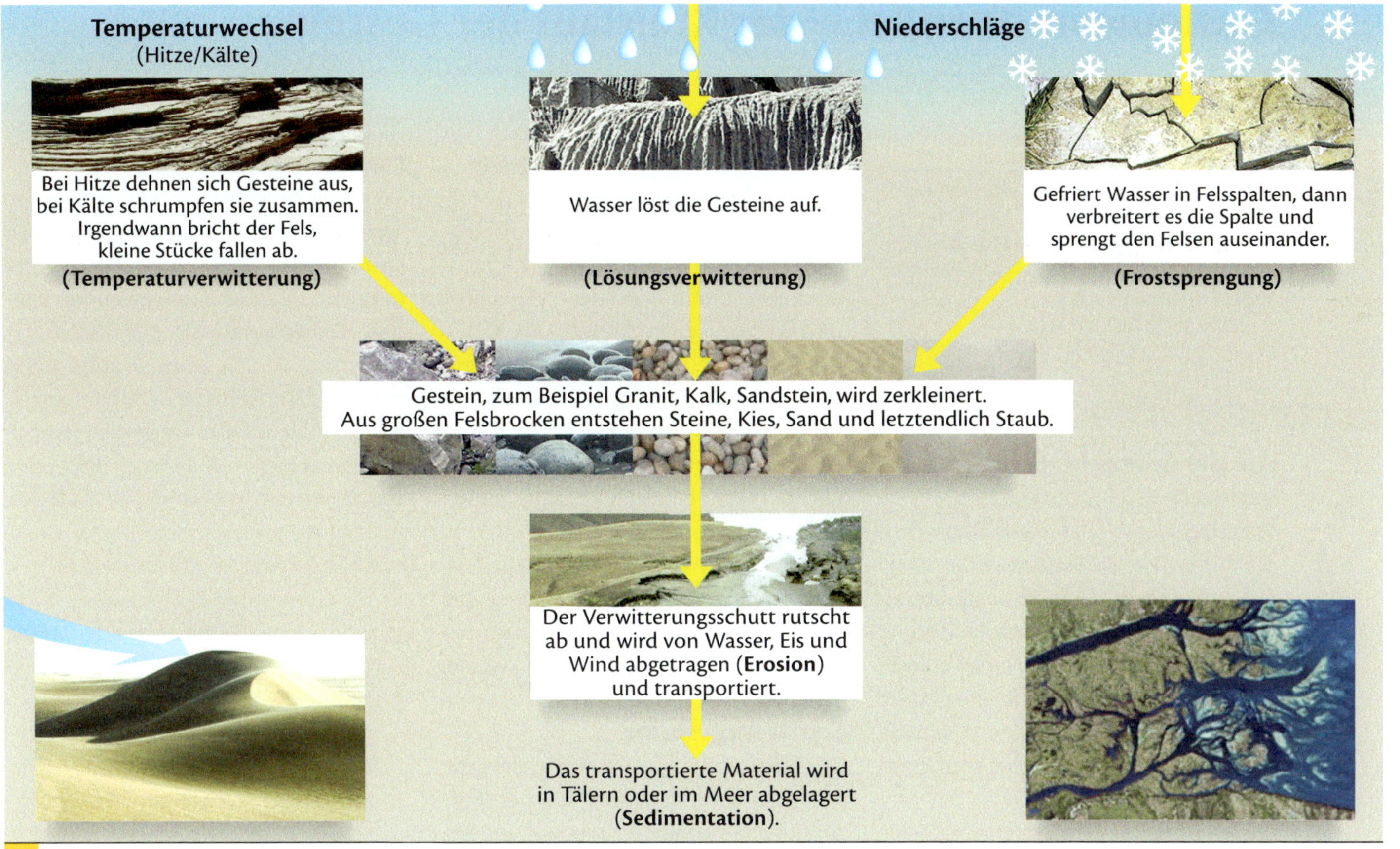

M 2 *Das Zusammenwirken von Verwitterung und exogenen Kräften*

Verwitterung verändert die Landschaften

Die Energie der Sonne treibt Vorgänge an, die von außen auf die Erdoberfläche einwirken. Die dabei wirkenden Kräfte werden als erdäußere oder exogene Kräfte bezeichnet. Dazu gehören Frost und Hitze, Wasser und Eis sowie der Wind und die Schwerkraft der Erde. Die Oberflächenformen einer Landschaft sind diesen Kräften ständig ausgesetzt und werden durch diese umgeformt. Dabei wird das Gestein zerkleinert und in seine Bestandteile zerlegt. Dieser Vorgang heißt **Verwitterung**.

Die Arbeit der exogenen Kräfte

Die exogenen Kräfte schaffen unterschiedliche Formen in der Landschaft. Die Eismassen der Gletscher transportieren Verwitterungsschutt, schleifen Felsen ab oder hobeln große Täler aus. Dort, wo die Gletscher schmelzen, lagern sie das transportierte Material als Moränen ab. Die Schmelzwässer der Gletscher schütten Schotter oder Sand auf.

Das fließende Wasser schafft unterschiedlich geformte Täler. Es transportiert Verwitterungsmaterial, bearbeitet dieses beim Transport und lagert es als Sand- oder Kiesbank, Delta oder Geröllfläche ab.

An steilen Felswänden im Gebirge kommt es durch die Schwerkraft der Erde zu Erdrutschen, Bergstürzen oder Schlammlawinen.

Der Wind bläst feines Verwitterungsmaterial aus, transportiert dieses und lagert es zum Beispiel als Dünen ab. Wie mit Schleifpapier kann dabei das mitgeführte Material Gesteine abschleifen und formen.

Exogene Vorgänge: Erosion, Transport und Sedimentation

Wasser, Eis, Wind und die Schwerkraft der Erde tragen das durch die Verwitterung entstandene zerkleinerte Gestein ab. Dieser Vorgang heißt **Erosion**. Teile des verwitterten Gesteins werden von den exogenen Kräften bewegt und dabei weiter zerkleinert, abgerundet und gelöst. Dieser Vorgang wird als Transport bezeichnet. Bei nachlassender Strömungsgeschwindigkeit des Windes oder des Wassers kommt es zur Ablagerung des mitgeführten Materials. Dieser Vorgang ist die **Sedimentation**.

1 Benenne die Oberflächenformen, die mit den Ziffern ① bis ⑦ gekennzeichnet sind (**M 1**). Welche Formen sind durch endogene Kräfte geschaffen worden?

2 Beschreibe verschiedene Arten der Verwitterung.

3 Erläutere die exogenen Kräfte, die in **M 1** dargestellt sind, und wie diese die Erdoberfläche verändern. Verwende dabei die Begriffe: Verwitterung, Erosion, Transport und Sedimentation.

4 Erkläre, was an den in **M 1** mit ⓧ gekennzeichneten Stellen passiert ist.

5 Verwitterung und exogene Vorgänge wirken zusammen. Überprüfe die Richtigkeit dieser Aussage (**M 2**).

Gesteine im Wandel – der Kreislauf der Gesteine

check-it
- die drei großen Gesteinsgruppen kennen und Beispiele zuordnen
- Zusammenhang zwischen exogenen und endogenen Vorgängen und dem Wandel der Gesteine erläutern
- Grafik und Bilder auswerten

Auf der Erde geht nichts verloren

Gesteine sind das Baumaterial, aus dem die festen Teile der Erdkruste bestehen. Jedes Gestein ist Veränderungen ausgesetzt. Die Entstehung und Zerstörung der Gesteine bildet dabei einen ständigen Kreislauf. Vulkanausbrüche oder die Gebirgsbildung lassen Gesteine entstehen, die sofort wieder umgewandelt werden.
Dieser Kreislauf bewirkt, dass es viele verschiedene Gesteine auf der Erde gibt. Kein Gestein und kein noch so kleiner Gesteinsbestandteil gehen dabei verloren.

Gestein ist nicht gleich Gestein

Nach ihrer Entstehung unterscheidet man drei große Gesteinsgruppen:
- magmatische Gesteine, auch Erstarrungsgesteine genannt,
- Sedimentgesteine, auch Ablagerungsgesteine genannt,
- metamorphe Gesteine, auch Umwandlungsgesteine genannt.

Magmatische Gesteine

entstehen durch Aufsteigen, Abkühlen und Erstarren einer 900 bis 1000 °C heißen Gesteinsschmelze, dem Magma. Wenn das Magma die Erdoberfläche nicht erreicht, erstarrt es in der Tiefe. Da die Abkühlung unter der Erdoberfläche meist langsam erfolgt, bilden sich große Kristalle wie beim Granit. Gelangt das Magma schnell an die Erdoberfläche, erkaltet und erstarrt die Gesteinsschmelze schnell. Deshalb bilden sich keine oder nur kleine Kristalle.

Sedimentgesteine

Die Verwitterung sorgt dafür, dass die magmatischen Gesteine an der Erdoberfläche zerkleinert werden, bis hin zu ganz kleinen Materialien wie Sand und Ton. Durch Wasser, Wind und Eis werden diese abgetragen, transportiert und abgelagert. Die Ablagerung erfolgt sowohl im Meer als auch auf dem Land. Es entstehen zum Teil mehrere tausend Meter mächtige Schichten aus lockeren Sedimenten. Durch den gewaltigen Druck dieser Sedimentschichten verfestigt sich das tiefer liegende Material während eines langen Zeitraumes zu Sedimentgestein.

Metamorphe Gesteine

Wenn die Sedimentgesteine in größere Tiefen gelangen, können sie durch Druck- und Temperaturanstieg in metamorphe Gesteine umgewandelt werden. Dabei verändert sich auch das Aussehen des Gesteins. Häufig kann man die Schichten der Sedimentgesteine noch als Bänder in den Umwandlungsgesteinen erkennen. Bei etwa 900 °C werden metamorphe Gesteine zu Magma aufgeschmolzen. Der Kreislauf hat sich damit geschlossen.

1 Beschreibe das Aussehen der abgebildeten Gesteine (**M 2**).
2 Nenne die drei großen Gesteinsgruppen und ordne diesen die Gesteinsbilder zu (**M 2**).
3 Erläutere den Zusammenhang zwischen Entstehung, Verwitterung und Abtragung von Gesteinen (**M 1**).
4 Auf der Erde geht nichts verloren, es wird nur umgewandelt. Überprüfe die Richtigkeit dieser Aussage (**M 2**).

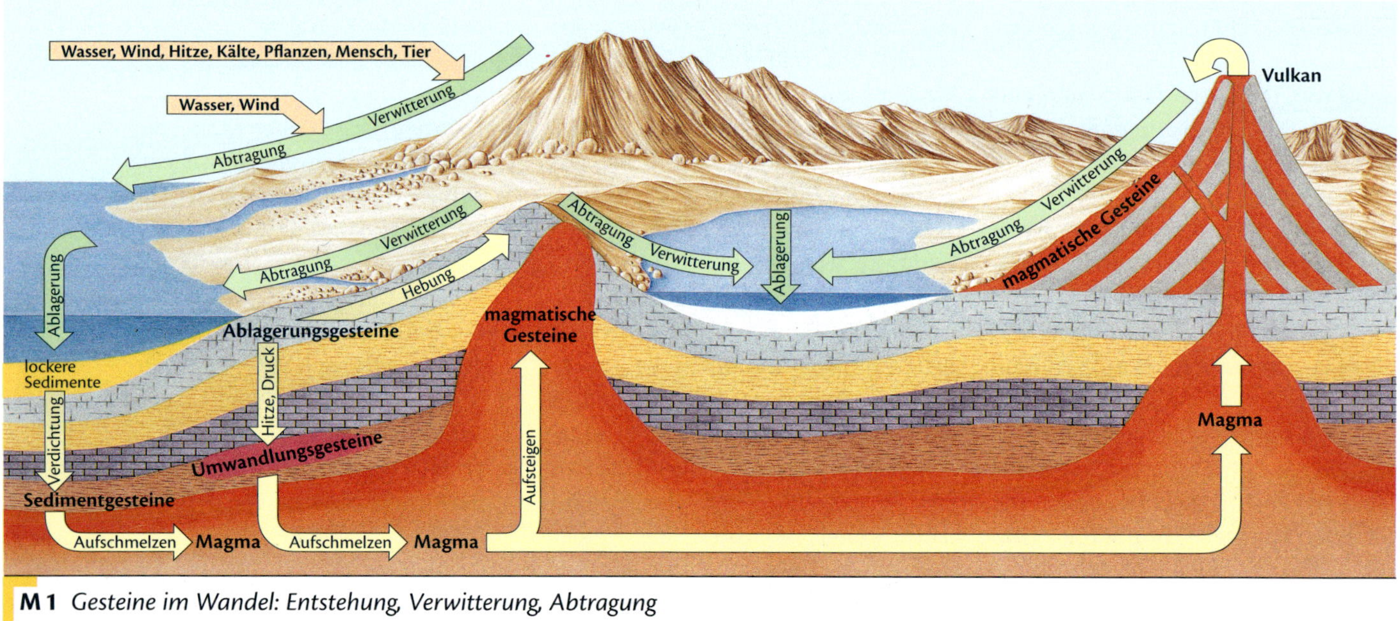

M 1 *Gesteine im Wandel: Entstehung, Verwitterung, Abtragung*

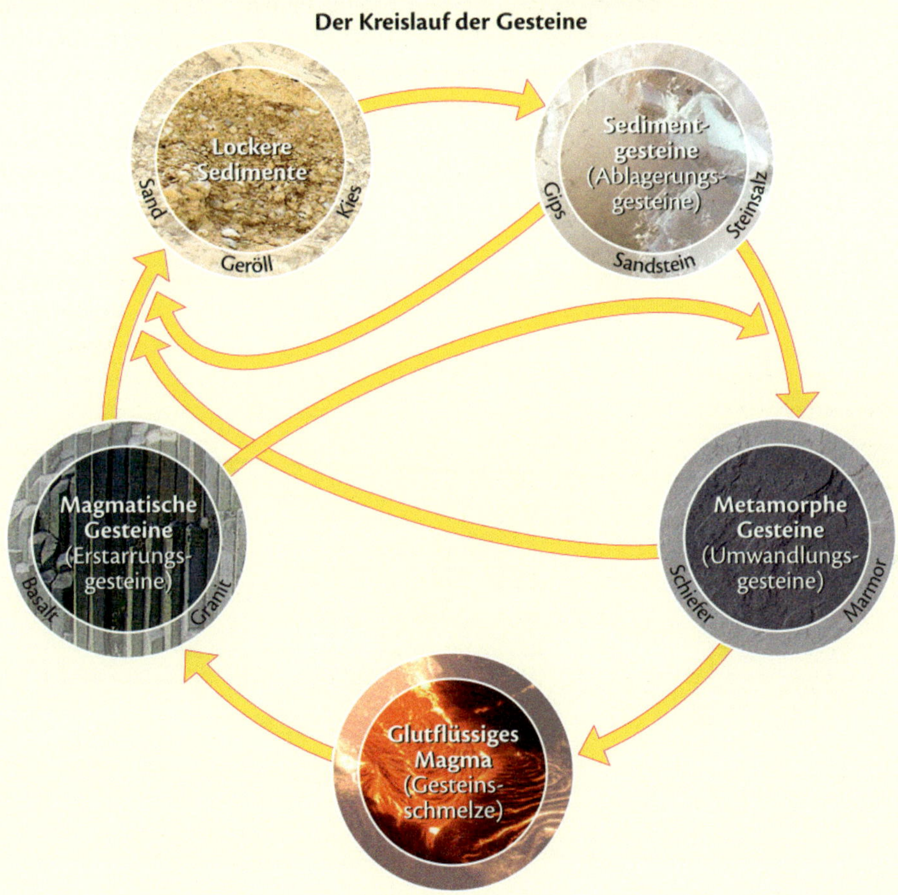

M 2 *Der Kreislauf der Gesteine*

Flüsse gestalten die Landschaft

check-it
- den Verlauf großer Flüsse in Deutschland beschreiben
- Teile eines Flusses von der Quelle bis zur Mündung kennen
- Tätigkeit des fließenden Wassers erläutern
- verschiedene Talformen vergleichen und die Wirkung exogener Vorgänge erklären
- Profile und Bilder auswerten

Arbeitsbereiche des fließenden Wassers

Auch das fließende Wasser wirkt als exogene Kraft in den drei Arbeitsbereichen: Erosion, Transport und Sedimentation. Dabei arbeiten Flüsse entlang der Linie ihres Flussbettes.

Die Erosionsleistung eines Flusses hängt von verschiedenen Faktoren ab, dazu gehören die Art und die Menge des mitgeführten Materials und die Härte bzw. Widerstandsfähigkeit des Untergrundes über den der Fluss fließt. Die Erosionskraft eines Flusses wird aber vor allem dadurch bestimmt, welche Höhenunterschiede der Fluss zwischen Quelle und Mündung überwinden muss und wo sein tiefster Punkt liegt. Dieser ist meist an der Flussmündung zu finden. Auch Hindernisse im Verlauf des Flusses wie Seen oder Gebirge können Punkte sein, die die Erosionskraft des Flusses beeinflussen.

Ein Fluss transportiert die abgetragenen Materialien auf verschiedene Art und Weise:
- in gelöster Form, zum Beispiel als Salze,
- als Schwebstoffe, zum Beispiel Sand,
- als Geröll, das am Boden des Flussbettes gerollt oder gewälzt und dabei abgerundet wird, zum Beispiel Steine.

Das transportierte Material greift den Flussboden und die Seitenwände des Flussbettes an. Es reibt und walzt, vertieft das Flussbett und reibt den Untergrund glatt.

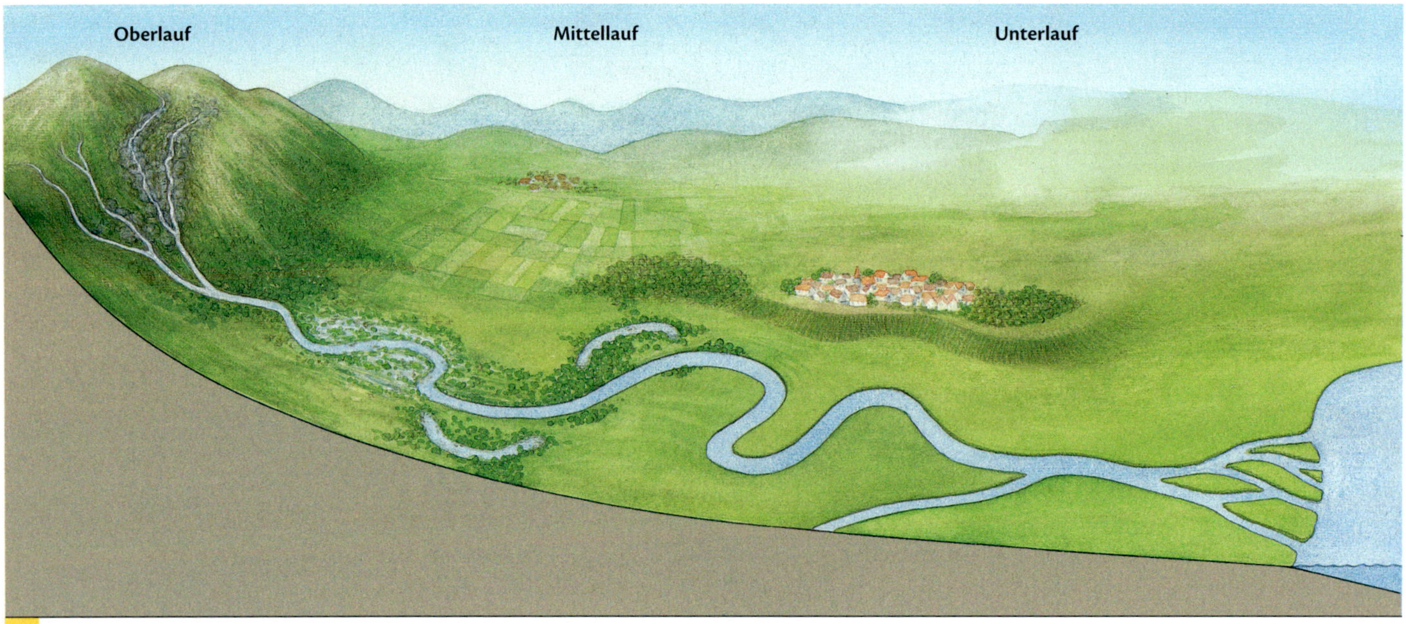

M 1 *Profil eines Flusses von der Quelle bis zur Mündung*

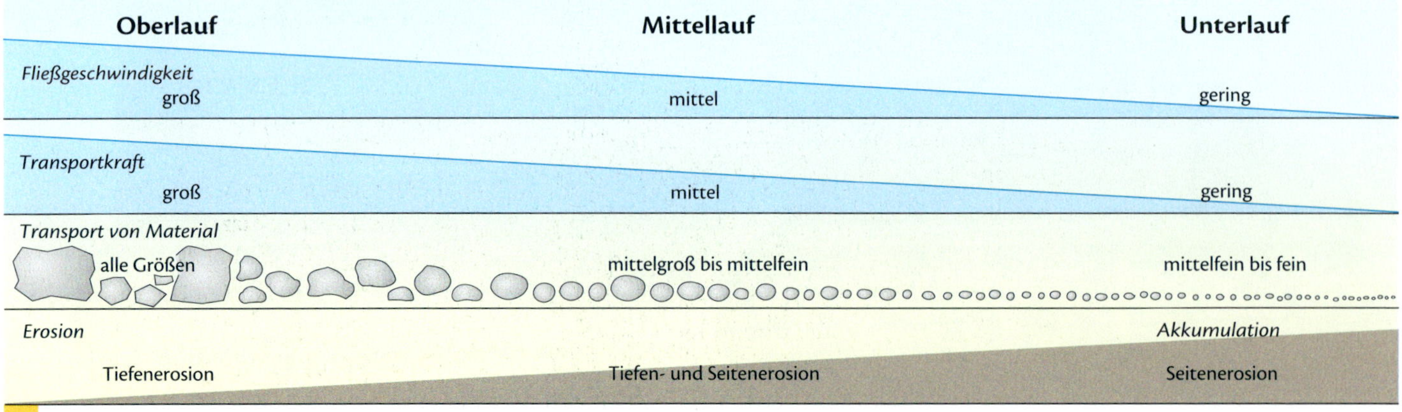

M 2 *Tätigkeiten des fließenden Wassers und ihre Bedingungen*

M 3 *Talformen*

Ergebnisse der Arbeit des fließenden Wassers

Vor allem Flüsse, die im Gebirge entspringen, schneiden sich in ihrem Quellbereich und im Oberlauf tief in das Gestein ein. Es herrscht dort **Tiefenerosion** vor. Der Fluss bildet eine Klamm oder Schlucht.

Flussabwärts im Mittellauf entstehen vor allem Kerbtäler, die auch V-Täler genannt werden. Diese Talform bildet sich durch das Zusammenwirken von Tiefenerosion, Abtragen von Material an den Talhängen sowie der **Seitenerosion** am Fuß des Hanges.

In Flussabschnitten mit lockerem Material am Untergrund bilden sich weite Mulden- und Sohlentäler. Diese Talformen haben einen oft mehrere Kilometer breiten Talboden. Die Talhänge sind dann weit auseinander gelegen.

1 Bildet Gruppen und wählt je Gruppe einen der folgenden Flüsse aus: Main, Isar, Inn, Naab, Regen, Pegnitz und Altmühl. Beschreibt den Verlauf des gewählten Flusses. Benennt Quelle und Mündung. Legt eine Tabelle an, in der ihr gegliedert nach Ober-, Mittel- und Unterlauf Städte, Landschaften und Nebenflüsse notiert (Karte S. 174).

2 Die Arbeitsbereiche eines Flusses von der Quelle zur Mündung sind: Abtragung, Transport und Ablagerung. Erläutere diese Aussage und vergleiche dabei Ober-, Mittel- und Unterlauf des Flusses (**M 1**, **M 2**).

3 Vergleiche die Talformen und erkläre die Wirkung von Erosion und Sedimentation bei der Entstehung (**M 2**, **M 3**).

4 Ordne die verschiedenen Talformen den entsprechenden Flussabschnitten zu (**M 3**).

5 Erkunde, ob es eine der Talformen in deiner Nähe gibt. Skizziere dieses Tal bzw. diese Täler.

Die Kraft des Wassers

M 1 *Laufwasserkraftwerk und Staustufe Dettelbach/Main mit Schleusenanlage*

check-it
- geographische Lage der Laufwasserkraftwerke beschreiben
- Arbeitsweise von Laufwasserkraftwerken erläutern
- Vor- und Nachteile von Laufwasserkraftwerken benennen
- Bilder und Grafiken auswerten
- Bedeutung der Wasserkraft beurteilen

	Deutschland	Bayern	Baden-Württemberg
Anzahl der Kraftwerke	7600	2462	1765
erzeugte Kilowattstunden (in Mio./Jahr)	19500	12230	4730

M 2 *Wasserkraftanlagen im Vergleich (2015)*

Arbeitsweise eines Laufwasserkraftwerkes

Laufwasserkraftwerke befinden sich stets an fließenden Gewässern. Sie nutzen die Fließgeschwindigkeit des Wassers aus, die durch das Gefälle der Flüsse entsteht. Das Wasser fließt durch die Turbine und treibt so die Schaufelräder der Turbine an. Dadurch wird im Generator elektrische Energie erzeugt. Je größer der Höhenunterschied zwischen Ober- und Unterwasser ist, desto mehr Strom kann produziert werden. Die Turbinen sind so gebaut, dass auch bei geringen Höhenunterschieden vergleichsweise viel Strom erzeugt werden kann. Bei großen Anlagen fließen bis zu 1000 Badewannenfüllungen pro Sekunde durch die Turbine, in Klingenberg sind es 930.

Wasserkraft am Main

Mehr als drei Viertel der Energie aus Wasserkraft wird im Süden Deutschlands gewonnen, denn dort haben die Flüsse aufgrund der Höhenunterschiede zwischen Gebirgen und Tälern ausreichend Gefälle. Allein am Main findet man auf einer Länge von 384 Kilometern 34 große Anlagen. 28 davon liegen in Bayern. Sie können pro Jahr 261000 Haushalte mit Strom versorgen. Das entspricht einer Stadt mit über 500000 Einwohnern wie zum Beispiel Nürnberg. Der Main überwindet von Bamberg bis zur Mündung in den Rhein einen Höhenunterschied von 149 Meter.

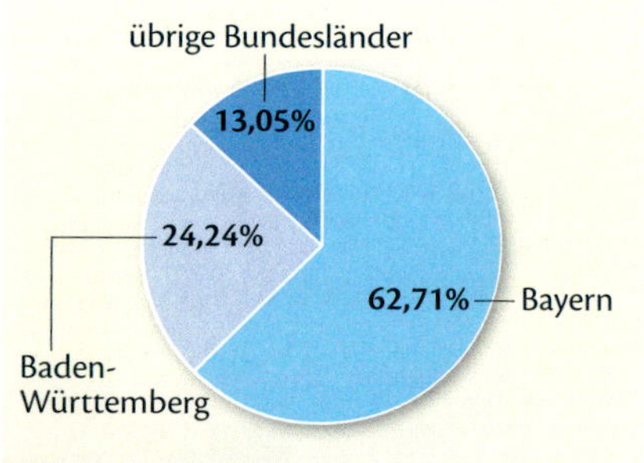

M 3 *Anteil der in den Bundesländern erzeugten Wasserkraft*

Die Höhe der Staustufen beträgt zwischen 2,30 Metern und 7,50 Metern. Allein an der Staustufe Klingenberg sind es vier Meter.

Vor- und Nachteile der Wasserkraft

Die Wasserkraft gilt als eine umweltfreundliche Energiequelle, weil dabei keine Luftverschmutzung entsteht. Da die Flüsse in Bayern ganzjährig viel Wasser führen, kann dauerhaft Strom erzeugt werden. Trotzdem hat die Wasserkraft in Deutschland nur einen geringen Anteil an der gesamten Energieerzeugung.

Die Nutzung der Wasserkraft hat Auswirkungen auf die Flusslandschaften. Die natürlichen Flussläufe werden baulich verändert, die Flüsse begradigt und aufgestaut. Dadurch erreicht man, dass ganzjährig eine möglichst gleiche Wassermenge zur Energiegewinnung zur Verfügung steht. Große Anlagen und Wehre werden in den Fluss hinein gebaut. Sie bilden Hindernisse für Schiffe und Fische. Daher müssen Schleusen für Schiffe und Fischtreppen für die Fische angelegt werden, was mit hohen Kosten verbunden ist.

1 Beschreibe die geographische Lage der Laufwasserkraftwerke (**M 1** und **M 4**, Karte S. 174).
2 Erläutere die Arbeitsweise eines Laufwasserkraftwerkes (**M 1**, **M 4** und **M 5**).
3 Benenne die Vorteile und die Nachteile eines Laufwasserkraftwerkes. Lege dazu eine Tabelle an (**M 1** bis **M 6**).
4 Beurteile die Bedeutung der Wasserkraft für Bayern (**M 2** und **M 3**).
5 Bildet Gruppen und wählt je ein Laufwasserkraftwerk in Bayern aus. Sammelt Informationen zu dem ausgewählten Kraftwerk und stellt eure Ergebnisse der Klasse vor (***Eine Internetrecherche durchführen***).

M 4 *Laufwasserkraftwerk Klingenberg am Main mit Maschinenhaus und Staustufe*

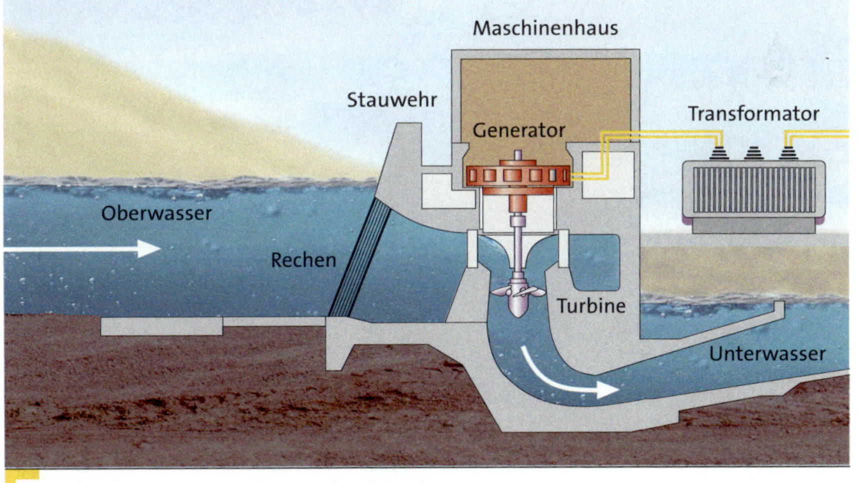

M 5 *Aufbau eines Laufwasserkraftwerks*

M 6 *Schiffsschleuse am Main*

Veränderungen durch Eingriffe des Menschen

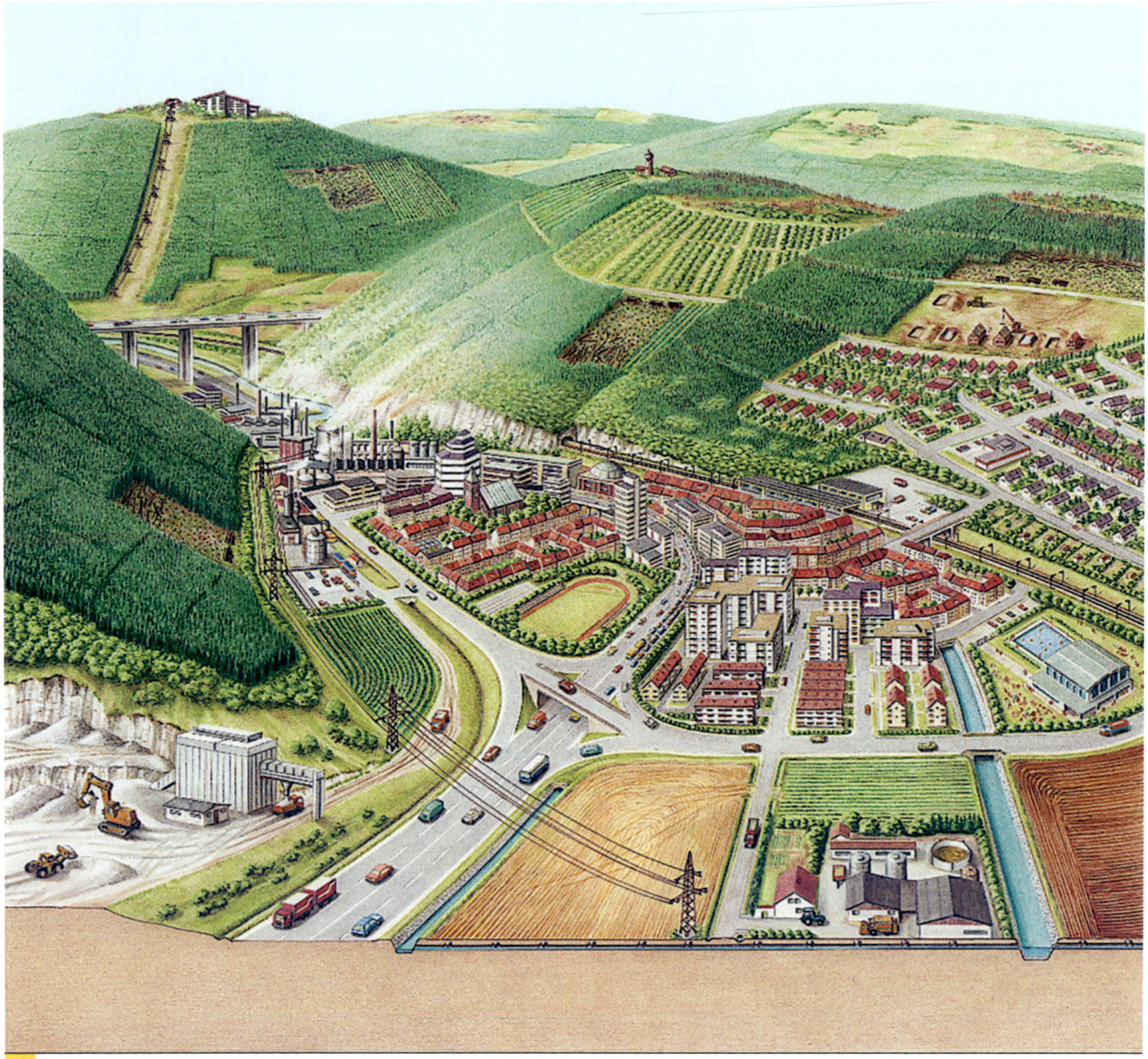

M 1 *Durch den Menschen veränderte Landschaft*

check-it
- Veränderungen der Landschaft durch den Menschen beschreiben
- Beispiele für Eingriffe in die Natur erläutern
- Auswirkungen der Eingriffe des Menschen auf die Natur beurteilen
- Grafiken und Bilder auswerten

Der Mensch verändert die Umwelt

Seit der Mensch auf der Erde lebt, verändert er seine Umwelt. Die Umgestaltung der natürlichen Landschaften war und ist notwendig für das Überleben der Menschen, denn sie dient der Produktion von Nahrungsmitteln. Im Laufe der Zeit jedoch stiegen die Bedürfnisse der Gesellschaft und somit wurde die Umwelt immer stärker beeinträchtigt. Vor allem die moderne Industrie und die Erfindung von Plastik führten zu weitreichenden Folgen. Der Mensch hinterlässt auf der Erde seinen „menschlichen Fußabdruck".

Folgen menschlicher Eingriffe

Die Eingriffe des Menschen verändern die natürliche Landschaft. In Deutschland gibt es heute nur noch wenige naturnahe Landschaften in den Gebirgen und Mooren. In den Städten ist die natürliche Pflanzenwelt vollständig verschwunden.

a) Luft- und Wasserverschmutzung
Aus den Schornsteinen der Häuser und Fabriken sowie den Auspuffen der Fahrzeuge treten Schadstoffe als Abgase in die Luft aus. Diese können zu gesundheitlichen Schäden bei Mensch und Tier führen. Bei Regen gelangen diese Stoffe in den Boden. Dort werden die Wurzeln der Pflanzen durch den sogenannten sauren Regen geschädigt. Manche dieser Abgase tragen auch da-

M 2 *Naturnahe Landschaft*

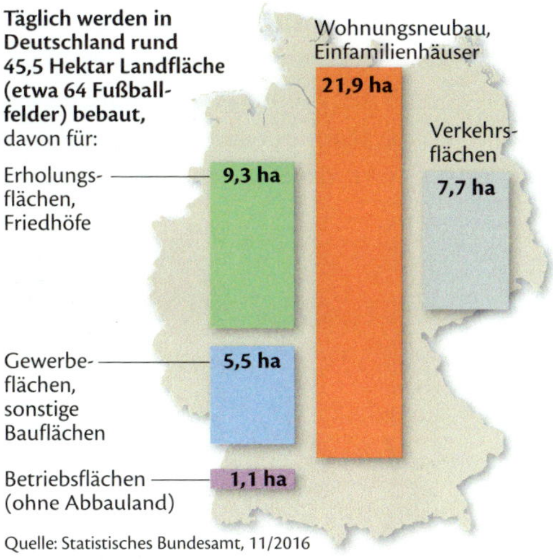

M 3 *Verbrauch der Landschaft in Deutschland*

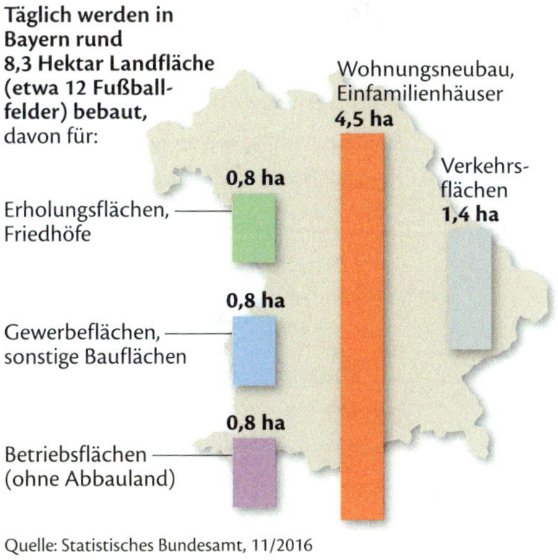

M 4 *Verbrauch der Landschaft in Bayern*

zu bei, dass sich weltweit die Temperatur erhöht.

Gelangen giftige Stoffe ins Grundwasser, wird das Trinkwasser verschmutzt, Menschen und Tiere erkranken.

b) Bebauung

Durch den Bau von Häusern und Straßen kommt es zur **Bodenversiegelung**. Das Regenwasser kann nicht mehr überall versickern. Der Grundwasserspiegel unter den bebauten Flächen sinkt ab. Die Luftqualität verschlechtert sich, da es weniger Pflanzen gibt.

c) Lärm und Müll

Menschliche Aktivitäten verursachen auch Lärm. Dadurch werden nicht nur Tiere vertrieben, sondern auch Menschen belastet.

In Siedlungen und durch die Industrie fällt Müll an. Dieser muss auf Mülldeponien gelagert oder verbrannt werden. Dadurch entstehen wiederum Abgase oder Abwässer, die die Umwelt belasten.

Unterschiedliche Interessen bei der Nutzung

Immer wieder kommt es dazu, dass ein und dasselbe Gebiet in verschiedener Weise genutzt werden soll. Dann muss entschieden werden, ob es wichtiger ist, dort ein Wohngebiet oder ein Einkaufszentrum zu errichten.

Es kann auch sein, dass ein Sportverein einen Fußballplatz dort anlegen will, wo ein Landwirt eine Obstwiese hat. Dann stoßen ebenso unterschiedliche Interessen aufeinander.

Manchmal findet man für solche Konflikte gute Lösungen. So können große Parkplätze durch die Pflanzung von Bäumen aufgelockert werden.

1 Beschreibe, wie durch den Eingriff des Menschen die Landschaft verändert wird (**M 1** und **M 2**).

2 Erläutere an einem Beispiel, wie der Mensch die Landschaft verändert (**M 1** bis **M 4**).

3 Lege eine Tabelle an und ordne den folgenden Bereichen jeweils Beispiele für Veränderungen durch den Menschen zu: Landwirtschaft – Industrie – Besiedlung – Verkehr – Energiegewinnung – Freizeit/Erholung (**M 1** und **M 2**).

4 Vergleiche, wofür in Deutschland und Bayern besonders viel Fläche verloren geht (**M 3** und **M 4**).

5 Beschreibe an Beispielen aus deiner Umgebung, wo und wie Menschen die Umwelt umgestalten.

6 Beurteile die Folgen, die sich daraus für deine Lebensumwelt ergeben.

Wir schützen unsere Umwelt

Umweltschutz ist wichtig

Ziel des Umweltschutzes ist es, die Belastung der Umwelt durch den Menschen möglichst gering zu halten. Dabei geht es vor allem um den Schutz von Wasser, Boden, Wald und Luft. Um die Pflanzen, die Tiere, die Gesundheit der Menschen und das Klima zu schützen, müssen Abgase, Abwässer, Lärm und Müll, die wir Menschen verursachen, verringert oder vermieden werden. Damit der Umweltschutz gelingt, ist es wichtig, dass sich jeder einzelne Bürger daran beteiligt.

So kannst du den Stromverbrauch eines Gerätes feststellen:
- Leihe dir beim Hausmeister oder deinen Eltern ein Energiemessgerät aus.
- Stecke es in die Steckdose.
- Stecke das Gerät, dessen Stromverbrauch du ermitteln willst, in die Steckdose des Energiemessgerätes und schalte dieses ein.
- Wähle bei der Anzeige die Einstellung Kosten aus
- Lies die Werte jeweils im angeschalteten Zustand und im Stand-by-Betrieb des Gerätes ab und vergleiche die Werte.
- Kontrolliere, ob das Gerät im ausgeschalteten Zustand tatsächlich keinen Strom mehr verbraucht.
- Erstelle eine Liste der Geräte mit dem höchsten Energieverbrauch und überlege, ob ein solches Gerät gegen ein stromsparenderes ausgetauscht werden kann.

M 1 *Einsatz eines Leistungs- oder Energiemessgerätes*

M 2 *Müllabgabe im Wertstoffhof*

M 3 *Schüler beim Müllsammeln*

*Ihr könnt

- Vorschläge erarbeiten, wie ihr in der Schule am besten die Umwelt schützen könnt, und eure Mitschüler durch Plakate und einen Informationsstand über das Thema informieren
- eure Mitschüler zum Thema umweltfreundliches Verhalten interviewen und einen Schultaschencheck durchführen
- den Hausmeister über den Energieverbrauch der Schule durch Strom und Heizung befragen
- im Supermarkt Produkte mit aufgedruckten Umweltzeichen notieren und herausfinden, wofür das Zeichen jeweils vergeben wurde
- eine Müllsammelaktion im Pausenhof oder im Stadtgebiet organisieren und eine Müllliste erstellen
- Plakate darüber gestalten, wie man zu Hause die Umwelt schützen kann, und eure Vorschläge vor der Klasse vorstellen
- eine Besichtigung auf einem Wertstoffhof durchführen und euch über die richtige Art der Entsorgung von Müll und Problemstoffen informieren

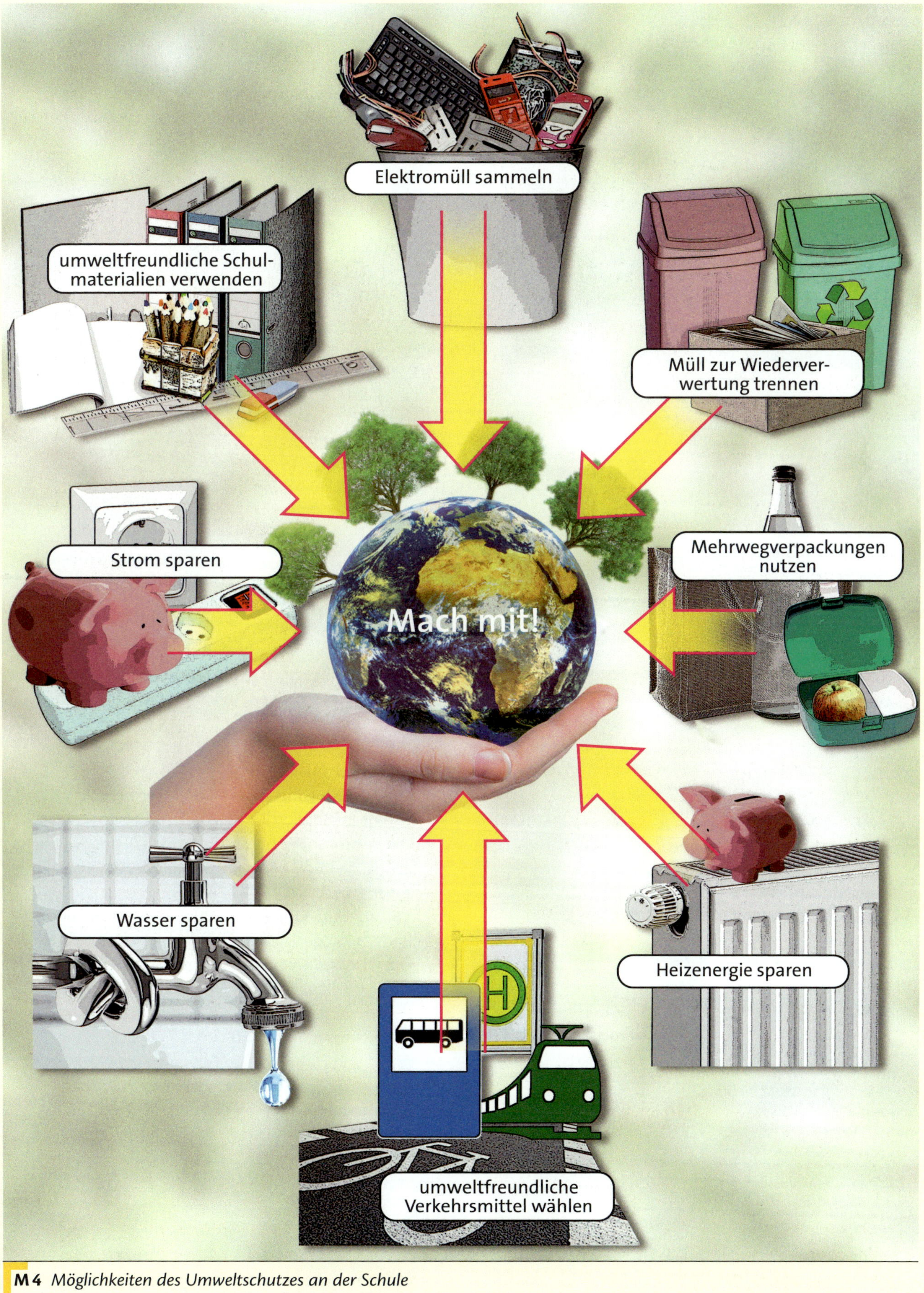

M 4 *Möglichkeiten des Umweltschutzes an der Schule*

Geo-Check: Veränderungen der Erdoberfläche beschreiben und den Einfluss des Menschen erläutern

Sich orientieren

1 Benenne Folgendes:

1 bis **7**:
- Platten,
- Formen, die durch Plattenbewegungen entstehen,
- Erscheinungen, die im Zusammenhang mit erdinneren Vorgängen auftreten.

M 1 *Plattentektonik*

Wissen und verstehen

2 Nenne zu jedem dieser Begriffe mindestens zwei Merkmale.

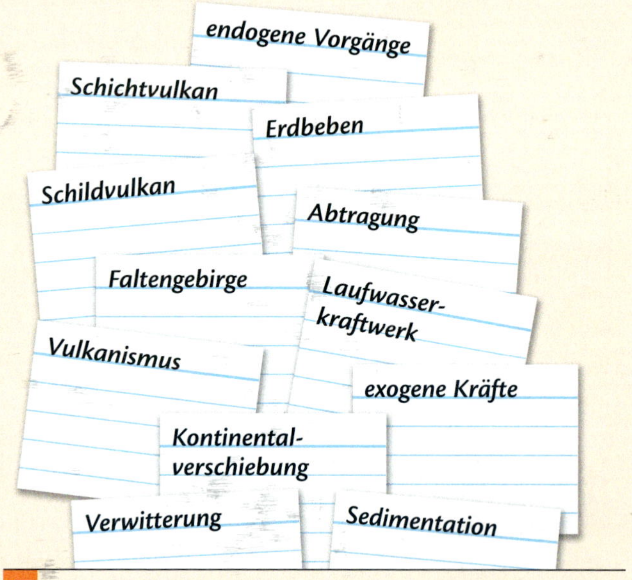

M 2 *Geo-Begriffestapel*

3 Sortiere die Aussagen in richtige und falsche Aussagen. Verbessere die falschen Aussagen und schreibe diese richtig auf.

Richtig oder falsch?
- Für die Bewegungen der Platten sind Konversationsströme verantwortlich.
- Die Zerstörungen bei Erdbeben sind heute meist sehr gering, denn die Vorhersage von Erdbeben ist äußerst zuverlässig.
- Vulkanismus, Erdbeben, Gebirgsbildung, Hebungen und Senkungen sind endogene Vorgänge.
- Am Oberlauf eines Flusses findet Sedimentation statt.
- Zu den exogenen Kräften gehören zum Beispiel Frost, Hitze, Wasser und Wind.
- Alpen und Himalaya sind Faltengebirge.
- Die Richter-Skala gibt die Stärke von Vulkanausbrüchen an.
- In Laufwasserkraftwerken kann nur gelegentlich Strom erzeugt werden.

Physische Karte Deutschlands

Sich verständigen, beurteilen und handeln

6 „Vulkane – Fluch oder Segen?“ – Beurteile die Materialien **M 5** bis **M 7** unter dem Gesichtspunkt der Naturrisiken und der Vorteile für das Leben und Arbeiten von Menschen in Vulkangebieten.

7 Verfasse eine begründete Stellungnahme zu dieser Frage.

8 Diskutiert eure Standpunkte in der Klasse.

M 5 *Zitronenplantage am Ätna*

M 6 *Lavastrom des Ätna überquert eine Straße*

Abenteuer pur

Täglich verschiedene private Trekkingtouren auf das „Dach des Mittelmeeres“.

Überqueren Sie junge Lavaströme, werfen Sie einen Blick in einen der Gipfelkrater! Wir bringen Sie mit Jeeps oder Seilbahn und zu Fuß auf den höchsten Vulkan Europas – ein einzigartiges Event. Aber die Abenteuerlust muss nicht der einzige Grund für einen Ausflug auf den Ätna sein. Auf dem Weg werden Ihnen zahlreiche Trattorien (Gasthäuser) begegnen. Kosten Sie Wein vom Ätna, hausgemachte Nudeln oder ein Lammgericht.

M 7 *Ausschnitt aus einem Reiseprospekt*

4 Löse das Kreuzworträtsel. Schreibe dazu die Begriffe in dein Heft und markiere den Buchstaben, den du für das Lösungswort benötigst (orange Felder). Das Lösungswort benennt einen endogenen Vorgang (**M 4**).

! Hinweis: Bitte nicht in das Buch schreiben

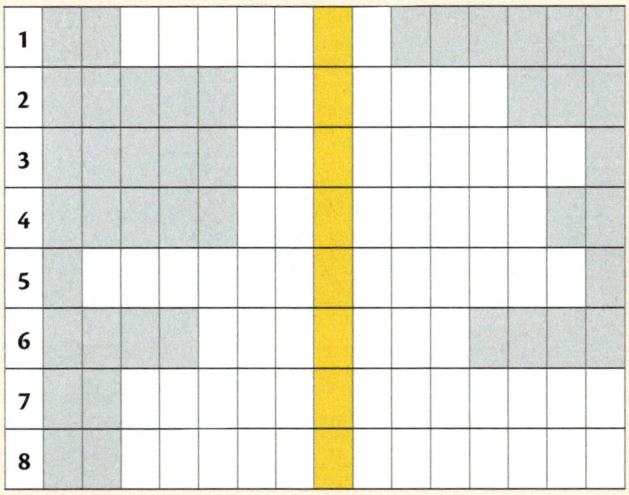

1 Teile der Erdkruste, die sich bewegen
2 anderer Begriff für V-Tal
3 Massenbewegung in steilem Gelände
4 dadurch geht Naturlandschaft verloren
5 Gebiet am Rand der Kontinente, das durch das Abtauchen von Platten entstanden ist
6 durch sie läuft das Wasser des Flusses, um Strom zu gewinnen
7 Ablagerung von mitgeführtem Material
8 durch Gegeneinanderschieben von Erdplatten entstandenes Gebirge

M 3 *Rätsel*

WEBCODE: UE018952-097

Können und Anwenden

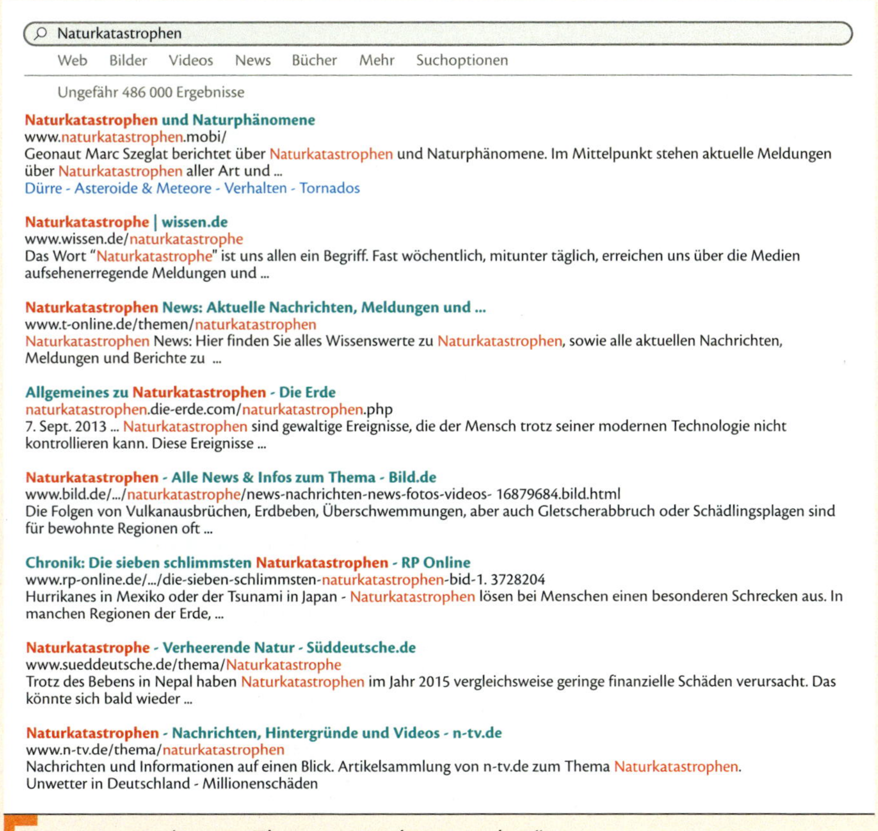
Naturkatastrophen
Web Bilder Videos News Bücher Mehr Suchoptionen
Ungefähr 486 000 Ergebnisse

Naturkatastrophen und Naturphänomene
www.naturkatastrophen.mobi/
Geonaut Marc Szeglat berichtet über Naturkatastrophen und Naturphänomene. Im Mittelpunkt stehen aktuelle Meldungen über Naturkatastrophen aller Art und ...
Dürre - Asteroide & Meteore - Verhalten - Tornados

Naturkatastrophe | wissen.de
www.wissen.de/naturkatastrophe
Das Wort "Naturkatastrophe" ist uns allen ein Begriff. Fast wöchentlich, mitunter täglich, erreichen uns über die Medien aufsehenerregende Meldungen und ...

Naturkatastrophen News: Aktuelle Nachrichten, Meldungen und ...
www.t-online.de/themen/naturkatastrophen
Naturkatastrophen News: Hier finden Sie alles Wissenswerte zu Naturkatastrophen, sowie alle aktuellen Nachrichten, Meldungen und Berichte zu ...

Allgemeines zu Naturkatastrophen - Die Erde
naturkatastrophen.die-erde.com/naturkatastrophen.php
7. Sept. 2013 ... Naturkatastrophen sind gewaltige Ereignisse, die der Mensch trotz seiner modernen Technologie nicht kontrollieren kann. Diese Ereignisse ...

Naturkatastrophen - Alle News & Infos zum Thema - Bild.de
www.bild.de/.../naturkatastrophe/news-nachrichten-news-fotos-videos- 16879684.bild.html
Die Folgen von Vulkanausbrüchen, Erdbeben, Überschwemmungen, aber auch Gletscherabbruch oder Schädlingsplagen sind für bewohnte Regionen oft ...

Chronik: Die sieben schlimmsten Naturkatastrophen - RP Online
www.rp-online.de/.../die-sieben-schlimmsten-naturkatastrophen-bid-1. 3728204
Hurrikanes in Mexiko oder der Tsunami in Japan - Naturkatastrophen lösen bei Menschen einen besonderen Schrecken aus. In manchen Regionen der Erde, ...

Naturkatastrophe - Verheerende Natur - Süddeutsche.de
www.sueddeutsche.de/thema/Naturkatastrophe
Trotz des Bebens in Nepal haben Naturkatastrophen im Jahr 2015 vergleichsweise geringe finanzielle Schäden verursacht. Das könnte sich bald wieder ...

Naturkatastrophen - Nachrichten, Hintergründe und Videos - n-tv.de
www.n-tv.de/thema/naturkatastrophen
Nachrichten und Informationen auf einen Blick. Artikelsammlung von n-tv.de zum Thema Naturkatastrophen.
Unwetter in Deutschland - Millionenschäden

M 4 *Internetseite zum Thema „Naturkatastrophen“*

5 Führe eine Internetrecherche durch zum Thema „Naturkatastrophen“. Wiederhole dazu die Schritte zur Internetrecherche (S. 56/57).

5 Bayern und Deutschland kennenlernen

Zwischen Nordsee und Alpen

Die Küsten im Norden und die Alpen im Süden sind die natürlichen Grenzen Deutschlands. Doch dazwischen gibt es viel zu entdecken: Gebirge und Ebenen, Flüsse und Seen, Städte und Dörfer, …
Gehe auf Entdeckungstour und lerne Bayern und Deutschland kennen.

In diesem Kapitel lernst du
- die Bundesländer und ihre Hauptstädte zu benennen und zu lokalisieren,
- die Lage der Großstädte Deutschlands und Bayerns zu beschreiben,
- die Lage der Landschaften Bayerns zu beschreiben,
- die Großlandschaften Deutschlands und ihre Merkmale zu benennen,
- das Aussehen der Landschaften in Bayern zu beschreiben,
- den Bayerischen Wald, das Alpenvorland und die Alpen genauer zu charakterisieren,
- Merkmale des Nationalparks Bayerischer Wald zu benennen,
- die Regierungsbezirke und Großstädte Bayerns zu benennen,
- eine Kartenskizze zu zeichnen,
- Bilder zu lesen.

Dazu nutzt du
- Bilder,
- Luftbilder,
- thematische Karten,
- Katenskizzen,
- Tabellen,
- Grafiken.

Du beurteilst
- die Notwendigkeit des Naturschutzes,
- die Ziele und Aufgaben eines Nationalparks.

Links: Harlesiel an der Nordseeküste
Rechts: Lenggries im Tal der Isar

Wir lesen eine thematische Karte

check-it
- Merkmale einer thematischen Karte, hier Bodennutzung, kennen
- Schrittfolge für das Lesen einer thematischen Karte kennen und anwenden

Was ist eine thematische Karte?

Die **Geographie** beschäftigt sich mit Landschaften, Gewässern, Böden, Temperaturen und Niederschlägen, Verkehr, Städten und Dörfern, Landwirtschaft, Industrie und Bergbau und vielen anderen Themen. Stelle dir vor, dass alle diese Themen beispielsweise für Bayern oder Deutschland in einer Karte dargestellt sind. Das ist unmöglich, weil solch eine Karte überfüllt und damit unübersichtlich wäre. Deshalb gibt es zu bestimmten Themen zu ausgewählten Räumen **thematische Karten.** Die Inhalte thematischer Karten werden durch Kartenzeichen (Signaturen) dargestellt, z. B. durch Linien, Figuren oder Farbflächen.

Checkliste zum Lesen thematischer Karten

1. Informiere dich über das Thema der Karte und den abgebildeten Raum. Lies dazu den Kartentitel oder die Bezeichnung der Abbildung (**M 1**).
2. Bestimme die Lage und Größe des dargestellten Raumes. Beachte dabei den Maßstab der Karte.
3. Stelle mithilfe der Legende fest, was die Farben, Linien und Zeichen in der Karte bedeuten.
4. Beschreibe den Karteninhalt:
- Welche Farben und Zeichen treten häufig auf?
- Welche Bedeutung haben diese?
- Wie sind bestimmte Zeichen und Farben im Raum verteilt? Beachte Häufigkeit und Größe der Zeichen.
- Welcher Zusammenhang besteht zum Beispiel zwischen einer Stadt oder einer Landschaft und dem Auftreten bestimmter Farben und Zeichen in der Karte?

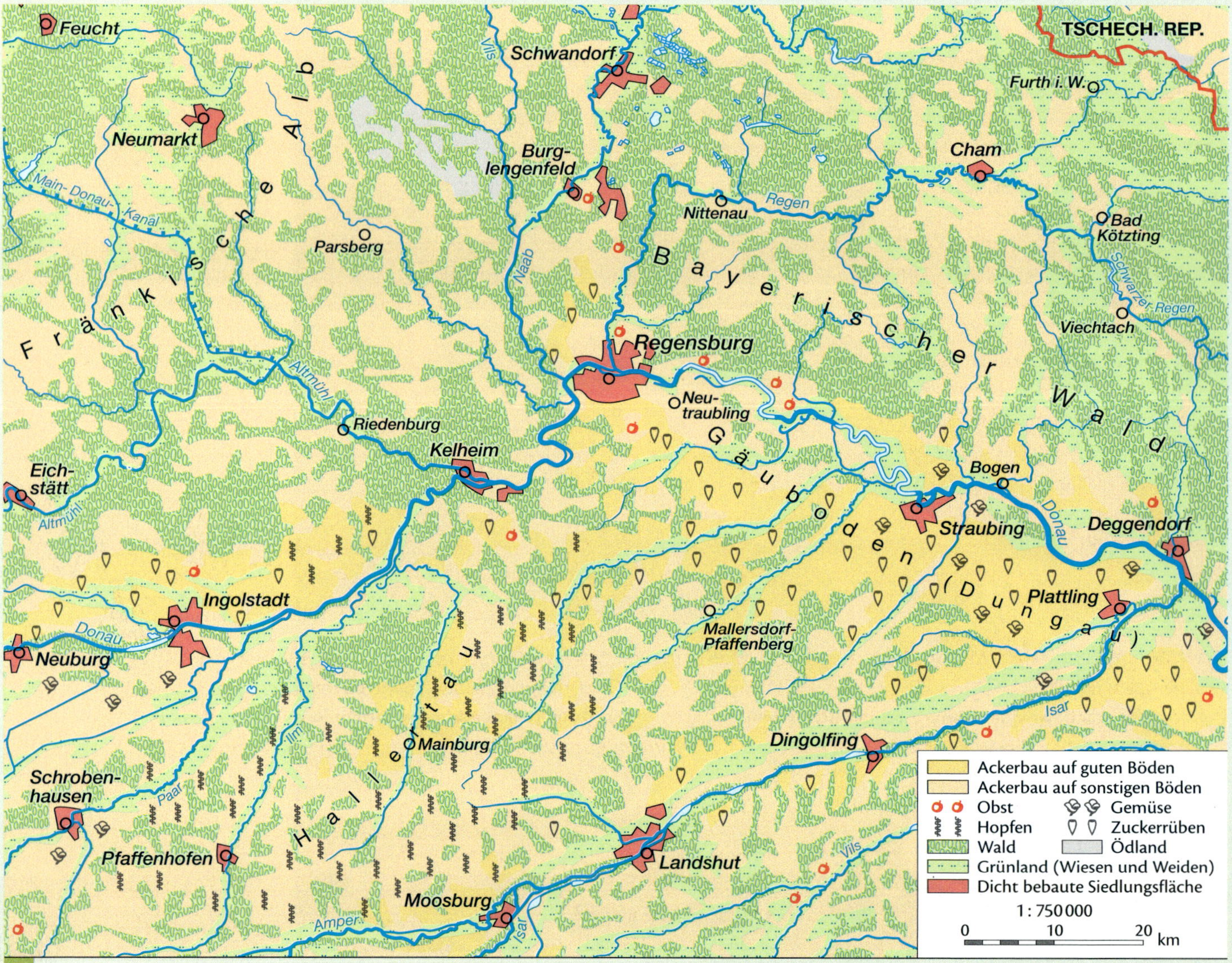

M 1 *Bayern – Bodennutzung (Ausschnitt)*

Beispiel: Lesen der thematischen Karte „Bayern – Bodennutzung" (M 1)

1. Der Kartentitel ist: Bayern (Raum) – Bodennutzung (Thema).
2. Die Karte zeigt einen Ausschnitt des Bundeslandes Bayern und angrenzend die Tschechische Republik. Auf der Maßstabsleiste ist abzulesen, dass 1 cm in der Karte ungefähr 7,5 km in der Wirklichkeit sind. Der Maßstab ist damit 1 : 750 000.
3. Die Legende zeigt Farben und Zeichen. Die einzelnen Farben stellen Folgendes dar: rote Farbe = dicht bebaute Siedlungsflächen (große Städte), braungelbliche Farbe = Böden mit sehr guter bis guter Fruchtbarkeit, hellbraune Farbe = Böden mit mittlerer und geringerer Fruchtbarkeit, grüne Farbe = Grünland, Wiesen und Weiden, Ackerbau (z. B. Futterpflanzen), dunkelgrüne Farbe = Wald und graue Farbe = Heide und Ödland. Obst, Gemüse, Hopfen und Zuckerrüben sind durch Zeichen dargestellt.
4. Die Farben und Zeichen verdeutlichen die Bodennutzung in Bayern. Im Gäuboden (Dungau) befindet sich Ackerland mit guten bis sehr guten Böden, auf denen vorwiegend Gemüse und Zuckerrüben angebaut werden. In der Hallertau überwiegt Ackerland mit mittleren Böden, auf denen vor allem Hopfen angebaut wird. Nördlich der Donau ist Bayern sehr waldreich.

M 2 *Bayern – Bevölkerungsdichte*

1 Erkläre am Beispiel von **M 1** und **M 2**, was eine thematische Karte ist.

2 Informiere dich, welche thematischen Karten dein Schulbuch enthält. Nenne drei Beispiele.

3 Vergleiche die einzelnen Schritte der Checkliste mit den entsprechenden Lösungen am Beispiel der Karte „Bayern – Bodennutzung" (**M 1**).

4 Werte nun die Karte „Bayern – Bevölkerungsdichte" aus. Gehe dabei nach den Schritten der Checkliste vor (**M 2**).

5 Formuliere einen kurzen Bericht zum Thema „Wo in Bayern viele und wo wenige Menschen leben" (**M 2**).

Deutschland und seine Bundesländer

check-it
- Bundesländer und ihre Hauptstädte benennen und lokalisieren
- Nachbarländer Deutschlands benennen
- Bundesländer vergleichen
- politische Karte lesen

Deutschland und seine Bundesländer

Wir sprechen von Deutschland, doch der richtige Name unseres Staates lautet Bundesrepublik Deutschland. Die Bundesrepublik besteht aus einem Bund, das heißt einem Zusammenschluss von 16 Bundesländern. Hamburg, Bremen und die Bundeshauptstadt Berlin sind Stadtstaaten, die 13 anderen Bundesländer sind Flächenstaaten. In den Landeshauptstädten der Bundesländer haben die Landtage und die Landesregierungen ihren Sitz. Sie entscheiden über Angelegenheiten des Bundeslandes, wie zum Beispiel die Schul- und Kulturpolitik.

Die Bundesrepublik Deutschland wurde im Jahre 1949 gegründet und bestand zunächst aus elf Bundesländern. 1990 wurden die Bundesländer Brandenburg, Mecklenburg-Vorpommern, Sachsen-Anhalt, Sachsen und Thüringen neu gegründet. Sie traten am 3. Oktober 1990 der Bundesrepublik Deutschland bei.

1 Benenne die Nachbarländer Deutschlands (**M 4**, Karte S. 177).

2 Fertige eine Tabelle an, in der du den Bundesländern deren Landeshauptstädte zuordnest (**M 4**).

3 Ordne die Bundesländer Deutschlands
a) nach der Flächengröße und
b) nach der Einwohnerzahl (**M 3**).
Formuliere eine Aussage zu Bayern.

4 Begründe, warum in Berlin, Hamburg und Bremen viel mehr Einwohner auf einem Quadratkilometer leben als in den anderen Bundesländern (**M 3**).

5 Arbeite mit einem Lernpartner. Stellt euch gegenseitig Fragen zu den Bundesländern, zum Beispiel:
– Welche Bundesländer grenzen an die Ostsee?
– Welche Bundesländer haben keine Grenzen zu anderen Staaten? (**M 4**)

6 Beschreibe die Fahne Deutschlands und das Wappen von Bayern. Recherchiere im Internet über die Bedeutung des Wappens und fasse deine Ergebnisse in einem Kurzvortrag zusammen (**M 1**, **M 2**,).

M 1 *Fahne der Bundesrepublik Deutschland*

M 2 *Kleines Wappen des Freistaates Bayern*

Land	Fläche in km²	Einwohner 2015	Einwohner je km²
Baden-Württemberg	35 751	10 716 000	300
Bayern	70 550	12 691 000	180
Berlin	892	3 469 000	3 891
Brandenburg	29 654	2 457 000	83
Bremen	419	661 000	1 578
Hamburg	755	1 762 000	2 334
Hessen	21 115	6 093 000	289
Mecklenburg-Vorpommern	23 212	1 599 000	69
Niedersachsen	47 614	7 826 000	164
Nordrhein-Westfalen	34 110	17 638 000	517
Rheinland-Pfalz	19 854	4 011 000	202
Saarland	2 569	989 000	385
Sachsen	18 420	4 055 000	220
Sachsen-Anhalt	20 452	2 235 000	109
Schleswig-Holstein	15 800	2 830 000	179
Thüringen	16 173	2 156 000	133
Deutschland	357 340	81 200 000	227

Quelle: Statistisches Bundesamt

M 3 *Fläche und Einwohner der Bundesländer*

Staatsgrenze
Landesgrenze
Berlin Bundeshauptstadt
Landeshauptstadt

M4 *Die politische Gliederung der Bundesrepublik Deutschland*

Wo die Menschen in Deutschland wohnen

M 1 *Bundesautobahn A9*

check-it
- Lage der größten Städte beschreiben
- Verteilung der Bevölkerung beschreiben
- dicht und dünn besiedelte Gebiete benennen
- Städte den Bundesländern zuordnen
- Tabelle zeichnen
- Bevölkerungsdichtekarte lesen
- Verkehrsdichte begründen

Deutschland – ein Land mit vielen Städten

Fast acht von zehn Deutschen leben in Städten. Es gibt 76 Großstädte mit mehr als 100 000 Einwohnern. Ein Blick auf die Karte zeigt jedoch, dass die Städte und damit die Bevölkerung nicht gleichmäßig über Deutschland verteilt sind. Die **Bevölkerungsdichte** wird in Einwohnern pro Quadratkilometer angegeben.

Dicht besiedelte Gebiete

Die Gebiete Deutschlands, in denen viele Menschen wohnen, arbeiten, einkaufen und lernen, sind dicht besiedelt. Sie haben eine hohe Bevölkerungsdichte. Besonders dicht besiedelt sind die Täler großer Flüsse wie das Rheintal, das mittlere Neckartal und das obere Elbtal. In den Tälern verlaufen auch wichtige Verkehrswege. Seit etwa 150 Jahren wachsen die großen Städte und verschmelzen mit ihrem Umland. In den dicht besiedelten Gebieten kreuzen sich auch Autobahnen, Straßen und Eisenbahnlinien, dort sind große Bahnhöfe und Flughäfen zu finden. Gut ausgebaute Verkehrswege verbinden die dicht besiedelten Gebiete mit anderen deutschen Großstädten im In- und Ausland.

Dünn besiedelte Gebiete

Der Norden Deutschlands, Brandenburg und Bayern haben größere zusammenhängende ländliche Gebiete. Diese sind meist dünn besiedelt. Sie werden vor allem für die Landwirtschaft sowie zur Erholung genutzt.

1 Beschreibe die Verteilung der Bevölkerung in Deutschland (**M 3**).

2 Benenne Gebiete in Bayern, die dicht besiedelt sind, und solche, die dünn besiedelt sind.

3 Ordne den zehn größten Städten Deutschlands die Bundesländer zu, in denen diese liegen. Erstelle dazu eine Tabelle (**M 2, M 3**).

4 Beschreibe das Bild und begründe, warum der Verkehr auf diesem Teil der A9 häufig sehr dicht ist (**M 1, M 3**).

Stadt	Einwohner
Berlin	3 421 829
Hamburg	1 746 342
München	1 429 584
Köln	1 034 175
Frankfurt am Main	701 350
Stuttgart	604 297
Düsseldorf	598 686
Dortmund	575 944
Essen	569 884
Bremen	548 547

M 2 *Die zehn größten Städte Deutschlands 2015*

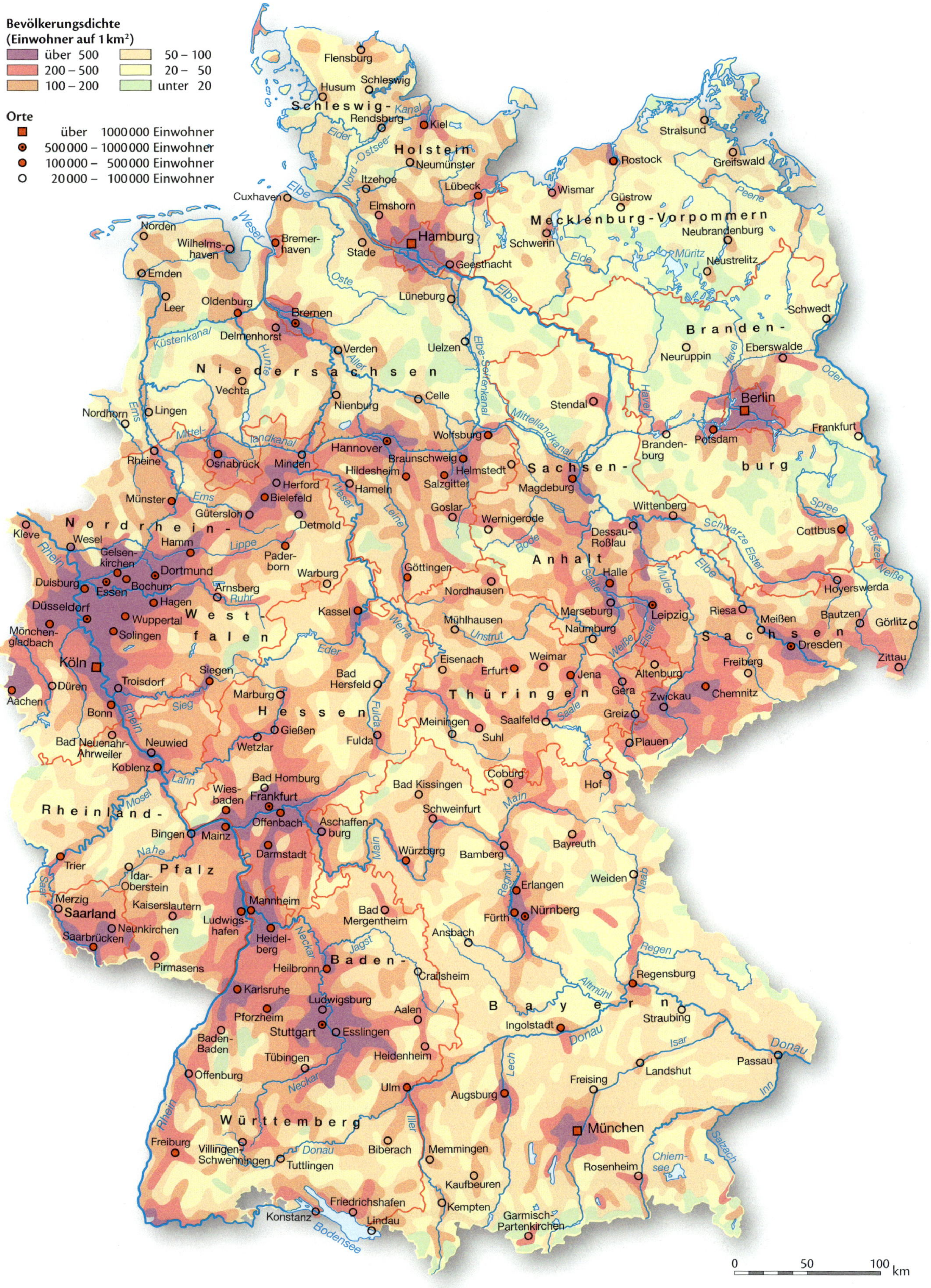

M3 *Deutschland – Karte der Bevölkerungsdichte*

Bundeshauptstadt Berlin

M 1 *Schrägluftbild des Regierungsviertels in Berlin (2013)*

check-it
- Gebäude auf Luftbild und Karte lokalisieren
- Lage und Ausdehnung Berlins beschreiben
- über die Geschichte Berlins berichten
- Funktionen Berlins als Bundeshauptstadt kennen
- Regierungsgebäude und deren Lage benennen
- Bedeutung Berlins als Bundeshauptstadt beurteilen

1871	Nach der Vereinigung der zahlreichen deutschen Kleinstaaten wird Berlin Hauptstadt des Deutschen Reiches.
1920	Berlin hat bereits 3,8 Mio. Einwohner und ist größte Industriestadt und ein kulturelles Zentrum Europas.
1945	Ende des Zweiten Weltkriegs: Berlin wird in vier Teile (Sektoren) geteilt: den französischen, britischen, amerikanischen und russischen.
1949	Gründung der Bundesrepublik Deutschland und der Deutschen Demokratischen Republik (DDR); Berlin (Ost) wird Hauptstadt der DDR, Bonn die Hauptstadt der Bundesrepublik.
1961	Die DDR baut quer durch Berlin eine Mauer, die Berlin (Ost) und Berlin (West) trennt.
1989	Die Berliner Mauer fällt, die innerdeutschen Grenzen werden geöffnet.

M 2 *Aus der Geschichte Berlins*

Bundeshauptstadt ...

Seit 1990 ist Berlin wieder deutsche Hauptstadt. In den folgenden Jahren entstand rund um das völlig umgebaute Reichstagsgebäude, in dem der Bundestag untergebracht ist, das Regierungsviertel. Im Schloss Bellevue wurde der Sitz des Bundespräsidenten eingerichtet.

... und Weltstadt

Mit rund 3,5 Millionen Einwohnern ist Berlin die größte Stadt Deutschlands und als **Bundeshauptstadt** das politische Zentrum. Regierung und Parlament, Ministerien, die Vertretungen der Landesregierungen und die diplomatischen Vertretungen, aber auch die meisten Rundfunk- und Fernsehanstalten sowie Pressehäuser haben ihren Sitz in der Stadt. Berlin ist somit auch ein wichtiges Medienzentrum. Täglich kommen sowohl aus beruflichen als auch aus privaten Gründen viele Besucher aus aller Welt in die Bundeshauptstadt. Der Tourismus ist der Wirtschaftszweig mit den höchsten Wachstumszahlen. In der Weltstadt Berlin finden die Touristen neben eleganten Geschäftsstraßen eine Vielzahl von Museen sowie anderen kulturellen Einrichtungen vor. Auch der Messestandort Berlin hat internationale Bedeutung.

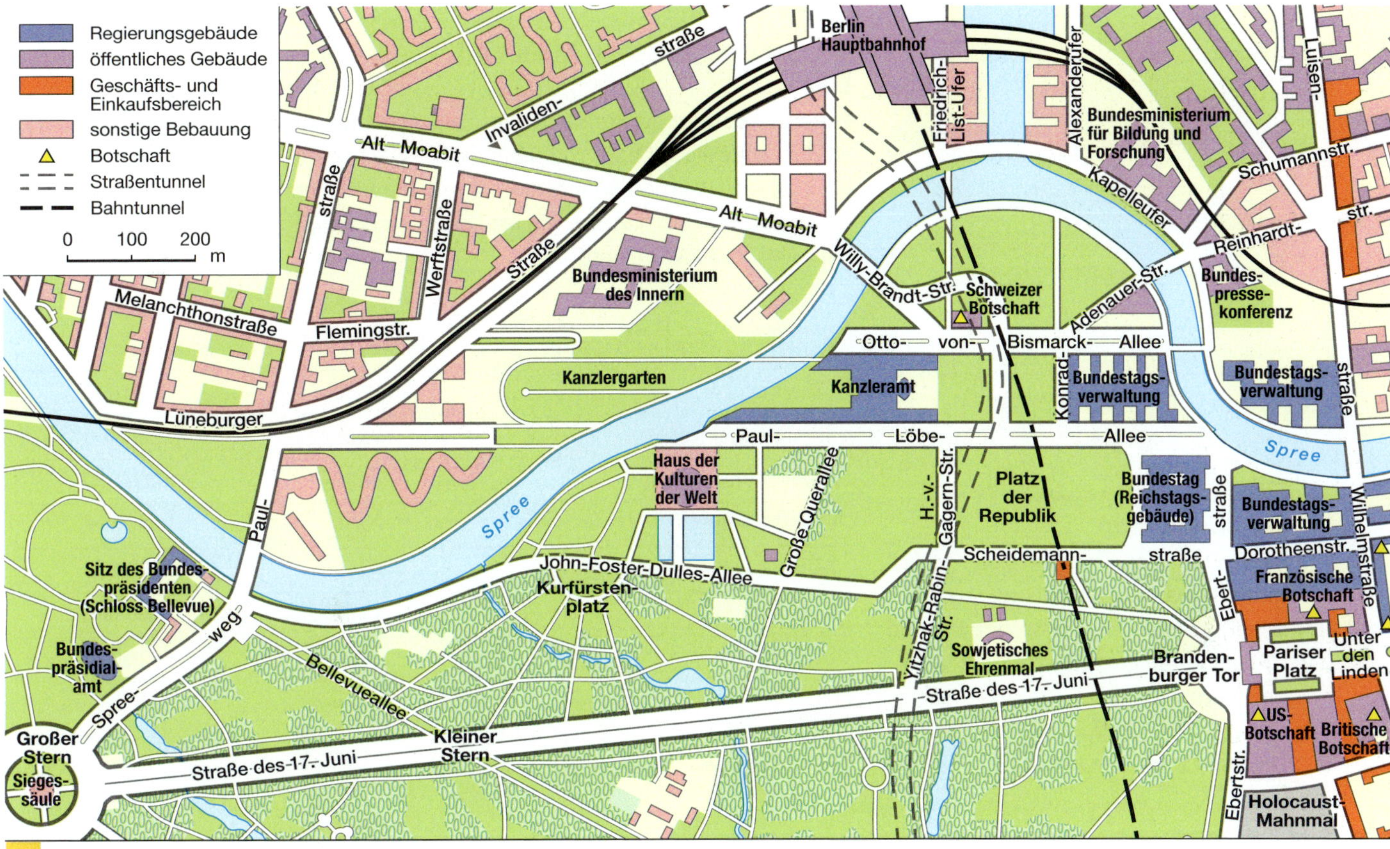

M 3 *Das Regierungsviertel im Stadtplan*

Wissenschafts- und Wirtschaftszentrum

In Berlin sind eine Vielzahl von Universitäten, Hochschulen und Forschungseinrichtungen angesiedelt. Diese arbeiten eng mit der Industrie zusammen, sodass in Berlin Produkte der Zukunftstechnologien entwickelt und produziert werden, wie zum Beispiel aus den Bereichen Bio- und Medizintechnik, Informations- und Kommunikationstechnik sowie Medien und Verkehrstechnik.

M 4 *Schloss Bellevue – Amtssitz des Bundespräsidenten*

1 Berichte, wann Berlin im Laufe seiner Geschichte die Hauptstadt Deutschlands war (**M 2**).

2 Beschreibe den Verlauf der Spree. In welchen Fluss mündet die Spree (Karte S. 99)?

3 Liste auf, welche Funktionen eine Bundeshauptstadt hat. Vergleiche mit der Landeshauptstadt München (S. 112/113).

4 Nenne die Gebäude im Regierungsviertel und beschreibe ihre Lage (**M 1**, **M 3**, **M 4**).

5 Orientiere dich auf dem Schrägluftbild: Beschreibe den Verlauf der Spree, die Lage des Brandenburger Tors und des Reichstagsgebäudes (**M 1**, **M 3**).

6 Beurteile die Bedeutung Berlins als Bundeshauptstadt.

M 5 *Wappen von Berlin*

Regierungsbezirke und Städte in Bayern

check-it
- geographische Lage der Regierungsbezirke beschreiben
- geographische Lage des Heimatlandkreises beschreiben
- Regierungsbezirke und deren Hauptstädte nennen
- Aufgaben der Verwaltung vergleichen
- Großstädte und Regierungsbezirke zuordnen
- Karten und Tabellen lesen
- Tabelle zeichnen

Sieben Regierungsbezirke – ein Bundesland

Bayern ist das flächenmäßig größte Bundesland in Deutschland. Seit 1972 ist es in sieben Regierungsbezirke und 71 Landkreise gegliedert. 25 Städte haben keinen Landkreis, sie sind kreisfrei. Diese Städte übernehmen die Aufgaben der Landkreise selbst.

Großstädte zwischen Main und Isar

Die mit Abstand größte Stadt Bayerns ist die Landeshauptstadt München. Sie ist eine von vier Millionenstädten in Deutschland. Seit Jahren wächst die Einwohnerzahl Münchens.

Die anderen Großstädte Bayerns haben mal leicht steigende, mal wieder leicht fallende Einwohnerzahlen. Deutlich gewachsen ist in den letzten Jahren die Einwohnerzahl von Augsburg, Ingolstadt und Regensburg.

Regierungsbezirke Bayerns	Fläche in km²	Einwohner 2015
Oberbayern	17 530	4 520 000
Niederbayern	10 329	1 200 000
Oberpfalz	9 690	1 080 000
Oberfranken	7 231	1 060 000
Mittelfranken	7 245	1 720 000
Unterfranken	8 531	1 300 000
Schwaben	9 993	1 820 000

Quelle: Bayerisches Landesamt für Statistik und Datenverarbeitung

M 1 *Größe der Regierungsbezirke in Bayern*

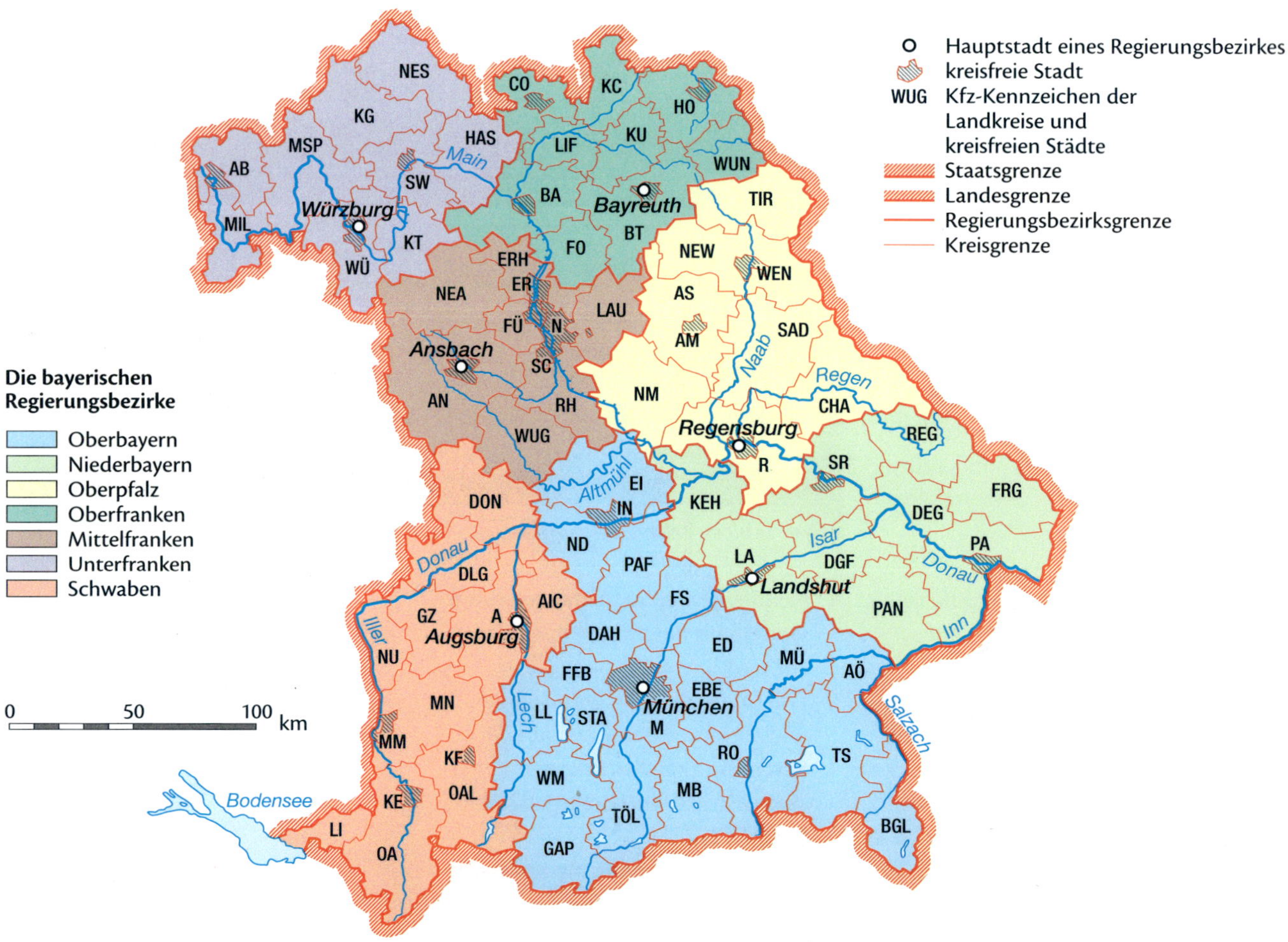

M 2 *Regierungsbezirke Bayerns*

Stadt	Einwohner
München	1 450 381
Nürnberg	509 975
Augsburg	286 374
Regensburg	145 465
Ingolstadt	132 438
Würzburg	124 873
Fürth	124 171
Erlangen	108 336

M 3 *Großstädte in Bayern (Dez. 2015)*

Bundesland
Zuständig für Gerichte und Polizei, für Wirtschaftspolitik, für die Lehrpläne und die Einstellung von Lehrkräften, für den Bau von Staatsstraßen

Regierungsbezirk
Genehmigung von Industrieanlagen, Ausweisung von Naturschutz- und Landschaftsschutzgebieten, Denkmalpflege

Landkreis/Stadt
Bau von Krankenhäusern, Berufsschulen, Kreisstraßen, Sportstätten, Zulassung von Kraftfahrzeugen, Abfallbeseitigung, Altenheime, Rettungsdienste

M 5 *Ausgewählte Aufgaben der Verwaltung*

1 Nenne die Regierungsbezirke Bayerns und ihre Hauptstädte. Beschreibe deren Lage (**M 2**, Karte S. 174).

2 Beschreibe die Lage deines Heimatlandkreises innerhalb Bayerns.

3 Berechne die Fläche und die Einwohnerzahl Bayerns (**M 1**).

4 Vergleiche die Aufgaben der Regierungsbezirke und der Landkreise/Städte (**M 5**).

5 Ordne die Großstädte Bayerns den Regierungsbezirken zu. Erstelle dazu eine Tabelle (**M 3**, **M 4**).

6 Formuliere einen kurzen Bericht zur Verteilung der Großstädte in Bayern (**M 2**, **M 3**, **M 4**).

M 4 *Städte in Bayern*

München – unsere Landeshauptstadt

M 1 *Das Maximilianeum – Sitz des Bayerischen Landtags*

Einwohner	**1 450 381**
Stadtgebiet	310,74 km²
bebaute Fläche (Siedlungen + Verkehr)	191,97 km²
Landwirtschaftsfläche	46,48 km²
Waldfläche	12,91 km²
Erholungsfläche	48,66 km²
Beschäftigte	797 102
Sehenswürdigkeiten zum Beispiel das Deutsche Museum, der Englische Garten, die Frauenkirche, Schloss Nymphenburg, die Pinakotheken, der Olympiaturm, das Hofbräuhaus, die Bayerische Staatsoper oder BMW-Welt und -Museum	

M 2 *München in Zahlen (31.12.2015)*

M 3 *Die Bayerische Staatskanzlei*

check-it
- geographische Lage von München beschreiben
- Funktionen der Landeshauptstadt nennen
- Gebäude der Landesregierung verorten
- Verkehrsanbindung beschreiben und deren Bedeutung erklären

Sitz der Staatsregierung

Seit der Gründung des Freistaats Bayern 1949 ist München die Landeshauptstadt.

Sie ist gleichzeitig mit mehr als einer Million Einwohnern die größte Stadt in Bayern. Im Bayerischen Landtag tagen die gewählten Vertreter der Bürger. Die Staatskanzlei ist der Sitz des Ministerpräsidenten des Freistaats Bayern. Die verschiedenen Ministerien der Landesregierung sind über die gesamte Innenstadt verteilt. In München sind viele weitere Behörden und Einrichtungen untergebracht, wie zum Beispiel das Landeskriminalamt, das Statistische Landesamt sowie der Bayerische Rundfunk. Aber auch nationale und internationale Einrichtungen haben ihren Sitz in München.

Wirtschaftszentrum

Die Landeshauptstadt München und ihr Umland sind das wirtschaftliche Zentrum Bayerns. Hier haben sich besonders viele Unternehmen der Elektro- und Computerindustrie, der Gesundheitswirtschaft sowie des Fahrzeugbaus angesiedelt. Bei diesen modernen Industrien spielen Forschung und Entwicklung eine große Rolle. Deshalb arbeiten sie eng zusammen mit den zahlreichen Hochschulen, Universitäten und Forschungseinrichtungen in München.

Kultur- und Medienstadt

In der Landeshauptstadt befindet sich eine Vielzahl kultureller Einrichtungen, zum Beispiel Museen, Bibliotheken und Theater. Kulturelle Veranstaltungen und die Messen locken Besucher aus Bayern, Deutschland und dem Ausland nach München. Das Oktoberfest ist das

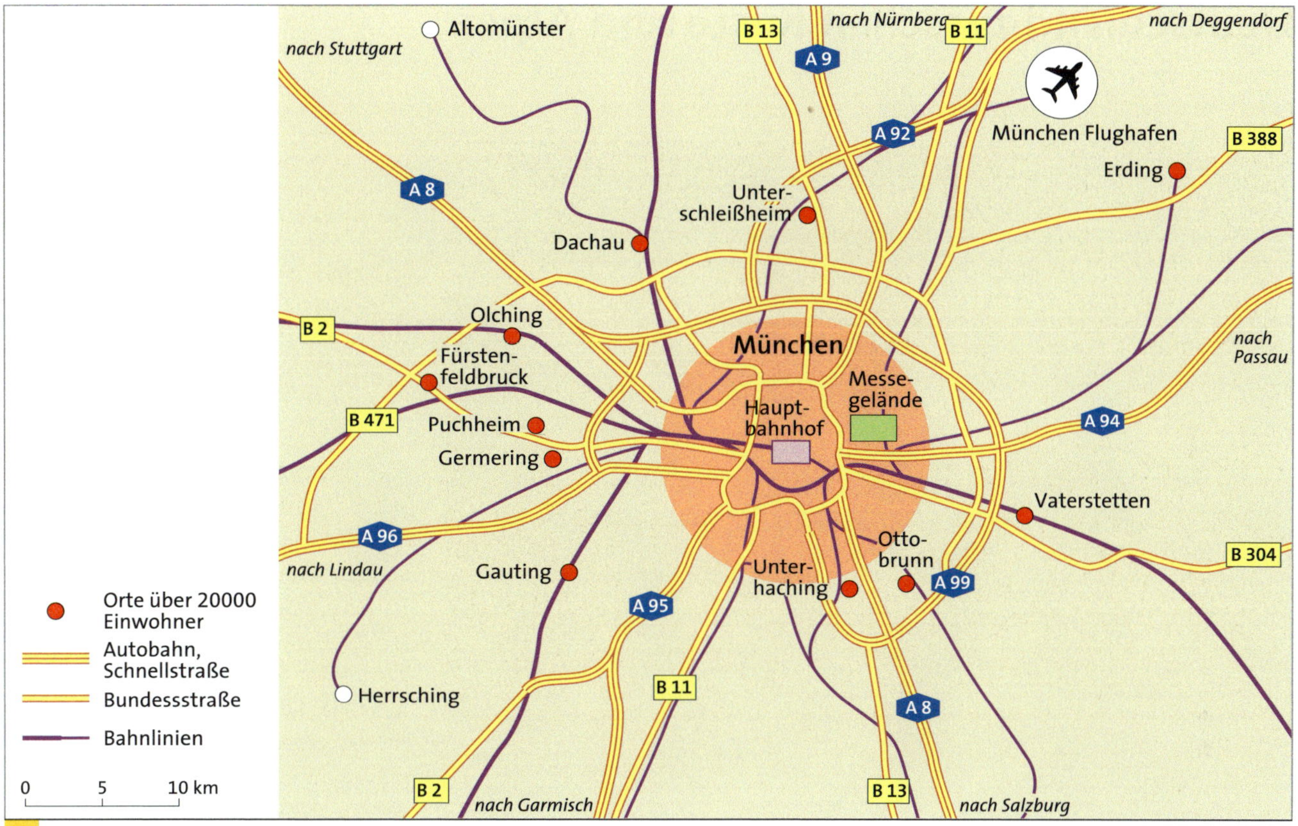

M 4 *Verkehrsanbindung von München*

größte Volksfest der Welt. Es findet seit 1810 jedes Jahr von Ende September bis Anfang Oktober auf der Theresienwiese statt.

In München gibt es fast 22000 Unternehmen der Medienindustrie. Dazu gehören Film- und Fernsehstudios, Verlage für Bücher und Zeitungen, aber auch digitale Medien und die Werbung.

1 Beschreibe die geographische Lage von München (Karte S. 177).

2 München – eine Stadt mit vielen Funktionen. Benenne diese (**M 1** bis **M 6**).

3 Nenne die im Stadtplan eingezeichneten Ministerien der Landesregierung und beschreibe ihre Lage mithilfe der Planquadrate (Karte S. 138).

4 Beschreibe die Verkehrsanbindung Münchens (**M 4**).

5 Erkläre die Bedeutung der guten Verkehrsanbindung für Besucher der Landeshauptstadt und für die Wirtschaft (**M 4**).

M 5 *Druckerei der Süddeutschen Zeitung*

M 6 *Europäische Flughäfen im Vergleich – Passagiere 2015*

Deutschland zwischen Küste und Alpen

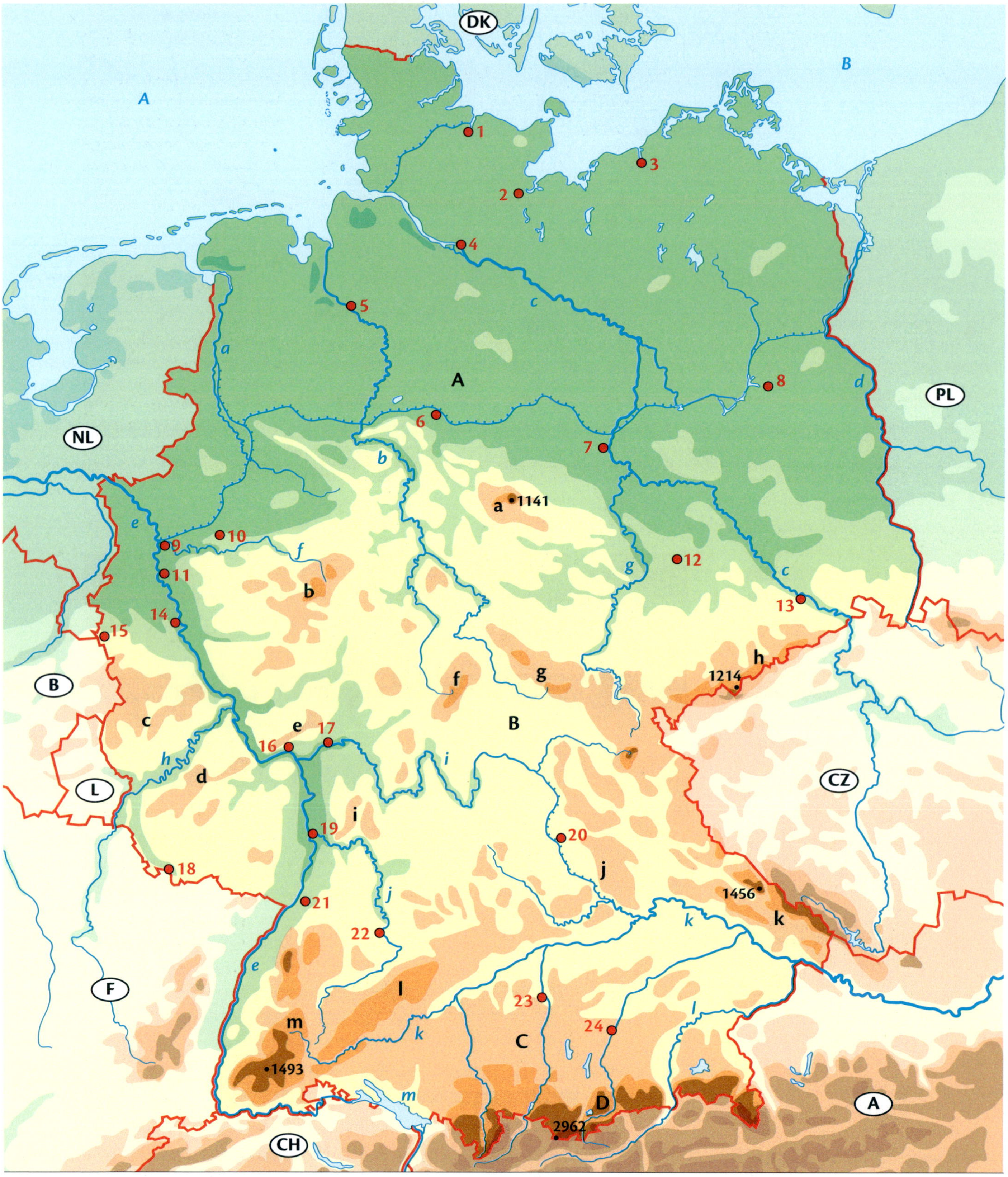

1–24 Stadt
A–B Meer
a–m Fluss, See
A–D Großlandschaft
a–m Mittelgebirge
•1493 Höchster Berg

unter 0 | 0 | 100 | 200 | 500 | 750 | 1000 | 2000 m

0 | 40 | 80 km

M1 *Stumme Karte: Deutschland*

1 *Der mit 2963 Metern höchste* ***Berg*** *Deutschlands liegt im Wettersteingebirge. Auf seinem Gipfel, der durch Bergbahnen erschlossen ist, befindet sich eine Wetterstation.*

2 *Die hügelige* ***Landschaft*** *mit ihren zahlreichen Seen und Waldstücken liegt im Südwesten Bayerns an der Grenze zu Baden-Württemberg. Das durch Milchwirtschaft und Käseherstellung bekannte Feriengebiet lädt im Sommer zum Wandern, im Winter zum Skifahren ein.*

3 *Die* ***Insel*** *im äußersten Norden Deutschlands ist durch einen Eisenbahndamm mit dem Festland verbunden. Allerdings wird sie Jahr für Jahr kleiner, weil Sturmfluten an der Küste nagen.*

4 *Diese landwirtschaftlich bedeutende* ***Landschaft*** *wurde nach der Landeshauptstadt von Sachsen-Anhalt benannt. Auf nährstoffreichen Böden werden vor allem Weizen und Zuckerrüben angebaut.*

5 *Ausgedehnte Wälder bedecken über die Hälfte der Oberfläche dieses* ***Gebirges.*** *Im Norden erreichen die Berge Höhen um 1000 Meter. Im Süden liegen die höchsten Gipfel des Gebirges: Der Feldberg (1493 m) und der Belchen (1414 m) bieten eine herrliche Aussicht.*

M2 *Vom Meer zu den Alpen*

M3 *Großlandschaften Deutschlands*

check-it
- den Großlandschaften Gebirge, Flüsse, Seen, Inseln und anderes zuordnen
- mit stummen Karten arbeiten
- physisch-geographische Karten lesen

1 Bearbeite die stumme Karte und nutze dazu die physische Karte (**M1**, Karte S. 99).

2 Stelle fest:

a) in welche Großlandschaften die Bilder gehören (**M2**, **M3**).

b) welche Namen sich hinter den fett gedruckten Begriffen verbergen (**M2**).

3 Bildet drei Gruppen und beschreibt je eine Großlandschaft Deutschlands nach folgenden Merkmalen:

- Grenzen
- Höhenlage
- Oberflächenformen
- Gewässer
- Städte
- Landschaften

Nutzt dazu auch das Lexikon.

4 Erstelle ein Lernplakat zu einer Großlandschaft, das eine Kartenskizze oder Karte, Abbildungen sowie einen erläuternden Kurztext enthalten sollte (**M2**, **M3**, 🔑).

Wir beschreiben Bilder

M 1 *Norddeutsches Tiefland*

M 2 *Mittelgebirgsland (Schwarzwald)*

check-it
- Großlandschaften auf der physischen Karte verorten
- Großlandschaften Deutschlands nennen
- Schritte einer Bildbeschreibung kennen und anwenden

Ein Land – viele Landschaften

Bilder vermitteln viele Informationen. Durch sie können wir Vorstellungen davon gewinnen, wie es in entfernten Landschaften oder Städten aussieht. Wir sehen täglich unzählige Bilder und machen selbst Bilder. Doch die Informationen eines Bildes müssen richtig gelesen und erklärt werden.

Checkliste für eine Bildbeschreibung

1. Schritt: Gliedere das Bild in Vordergrund, Mittelgrund und Hintergrund. Teile es in eine rechte und linke Bildseite.
2. Schritt: Informiere dich über den Titel (oder das Thema) und den Aufnahmeort des Bildes.
3. Schritt: Lege Gesichtspunkte fest, nach denen du den Bildinhalt beschreiben willst. Wähle zum Beispiel Oberflächenformen, Gewässer, Pflanzen- und Tierwelt, Siedlungen, Verkehrswege, Nutzung der Flächen, Industriebetriebe.
4. Schritt: Beschreibe die Bildausschnitte nacheinander nach den ausgewählten Gesichtspunkten.
5. Schritt: Erkläre den Bildinhalt. Stelle dazu Beziehungen zwischen den Einzelheiten dar.
6. Schritt: Ordne das Bild in eine Karte ein.

M 3 *Alpenvorland/Alpen*

1 Beschreibe die Bilder. Nutze dazu die Checkliste und das Beispiel für eine Bildbeschreibung (**M 1** bis **M 3**).
2 Ordne die drei Großlandschaften in die Karte ein und grenze sie ab (**M 1** bis **M 3**, Karten Seiten 99 und 115).
3 Beschreibe die Bilder auf den Seiten 100 und 101. Vergleiche diese.
4 Erkläre, ob die Bilder Horizontal-, Schräg- oder Senkrechtluftbilder sind (**M 1** bis **M 4**).

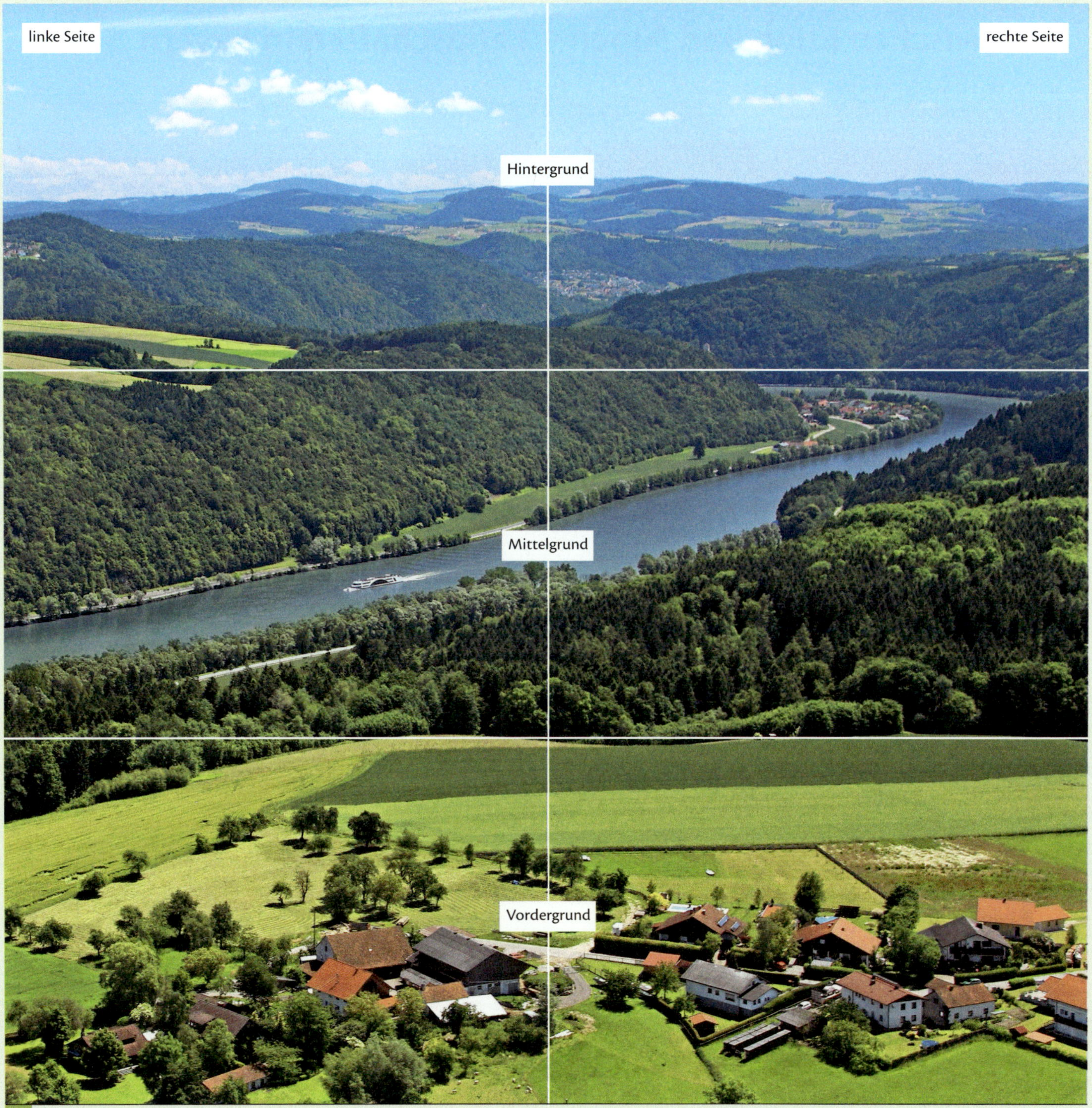

M 4 *Donau bei Passau*

Beispiel für eine Bildbeschreibung

1. Schritt: siehe **M 4**

2. Schritt: Der Titel des Bildes lautet *„Donau bei Passau"*.

3. Schritt: Hauptgesichtspunkte der Beschreibung sind:

- Oberflächenformen
- Siedlungen
- Gewässer
- Landwirtschaft
- Pflanzenwelt

4. Schritt: Das Gebiet im Vordergrund ist flach. Im Mittelgrund ist ein Flusstal mit bewaldeten Hängen zu sehen und im Hintergrund ein hügeliges Gebiet mit Bergkuppen. Die Donau ist als breiter Fluss im Mittelgrund zu erkennen. Im Vordergrund sind große Felder zu sehen. Der Mittel- und Hintergrund sind größtenteils mit Wald bedeckt, vereinzelt sind Felder sichtbar. Siedlungen befinden sich im Vorder- und im Mittelgrund im Flusstal. Auch im Hintergrund sind eine Ortschaft am Hang sowie vereinzelte Höfe zu sehen.

5. Schritt: Das Bild zeigt eine Mittelgebirgslandschaft mit einem Tal, in dem die Donau fließt.

6. Schritt: Die Einordnung in die Karte zeigt, dass das Bild östlich von Passau aufgenommen wurde. Die Donau ist hier Grenzfluss zwischen Österreich auf der rechten, südlichen Seite und Deutschland mit dem Passauer Wald auf der nördlichen Seite. Die Häuser im Vordergrund sind auf österreichischer Seite. Bei dem Ort im Mittelgrund an der Donau muss es sich um Erlau und bei dem im Hintergrund um Untergrießbach handeln.

Zwischen Rhön und Alpen – Landschaften in Bayern

M 1 *Landschaften in Bayern*

check-it
- geographische Lage der Landschaften Bayerns beschreiben
- Merkmale der Landschaften benennen und vergleichen
- Tabelle erstellen, Kartenskizze zeichnen, Kurzvortrag gestalten

Landschaftliche Vielfalt

Die Landschaften in Bayern sind vielfältig und abwechslungsreich. Um die landschaftliche Vielfalt zu ordnen, gliedert man Bayern in vier Großlandschaften: die Mittelgebirge, das Schwäbisch-Fränkische Stufenland, das Alpenvorland und die Alpen.

Die Mittelgebirge

Spessart, Rhön, Frankenwald, Fichtelgebirge, Oberpfälzer Wald und der Bayerische Wald sind Mittelgebirge. Sie bestehen aus verschiedenen Gesteinen, aus denen unterschiedliche Oberflächenformen durch Regen, Wind, Frost und Wind geformt worden sind. Der Wechsel von abgerundeten Bergen, tief eingeschnittenen Tälern und welligen Hochflächen führt zu abwechslungsreichen Gebirgslandschaften. Der höchste Berg der Mittelgebirge ist der Große Arber im Bayerischen Wald mit 1457 Metern. Wälder aus Fichten, Tannen und Buchen sind typisch für die ostbayerischen Mittelgebirge.

Das Schwäbisch-Fränkische Stufenland

Zum Schwäbisch-Fränkischen Stufenland gehören das Fränkische Gäuland, die Fränkische Landstufe mit dem Steigerwald, das Albvorland und die Fränkische Alb.

Die weißen Kalksteine der Fränkischen Alb bilden eine Gesteinsstufe, die aus dem Albvorland steil aufragt. Auf der Albhochfläche werden Ackerbau, Viehhaltung und Forstwirtschaft betrieben.

Das Alpenvorland

Das Bayerische Alpenvorland erstreckt sich zwischen Bodensee, Donau und Salzach bis zum Alpenrand. Hügel, Berge, Täler, Seen und Moore bestimmen das Landschaftsbild des Alpenvorlandes. Von der Donau bis zum Alpenrand steigt das Alpenvorland von 300 auf 800 Meter an. Acker-, Weide- und Waldflächen, große Seen, aber auch viele Städte und Dörfer sind Kennzeichen des Alpenvorlandes.

M 2 *Blick vom Kreuzberg bei Bischofsheim*

M 3 *Tegernsee – Blick nach Norden*

M 4 *Königssee und Watzmann*

M 5 *Volkach am Main*

M 6 *Ehrenbürg bei Forchheim*

M 7 *Blick auf den Großen Arber*

Die Alpen

Hinter den bewaldeten Vorbergen ragen die Gebirgsketten der hellen Kalkalpen auf. Nur ein kleiner Teil der Nördlichen Kalkalpen liegt in Deutschland auf bayerischem Gebiet: die Allgäuer Alpen, die Bayerischen Alpen und die Berchtesgadener Alpen.

1 Beschreibe die Abfolge der Großlandschaften Bayerns von Norden nach Süden und von Westen nach Osten (**M 1**).

2 Ordne die Landschaften Bayerns den Großlandschaften Deutschlands zu (**M 1**, Karte S. 115 **M 3**).

3 Lege eine Tabelle mit zwei Spalten an. Trage die Großlandschaften, an denen Bayern Anteil hat, untereinander in die linke Spalte ein. Ordne jeder Großlandschaft wichtige Merkmale sowie Städte, Flüsse und kleinere Landschaften zu (**M 2** bis **M 7**, Karte S. 174).

4 Zeichne eine Kartenskizze zum Thema „Landschaften in Bayern" (**M 1**).

5 Wähle eine Landschaft Bayerns aus und stelle sie in einem Kurzvortrag der Klasse vor (**M 1** bis **M 7**,).

Der Bayerische Wald – ein Mittelgebirge

M 1 *Blick vom Großen Arber*

check-it
- Lage des Bayerischen Waldes beschreiben
- Oberflächenformen eines Mittelgebirges benennen
- Entstehung des Bayerischen Waldes beschreiben
- Panoramakarte und physische Karte lesen
- Kartenskizze zeichnen

Der Bayerische Wald

Von der Donauniederung kommend erhebt sich der Bayerische Wald wie ein langgestreckter bewaldeter Wall. Der Höhenunterschied zwischen der Donau und dem höchsten Berg des Bayerischen Waldes, dem Großen Arber, beträgt über 1100 Meter. Die höchsten Berge befinden sich im östlichen Teil in der Nähe zu Tschechien.

Was ist ein Mittelgebirge?

Ein **Mittelgebirge** ist etwa 500 bis 1500 Meter hoch. Typische Oberflächenformen sind abgerundete Berge, Hochflächen und unterschiedlich geformte Täler. Die Mittelgebirge sind meist waldreich. Mit zunehmender Höhe nehmen der Ackerbau ab und die Grünlandwirtschaft zu. Durch hohe Niederschläge und niedrige Temperaturen kann in den Höhenlagen der Mittelgebirge nur noch Forstwirtschaft betrieben werden.

Blick in die Erdgeschichte

Wenn man auf den höchsten Bergen des Bayerischen Waldes wandert, so steht man auf Gesteinen aus dem Erdaltertum. Diese sind zum Teil über 500 Millionen Jahre alt. Dazu gehören besonders die Gneise des Großen Arbers und des Großen Rachels. Gneise sind ähnlich wie der Granit ein hartes und widerstandsfähiges Gestein. Sie sind im Erdinneren unter hohen Temperaturen und starkem Druck entstanden. An der Erdoberfläche treten diese Gesteine nur dann auf, wenn das darüber liegende Material abgetragen wurde. Die heutigen Oberflächenformen des Bayerischen Waldes sind also das Ergebnis von mehreren Hundert Millionen Jahren Erdgeschichte.

M 2 *Blick vom Großen Arbersee zum Großen Arber*

M 3 *Tal des Regen*

1. Beschreibe die geographische Lage des Bayerischen Waldes (Karte S. 174).
2. Lege auf die Karte des Bayerischen Waldes ein Transparentpapier und fertige eine Kartenskizze mit folgenden Inhalten an: Berge und Täler, Verkehrswege und Orte. Verwende dabei Linien und Kreise (**M 4**).
3. Benenne Merkmale eines Mittelgebirges am Beispiel des Bayerischen Waldes (**M 1** bis **M 4**).
4. Wo findest du die sehr alten und harten Gesteine im Bayerischen Wald?
5. Informiere dich über den Dreisesselberg (**M 4**, ***Eine Internetrecherche durchführen***).

M 5 *Gneis (oben) und Granit (unten) – Hauptgesteine des Bayerischen Waldes*

M 4 *Bayerischer Wald – Panoramakarte*

Das Alpenvorland – von Gletschern geformt

M1 *Landschaft nördlich des Bodensees*

check-it
- Ausdehnung der Vereisung beschreiben
- glaziale Serie erläutern
- heutige Oberflächenformen in die glaziale Serie einordnen
- Blockbilder lesen

Das Eiszeitalter

Im Eiszeitalter herrschten in Europa in bestimmten Zeitabschnitten sehr niedrige Temperaturen. Die Niederschläge fielen ganzjährig als Schnee. Diese Zeiten nennt man **Kaltzeiten.** In den Kaltzeiten bildeten sich in den Alpen riesige Gletscher, die aus den Alpentälern heraus weit ins Alpenvorland vorstießen. Es gab aber auch Zeitabschnitte, die wärmer waren. Diese werden als **Warmzeiten** bezeichnet. In ihnen schmolzen die Gletscher ab und zogen sich in die Alpen zurück.

Findlinge

Im Alpenvorland findet man große Gesteinsblöcke, die nicht in die Landschaft passen. Sie stammen aus den Alpen. Eingefroren in die Gletscher wurden sie in den Kaltzeiten über weite Strecken transportiert. Nach dem Abschmelzen der Gletscher sind sie einfach liegen geblieben.

Gletschereis und Schmelzwasser formten die Oberfläche

Die heutigen Alpengletscher sind Überreste der Gletscher aus dem Eiszeitalter. Die Gletscher entstehen auch heute noch durch Schnee, der sich ganzjährig oberhalb der Schneegrenze sammelt. Dieser wird zu Eis zusammengepresst. Durch das große Gewicht des Gletschers werden die Eismassen formbar und fließen ganz langsam in Richtung Tal. Durch seine Bewegung transportiert der Gletscher riesige Mengen an Gesteinsschutt. Diesen lagert er, ähnlich wie ein Förderband oder eine Planierraupe, am Ende der Gletscherzunge ab. Dort entstehen hohe Wälle, die Endmoränen, die bis zu hundert Meter aus der Umgebung aufragen. Sie sind häufig bewaldet und deshalb nicht immer leicht zu erkennen. Die Unterseite eines Gletschers besteht nicht nur aus Eis, sondern auch aus darin eingefrorenen Gesteinsbrocken. Diese wirken wie ein Hobel, durch den der Un-

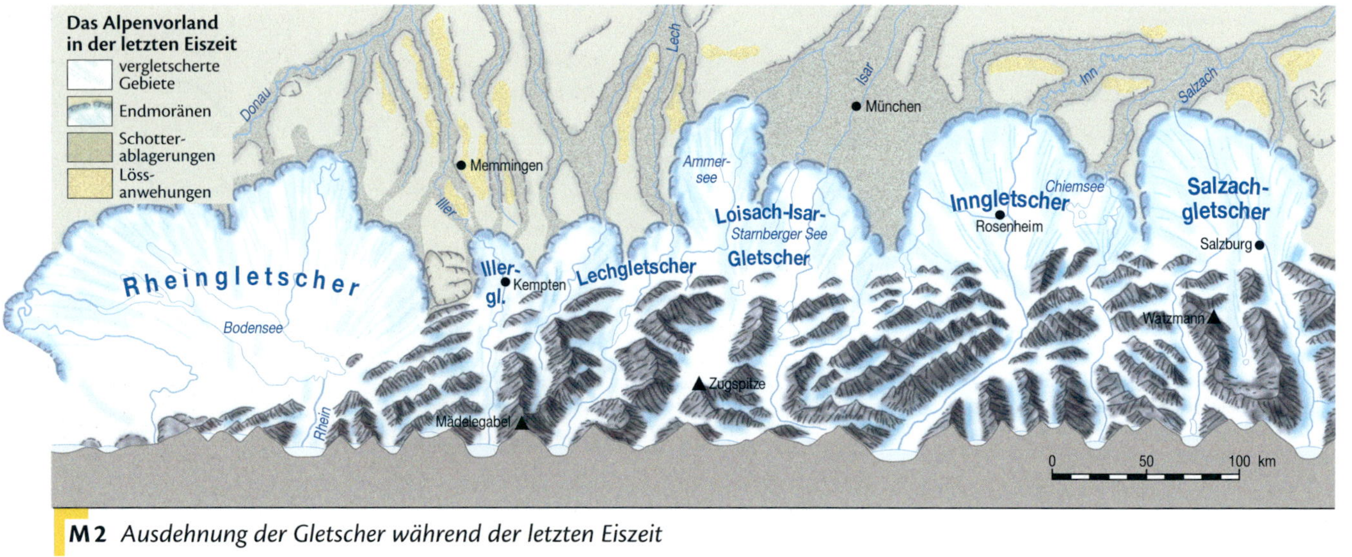

M2 *Ausdehnung der Gletscher während der letzten Eiszeit*

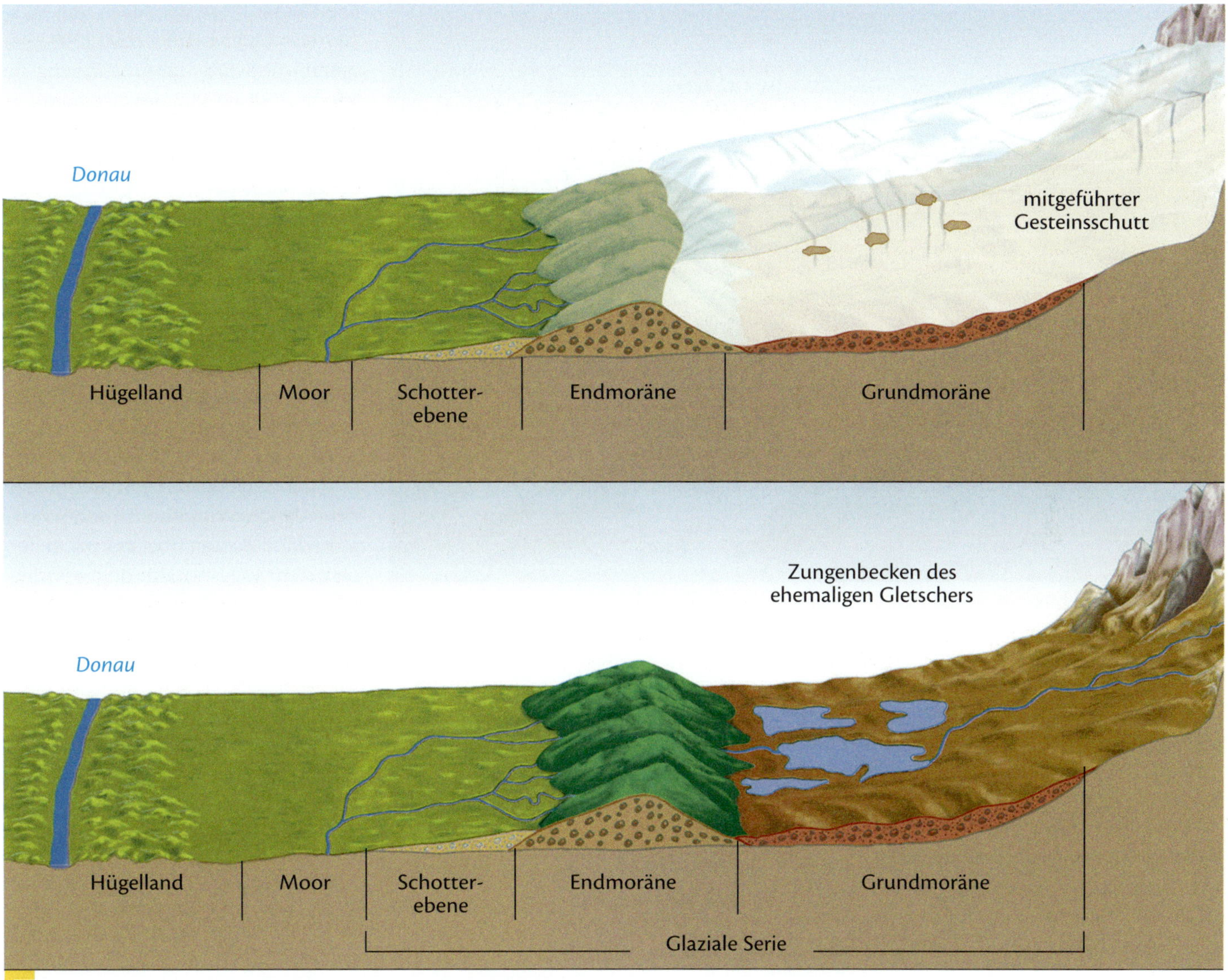

M 3 *Das Alpenvorland während der Eiszeit und die Formen im Alpenvorland nach der Eiszeit*

tergrund abgeschürft wird. Nach dem Abschmelzen des Gletschers bleibt die hügelige **Grundmoräne** zurück. Die Gletscherzungen hinterließen am Grund auch Mulden. Diese füllten sich mit Wasser. Daraus entstanden Seen, die als Zungenbeckenseen bezeichnet werden. Einen Teil dieser Zungenbeckenseen gibt es heute noch, wie zum Beispiel den Bodensee oder den Chiemsee. Andere sind verlandet. Grundmoränen, Zungenbecken und Endmoränen sind typisch für Landschaften, die durch Gletscher geformt wurden.

1 Beschreibe die Ausdehnung der Vereisung im Alpenvorland während der letzten Kaltzeit (**M 2**, Karte S. 174).

2 Erläutere die Formen der glazialen Serie (**M 3**).

3 Beschreibe die Landschaft nördlich des Bodensees und ordne sie in die Blockbilder ein (**M 1**, **M 3**).

4 Erkläre mithilfe eines Fließdiagramms, wie der Bodensee entstanden ist (**M 1** bis **M 3**, 🔑).

5 Informiere dich über Findlinge in Bayern und stelle deine Ergebnisse der Klasse vor (**M 4**, 🔑).

M 4 *Findling im Alpenvorland*

Die Alpen – ein Hochgebirge

M 1 *Der Montblanc – höchster Berg der Alpen*

check-it
- geographische Lage der Alpen beschreiben
- Merkmale und Oberflächenformen eines Hochgebirges benennen
- Höhenstufen der Pflanzenwelt beschreiben
- Nutzung durch Bergbauern erklären
- Lernplakat gestalten

Das Hochgebirge

Im **Hochgebirge** sind die Höhenunterschiede auf engem Raum sehr groß. Deshalb prägen steile Hänge und tiefe Schluchten, scharfe Grate und senkrechte Felswände das Landschaftsbild. Die Berge erreichen eine Höhe von über 1500 Metern.

Die Gesamtlänge der Alpen von Westen nach Osten beträgt etwa 1200 Kilometer, die Nord-Süd-Ausdehnung im Westen 150 bis 200 Kilometer, im Osten bis 300 Kilometer. Der höchste Berg der Alpen ist der Montblanc (4810 m) in den Westalpen. In den Ostalpen werden solche Höhen nicht erreicht.

Höhenstufen der Pflanzenwelt

Mit der Höhe nimmt die Temperatur im Gebirge ab. Deshalb werden, je höher man kommt, die Monate, in denen Pflanzen wachsen können, immer weniger. In den höchsten Lagen können nur noch besonders widerstandsfähige Pflanzen überleben, denn sie müssen neben langen Wintern auch hohe Windgeschwindigkeiten überstehen. Außerdem steht ihnen nur eine dünne Bodenschicht zur Verfügung. Die Pflanzen benötigen daher eine besonders lange Zeit, um wieder nachzuwachsen. Viele Alpenpflanzen stehen deshalb unter Naturschutz.

Nutzung durch Bergbauern

Da Ackerbau in den Alpen nur im Tal möglich ist, werden die höheren Gebie-

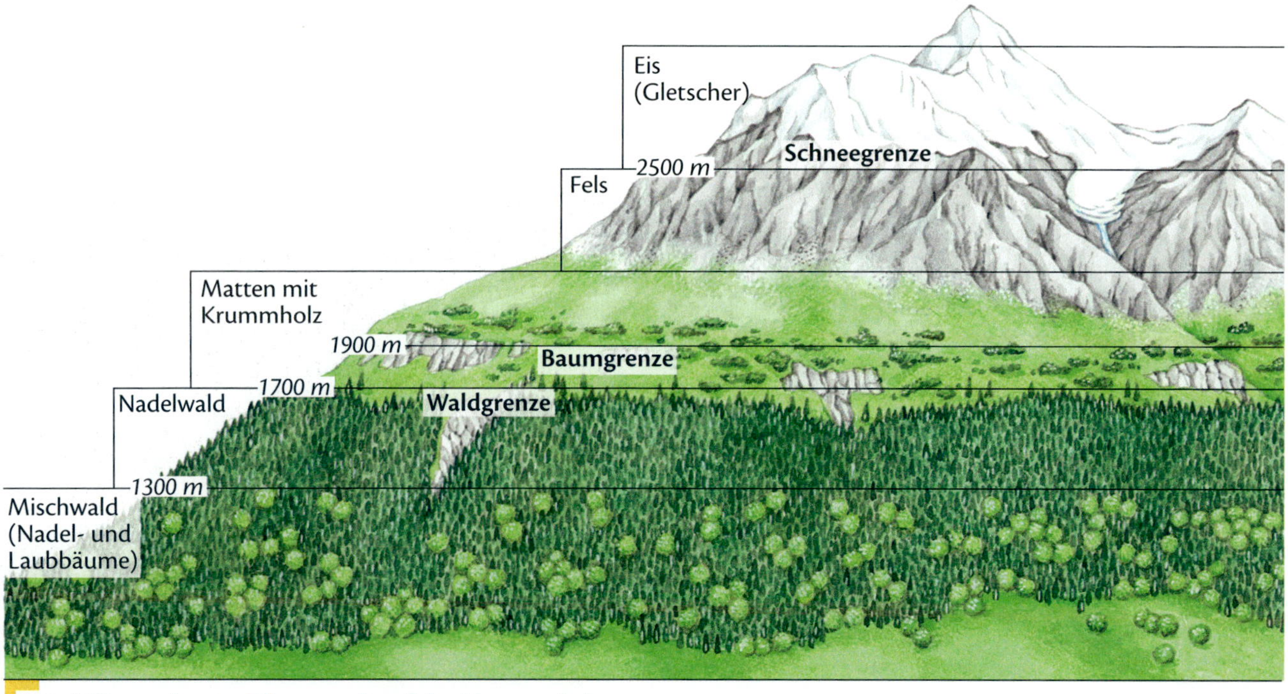

M 2 *Höhenstufen der Pflanzenwelt auf der Alpennordseite*

Mitte Oktober – Anfang Juni
Auf dem Talhof: Versorgen des Viehs in den Ställen (füttern, melken, Stall säubern).
Arbeiten im Wald (Holz fällen u.a.). Im Frühjahr Ausbringen von Dünger, Reparaturarbeiten auf den Almen.

Anfang Juni – Mitte Juli
Im Tal: 1. Heuernte.
Auf der Voralm: Weiden des Milchviehs und des Jungviehs, Melken des Milchviehs.
Heuernte. Milchtransport zum Talhof.

Mitte Juli – Mitte September
Im Tal: 2. Heuernte.
Auf der Voralm: Weiden und Melken des Milchviehs, Verarbeitung der Milch zu Käse.
Auf der Hochalm: Weiden des Jungviehs.

Mitte September – Mitte Oktober
Zurücktreiben des Jungviehs von der Hochalm zur Voralm, anschließend Zurücktreiben des gesamten Viehs zum Talhof (Almabtrieb).

M 3 *Das Arbeitsjahr eines Bergbauern*

te in den Sommermonaten als Weiden für das Vieh genutzt.
Auf den meisten **Almen** werden Kälber aufgezogen oder die Bergbauern betreiben Milchwirtschaft.
Milchalmen bestehen aus einem Almgebäude und dem Stall für das Melken der Kühe. Außerdem gibt es eine Milchkammer mit einer Einrichtung zur Milchkühlung.
Almen, die so weit abgelegen sind, dass die Frischmilch nicht täglich zur Molkerei transportiert werden kann, haben sich auf die Herstellung von Käse spezialisiert. Die Milch wird dort zu Hartkäse verarbeitet, der lange reift und gelagert werden kann.
Bergbauernhöfe sind nicht sehr groß. Das Gras auf den Almen wächst nur wenige Monate im Jahr und ernährt deshalb keine großen Herden. Die Bergbauern haben meist acht bis zehn Milchkühe und einige Kälber. Das bringt nicht sehr viel ein, sodass immer mehr Bergbauern ihre Höfe aufgeben oder sich ein zusätzliches Einkommen suchen. Dieses finden sie zum Beispiel im Tourismus. Viele Almen sind heute bewirtschaftet und bieten Wanderern einfache Speisen und Getränke sowie teilweise auch Übernachtungsmöglichkeiten an.

1 Beschreibe die geographische Lage der Alpen und benenne die Staaten, die Anteil an den Alpen haben (Karten S. 178/179).
2 Der höchste Berg der Alpen ist der Montblanc. Formuliere eine entsprechende Aussage für die deutschen Alpen. Beschreibe die geographische Lage beider Berge (**M 1**, Karten S. 174 oben und S. 178/179).
3 Benenne die Merkmale eines Hochgebirges (**M 1**, **M 2** und **M 4**).
4 Wandere in Gedanken vom Tal zum Gipfel. Beschreibe die Höhenstufen der Pflanzendecke, die du durchquerst (**M 2**).
5 Erläutere, auf welcher Höhenstufe sich die Almen befinden (**M 2** bis **M 4**).
6 Gestalte ein Lernplakat, auf dem du das Arbeitsjahr eines Bergbauern darstellst. Beachte dabei auch, wann sich der Bauer und sein Vieh auf welcher Höhenstufe der Pflanzenwelt aufhalten (**M 2** bis **M 4**, ***Lernplakate erstellen***).

M 4 *Bergbauernhof in der Schweiz*

Wir zeichnen eine Kartenskizze

M 1 *Das brauchst du für eine Kartenskizze*

check-it
- Merkmale einer Kartenskizze nennen
- Kartenskizze des eigenen Bundeslandes mithilfe einer Vorlage zeichnen

Die Kartenskizze

Eine Karte enthält eine große Vielzahl von Orten, Flüssen, Seen, Meeren, Landschaften und Verkehrswegen. Oft sind aber nur einige ausgewählte Informationen über die Lage wichtiger Städte, Flüsse und Landschaften notwendig.

Es ist deshalb sinnvoll, selbst eine **Kartenskizze** zu zeichnen, die diese Informationen übersichtlich darstellt. Du wirst sehen, dass diese Kartenskizze dir hilft, das Wichtigste im Gedächtnis zu verankern.

Eine Kartenskizze ist also eine Zeichnung, in der du mit wenigen Strichen und Farben die wichtigsten Dinge eines Raumes darstellen kannst.

M 2 *Eine Kartenskizze zeichnen*

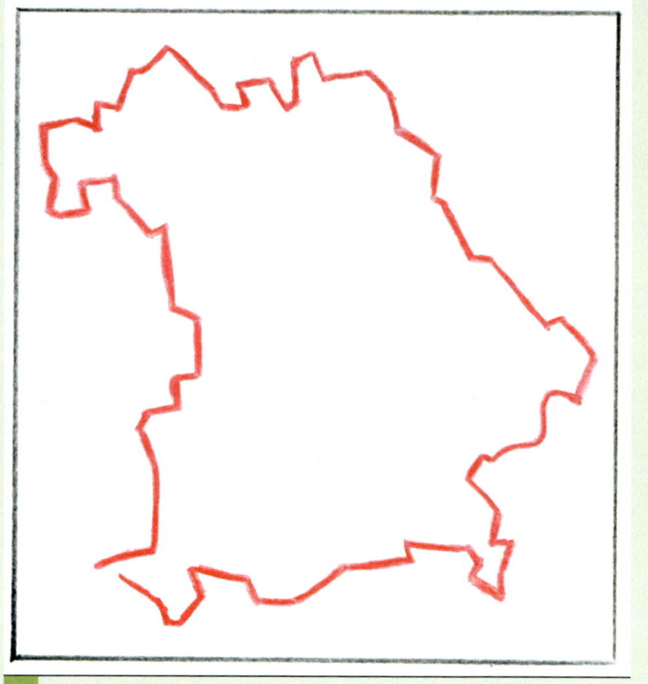

M 3

Checkliste zum Zeichnen einer Kartenskizze

1. Schritt: Wähle als Grundlage für die Kartenskizze eine geeignete Karte aus.

2. Schritt: Lege ein Transparentpapier auf die Karte, das du mit Büroklammern befestigst, oder zeichne die Skizze freihändig. Arbeite mit Bleistift und Buntstiften.

3. Schritt: Zeichne zunächst einen Rahmen für die Kartenskizze. Beachte dabei die Größe der Skizze.

4. Schritt: Zeichne nun der Reihe nach die Objekte in die Kartenskizze ein, die wichtig sind. Achte auf einfache und klare Linien und Flächen, schreibe und zeichne sauber.

5. Schritt: Beginne mit einfachen Elementen der Kartenskizze und vervollständige deine Skizze schrittweise:
- Verlauf der Grenzen (**M 3**)
- Verlauf wichtiger Flüsse (**M 4**)
- Lage wichtiger Landschaften (**M 4**)
- Lage großer Städte (**M 4**)

6. Schritt: Beschrifte die eingetragenen Objekte in der Kartenskizze und gib der Karte eine Überschrift (**M 5**).

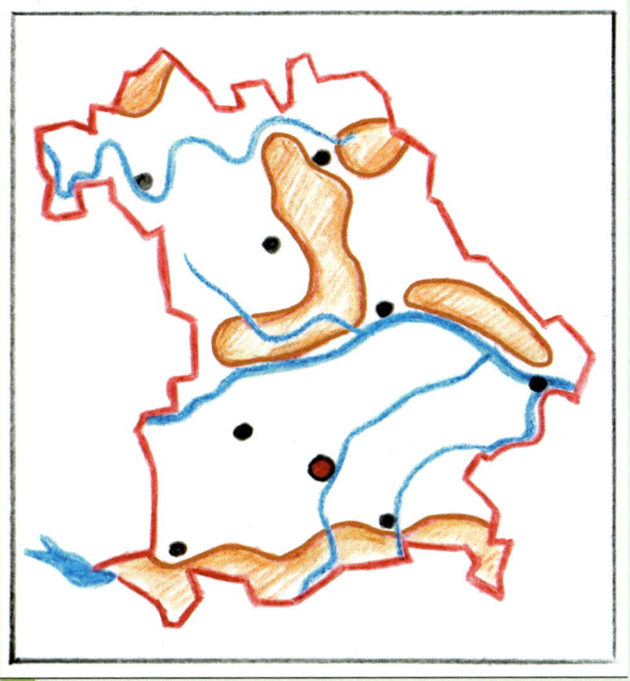

M4

M5

Tipp: Einprägen einer Kartenskizze

Versuche, dir die Lagemerkmale von Städten, Flüssen und Landschaften zu merken. Zum Beispiel: Die Alpen begrenzen Bayern im Süden. Dort, wo der Inn die Alpen verlässt, liegt Rosenheim. München liegt in der Mitte zwischen Donau und Alpen. Regensburg liegt an der Donau zwischen Fränkischer Alb und Bayerischem Wald.

Tipp: Zeichnen einer Kartenskizze für die Tafel oder für ein Plakat

Lege eine Overheadfolie auf die Atlaskarte. Zeichne die gewünschte Kartenskizze mit einem Folienstift. Projiziere nun die Folie auf die Wandtafel oder einen angehefteten großen Papierbogen. Mit Kreide oder Stiften kannst du nun die Objekte nachzeichnen. Auf diese Weise erhältst du eine vergrößerte Kartenskizze.

M6 *Kartenskizze für ein Wandplakat*

1 Präge dir die Kartenskizze von Bayern (**M5**) ein. Schließe dann das Schulbuch und zeichne eine Kartenskizze zu Bayern ohne Vorlage aus dem Gedächtnis. Vergleiche deine Kartenskizze mit der Kartenskizze im Schulbuch und berichtige deine Skizze.

2 Fertige eine Kartenskizze zu einem Thema deiner Wahl an. Zum Beispiel zu den Themen: „Zwischen Spessart und Bayerischer Wald“, „Mein Landkreis“.

3 Du kannst auch eine Kartenskizze zu Deutschland zeichnen, in die du im Laufe des Schuljahres Namen von wichtigen Städten, Landschaften, Gewässern u. a. einträgst. Die Kartenskizze und dein Wissen wachsen dann gleichzeitig.

Unser Lebensraum muss geschützt werden

M 1 *Früher Felder und Wiesen – heute Flughafen München*

check-it
- Gründe für den Flächenverlust nennen
- Folgen des Flächenverbrauchs beschreiben
- Unterschiede zwischen Schutzgebieten erläutern
- Notwendigkeit des Schutzes unseres Lebensraums diskutieren

Landwirte gestalten unsere Umwelt

Die Landwirte pflügen und bestellen Felder, mähen Wiesen und bewirtschaften den Wald. Oft wurden die Felder zusammengelegt und damit vergrößert, denn große Flächen sind günstiger zu bearbeiten. Statt vieler unterschiedlicher Nutzpflanzen werden oft wenige neue Züchtungen angebaut, die schneller wachsen und höhere Ernteerträge bringen. So gestalten die Landwirte durch ihre Arbeit seit Jahrhunderten unsere natürliche Umwelt und verändern sie. Die Tier- und Pflanzenwelt hat sich zum Teil an die veränderten Bedingungen angepasst. Es gibt aber auch viele Pflanzen und Tiere, die durch die intensive Nutzung bedroht sind.

Siedlungen und Verkehrswege verbrauchen Fläche

Dort wo neue Straßen, Wohn- und Industriegebiete, Sportplätze und Einkaufszentren gebaut werden, fällt die Veränderung der natürlichen Umwelt besonders auf. Sie alle benötigen Platz und verbrauchen damit Fläche. Das Bild der Landschaft verändert sich. Lebensräume von Tieren und Pflanzen oberhalb und unterhalb der Bodenoberfläche werden zerstört. Auch die Entsorgung von Müll und Abwasser bleibt nicht ohne Auswirkungen auf die Natur. Unsere natürliche Umwelt

Flächenveränderungen in Hektar, Deutschland 1992–2012

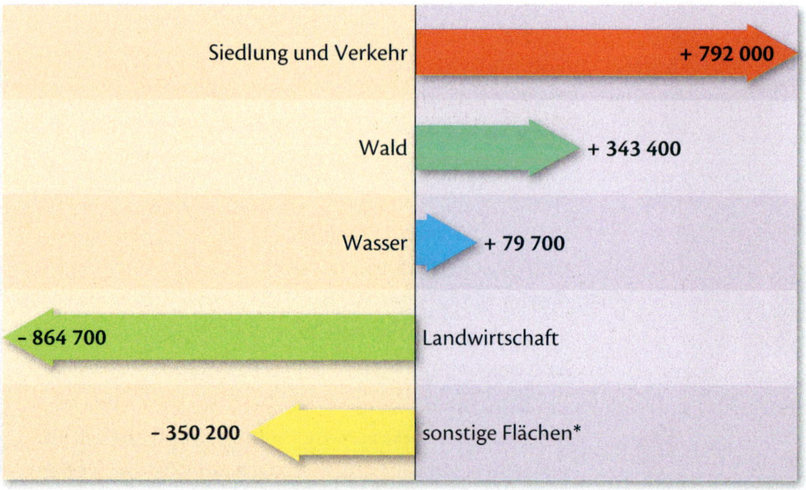

*Truppenübungsplätze, rekultivierte Flächen, Umland etc. *(nach: Situationsbericht 2014/2015, Seite 38)*

M 2 *Flächenverluste der Landwirtschaft*

kann sich nicht allein schützen und von Schäden oft nicht selbst erholen. Deshalb sind Maßnahmen zum Schutz unseres Lebensraumes notwendig.

Landschaften unter Schutz

Damit der Lebensraum für eine Vielzahl von Pflanzen und Tieren erhalten werden kann, muss die Landschaft naturverträglich genutzt und bewirtschaftet werden. Dazu leisten zum Beispiel die ökologische Landwirtschaft, aber auch verschiedene Formen naturgerechter Forst- und Fischereiwirtschaft sowie der Erhalt traditioneller Nutzungsformen wie Streuobstanbau oder Weideschafhaltung einen Beitrag. Darüber hinaus gibt es überall in Deutschland Landschaften, in denen besondere Arten und Lebensräume anzutreffen sind. Diese sollen auch für zukünftige Generationen erhalten werden. Deshalb gibt es in Deutschland eine Vielzahl von **Schutzgebieten**. In diesen sollen neben der Pflanzen- und Tierwelt zum Beispiel auch der Boden, das Grund- und Oberflächenwasser, das Klima oder das Landschaftsbild geschützt werden. Auch Landschaften, die eine besondere Bedeutung für die Erholung haben, können als Schutzgebiet ausgewiesen werden.

M 4 *Naturpark Augsburg – Westliche Wälder*

1 Nenne Gründe, wodurch der Landwirtschaft immer mehr Flächen verloren gehen (**M 1, M 2**).

2 Beschreibe, wie sich der Flächenverbrauch durch Siedlungen, Verkehrswege oder Industriebetriebe auf die Landschaft auswirkt (**M 1, M 2**).

3 Erläutere, welche Maßnahmen des Landschaftsschutzes es gibt (**M 3, M 4**).

4 Vergleiche die Schutzgebiete und benenne jeweils zwei Beispiele in Bayern und Deutschland (**M 3, M 4**).

5 Diskutiert in der Klasse die Notwendigkeit des Schutzes unseres Lebensraums und sammelt Beispiele, wie dies geschehen könnte (**M 1 bis M 4**,).

M 3 *Überblick über ausgewählte Schutzgebiete*

Schutz der Natur im Nationalpark Bayerischer Wald

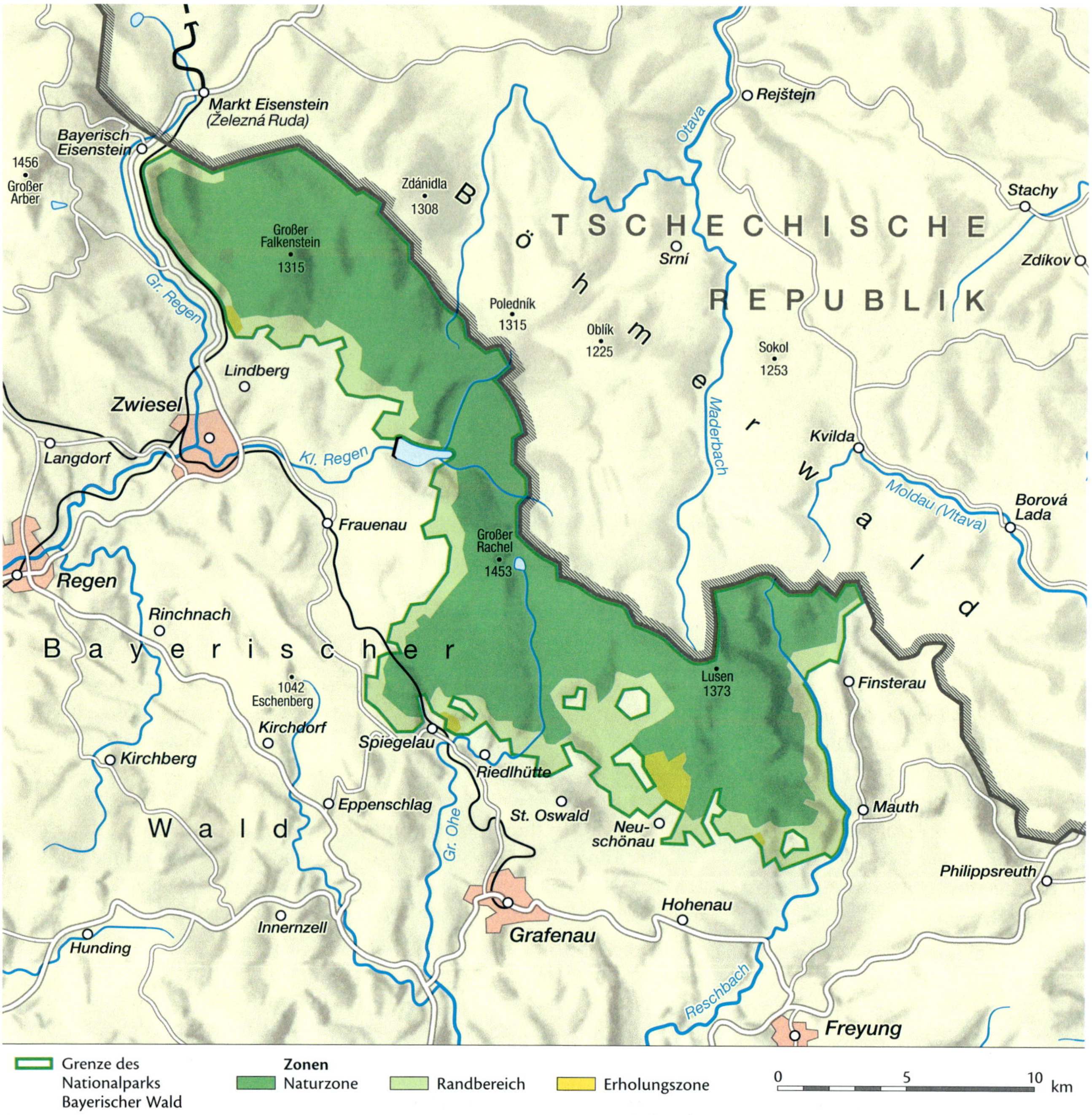

M 1 *Nationalpark Bayerischer Wald*

check-it
- geographische Lage des Nationalparks beschreiben
- Ziele und Aufgaben des Nationalparks benennen
- eine Präsentation erstellen
- touristische Aktivitäten beurteilen

Ältester deutscher Nationalpark

Der Nationalpark Bayerischer Wald wurde am 7. Oktober 1970 als erster Nationalpark Deutschlands gegründet. Seit der Erweiterung 1997 umfasst die Parkfläche 243 Quadratkilometer. Der Nationalpark Bayerischer Wald und der angrenzende tschechische Nationalpark Sumava bilden zusammen das größte Schutzgebiet für Wald in Europa.

Ziele und Aufgaben des Nationalparks

„Natur Natur sein lassen" lautet das oberste Ziel eines Nationalparks. Nirgendwo in Europa können sich die Wälder mit ihren Mooren, Bergbächen und Seen auf einer so großen Fläche unter solch strengen Schutzbedingungen wieder zu echten Naturwäldern entwickeln wie im Nationalpark Bayerischer Wald. Der Mensch greift dabei

M 2 *Baumturm im Nationalparkzentrum Lusen*

M 4 *Wandergruppe am Lusen*

nur wenig oder gar nicht ein. Der Schutz der Natur und deren Erhaltung für künftige Generationen stehen im Vordergrund. Eine weitere Aufgabe des Nationalparks ist die Information der Besucher über die Ziele und Maßnahmen des Umwelt- und Naturschutzes. Deshalb gibt es Nationalparkzentren mit interessanten Ausstellungen, geführten Wanderungen und andere Angebote.

Tourismus und Umweltbildung

Fast eine Million Besucher pro Jahr kommen in den Nationalpark Bayerischer Wald. Allerdings können nur kleine Teile des Nationalparks mit strengen Vorschriften touristisch genutzt werden. Parkplätze befinden sich am Rand des Nationalparks in der Erholungszone. Zwischen den Parkplätzen sowie den Hauptwanderwegen am Rachel und Lusen verkehren Busse, um den Nationalpark möglichst autofrei zu halten. Anlaufpunkte für die Besucher sind das Besucherzentrum mit dem Hans-Eisenmann-Haus sowie das dortige Tier- und Pflanzen-Freigelände und das „Haus zur Wildnis" in Ludwigsthal. Auch das Jugendwaldheim bei Schönbrunn, das Wildniscamp am Falkenstein und das Waldspielgelände bei Spiegelau wollen Interesse für den Naturschutz wecken und zum Handeln anregen. Eine der größten Attraktionen sind der Baumturm und der Baumwipfelpfad bei Neuschönau. Dort können die Besucher viel Wissenswertes über den Nationalpark und seine Pflanzen- und Tierwelt erfahren.

Das Einhalten dieser Regeln bietet den besten Schutz für die Natur nach dem Motto „Natur Natur sein lassen". Nur so könnt ihr in weiten Teilen des Nationalparks unberührte Natur erleben, euch erholen oder zusätzlich noch etwas dazulernen.

M 3 *Gebote und Verbote in einem Nationalpark*

1 Beschreibe die geographische Lage des Nationalparks (**M 1**, Karte S. 174).
2 Benenne die Aufgaben und Ziele eines Nationalparks (**M 3**, **M 4**, 🔑).
3 In einem Nationalpark gelten Ge- und Verbote. Benenne diese (**M 3**).
4 Erstelle eine Mindmap zu touristischen Angeboten im Nationalpark Bayerischer Wald (**M 2** bis **M 4**, 🔑).
5 Beurteile, ob die touristischen Angebote mit den Zielen und Aufgaben der Nationalparks übereinstimmen (**M 1** bis **M 4**).

Geo-Check: Bayern und Deutschland kennenlernen

Sich orientieren

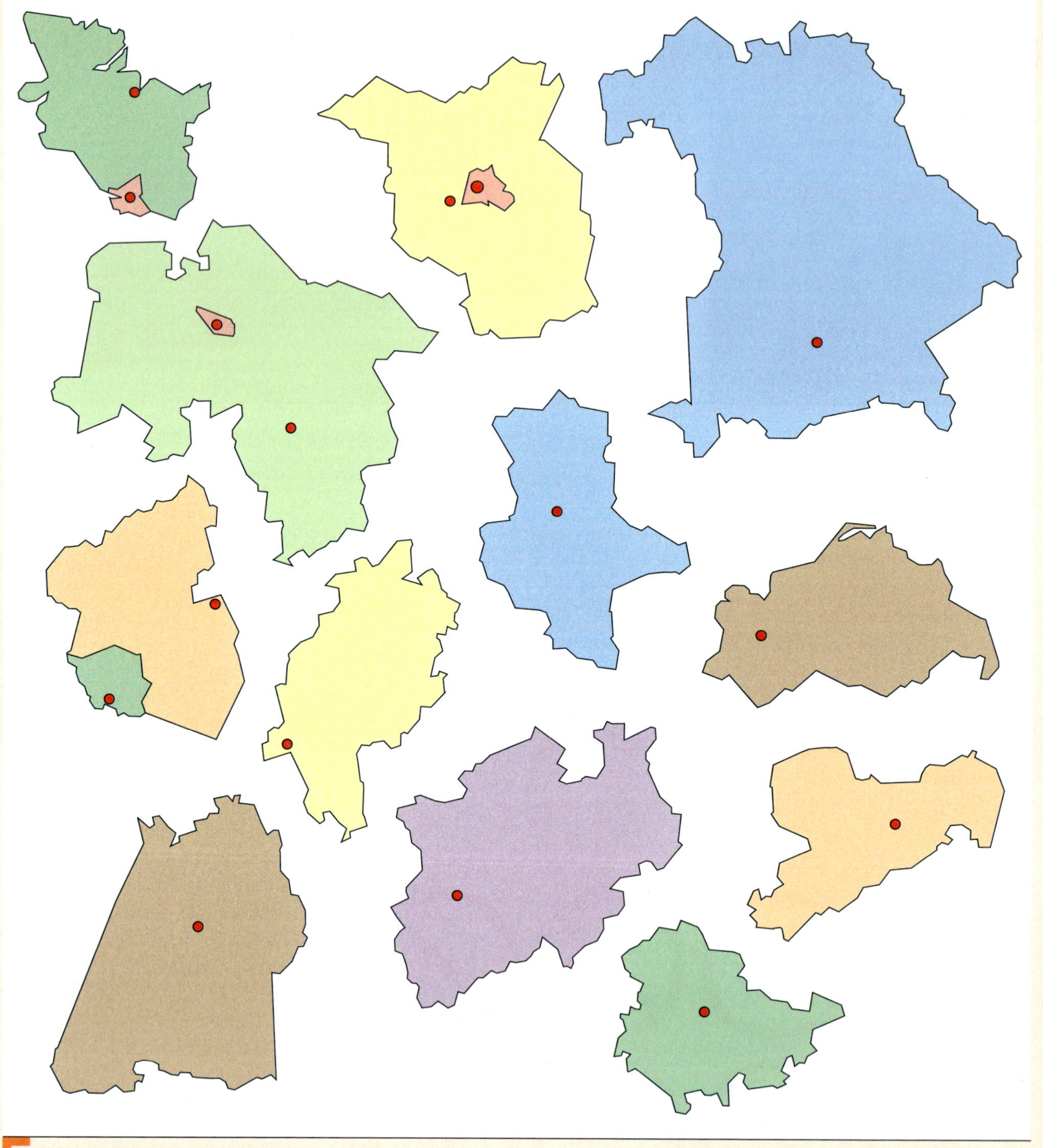

M 1 *Bundesländer-Puzzle Deutschland*

1 Zeichne die Umrisse der Bundesländer (**M 1**) ab und schneide dann die Teile aus.
2 Male die Bundesländer mit unterschiedlichen Farben aus. Kontrolliere, ob du auch alle Bundesländer gefunden hast. Wie viele müssten es sein?
3 Beschrifte die Hauptstädte der Bundesländer.
4 Setze die Teile zu einer Deutschlandkarte zusammen.
5 Lege eine Tabelle an, in die du die Bundesländer und ihre jeweilige Landeshauptstadt einträgst.
6 Nenne das flächenmäßig größte Bundesland.
7 Bayern grenzt an vier Bundesländer und zwei europäische Staaten. Beweise diese Aussage, indem du sie aufzählst.

Stadtplan von Augsburg

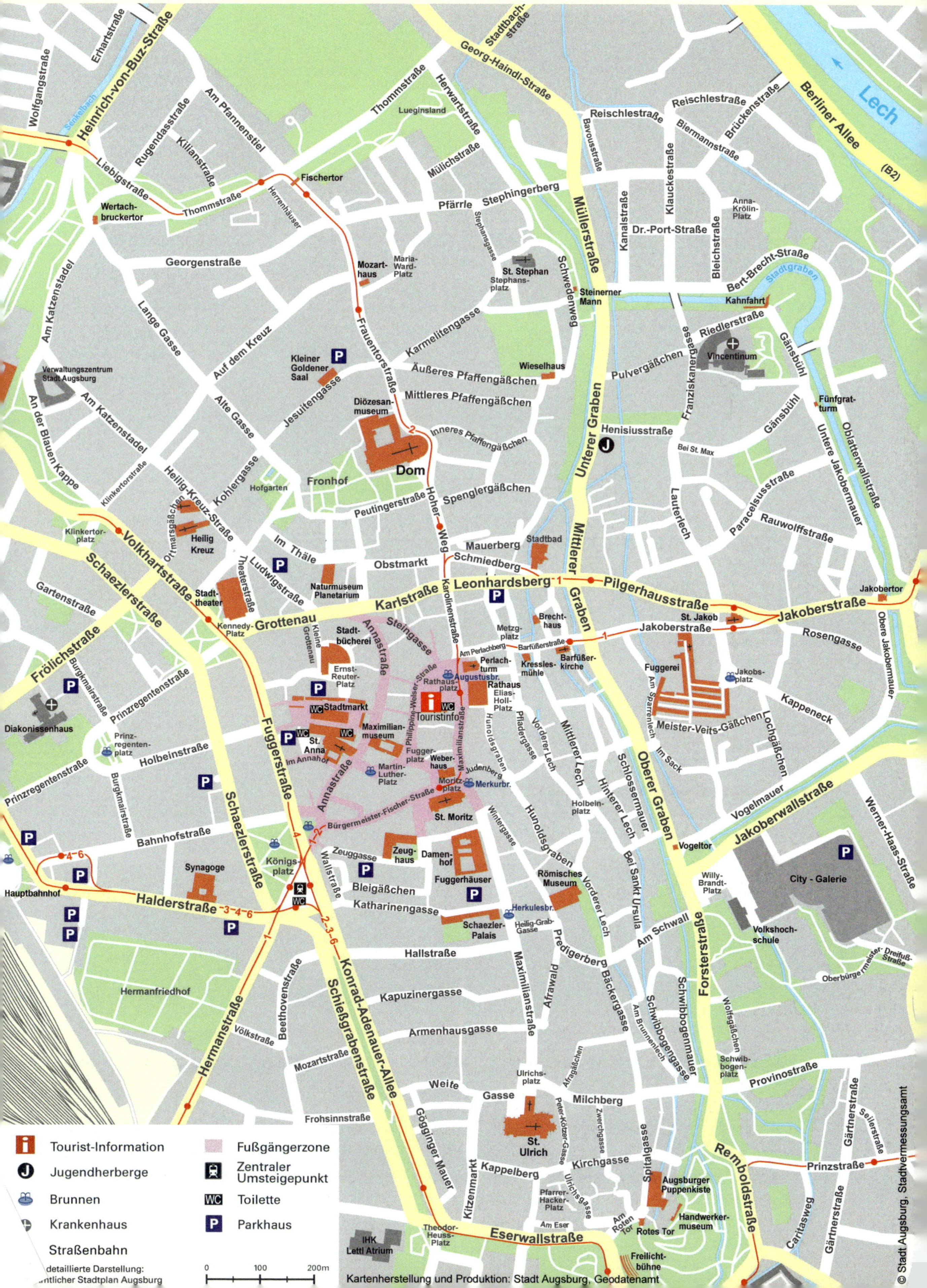

Können und anwenden

M 4 *Bodennutzung Thüringen*

14 Wähle aus der Karte ein Gebiet aus, zum Beispiel das Thüringer Becken bei Erfurt, den Frankenwald, das Gebiet um Naumburg an der Unstrut (**M 4**).

15 Ermittle für das ausgewählte Gebiet die Aussagen der thematischen Karte. Beachte dabei die Checkliste auf S. 102.

Sich verständigen, beurteilen und handeln

16 Beschreibe die Bilder und überprüfe, welche Aufgabe eines Nationalparks dargestellt ist (**M 5**).

17 Stelle Verhaltensregeln zusammen, wie sie in allen Nationalparks gültig sind.

M 5 *Bilder aus dem Nationalpark Bayerischer Wald*

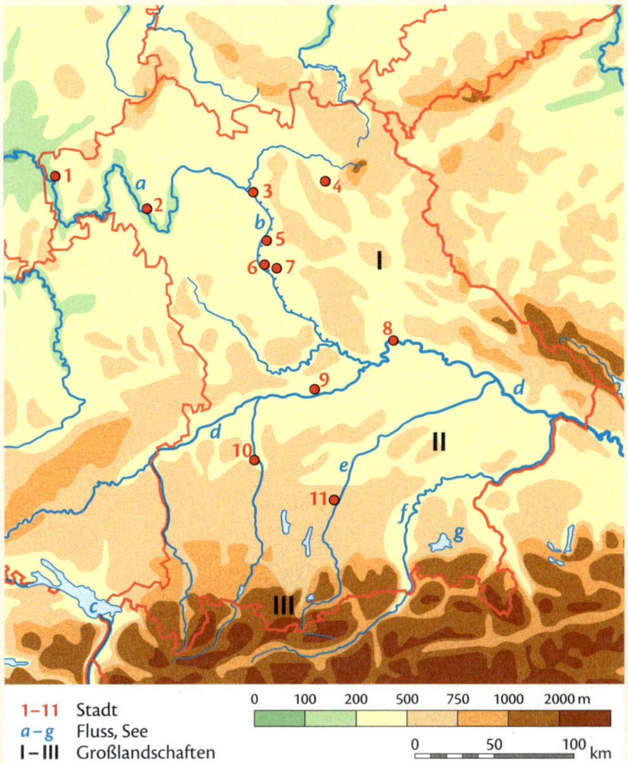

M2 *Stumme Karte Bayern*

8 Benenne – möglichst ohne den Atlas zu benutzen – die Großlandschaften, Flüsse und Seen sowie die Städte in Bayern. Lege dazu eine Tabelle an (**M 2**).

9 Ordne Bayern in die Großlandschaften Deutschlands ein und benenne die Großlandschaften, in denen Bayern liegt.

10 Beschreibe den Verlauf der Donau und des Mains in Deutschland.

11 Fertige eine Kartenskizze zum Thema „Landschaften nördlich der Donau" an. Trage die Landschaften, die Donau, den Main, die Altmühl, die Naab und fünf große Städte ein. Benenne diese in der Karte ebenso wie angrenzende Staaten und Bundesländer (S. 126/127).

M3 *Geo-Begriffestapel*

Wissen und verstehen

12 Ordne jedem dieser Begriffe mindestens zwei Merkmale zu (**M 2**).

13 Sortiere die unten stehenden Aussagen in richtige und falsche Aussagen. Verbessere die falschen Aussagen und schreibe sie richtig auf.

WEBCODE: UE018952-133

Richtig oder falsch?

- Die Hauptaufgabe eines Nationalparks heißt: Natur Natur sein lassen.
- Bayern ist das flächenmäßig größte Bundesland der Bundesrepublik Deutschland.
- Mit der Höhe nimmt die Temperatur zu, deshalb wachsen in der Höhe weniger Pflanzen.
- Findlinge im Alpenvorland sind Gesteinsbrocken, die aus den Alpen stammen.
- München ist eine Millionenstadt.
- Abgerundete Berge, Hochflächen und Täler sind Oberflächenformen eines Hochgebirges.
- Landwirte gestalten durch ihre Arbeit unsere Umwelt um, Siedlungen und Verkehrswege verbrauchen kaum Flächen.
- Mittelgebirge wie der Bayerische Wald sind meist waldreich.
- Die meisten Deutschen leben in Städten.
- Die bayerische Landeshauptstadt München ist Sitz der Bundesregierung und ein wichtiges Wirtschaftszentrum Bayerns.
- Das Norddeutsche Tiefland ist eine Großlandschaft in Deutschland.
- In Deutschland gibt es nur dicht besiedelte Gebiete.

6 Den Nahraum erforschen

Schüler erkunden ihren Schulort, der für einige auch der Wohnort ist.
Was lässt sich in einer Stadt erkunden? Warum sind die Schüler auf einen Aussichtspunkt gestiegen? Warum haben sie die Bretter mitgenommen?

In diesem Kapitel lernst du
- dich auf Verkehrsnetzplänen zu orientieren,
- Merkmale einer Stadt zu nennen,
- Unterschiedliche Stadtviertel zu beschreiben,
- die Merkmale einer mittelalterlichen Stadt zu nennen,
- die Verflechtung von Stadt und Umland zu erläutern,
- Stadtpläne zu lesen,
- eine Stadterkundung zu planen, durchzuführen und die Ergebnisse darzustellen,
- eine Präsentation zu erstellen,
- ein Wandplakat zu gestalten.

Dazu nutzt du
- Karten,
- Stadtpläne,
- Verkehrsnetzpläne,
- Bilder,
- Grafiken.

Schüler in Burghausen Oberbayern

Wir lesen einen Stadtplan

M 1 *Stadtplan von München (Ausschnitt)*

check-it
- Merkmale eines Stadtplanes benennen
- auf dem Stadtplan orientieren
- Schrittfolge für die Arbeit mit einem Stadtplan kennen und anwenden

Orientieren in einer Stadt

Der Stadtplan dient dazu, sich in einer Stadt zurechtzufinden und sie zu erkunden. In einem Stadtplan sind Gebäude, Straßen und Plätze von oben gesehen dargestellt und mit ihren Namen beschriftet. Die Bedeutung der Farben und Zeichen erklärt die Legende. Um sich auf einem Stadtplan gut orientiere zu können, ist er mit einem Suchgitter überzogen. Die einzelnen Teile des Gitters sind Quadrate und heißen passend zum Stadtplan Planquadrate. Die Zeilen sind durch Ziffern und die Spalten durch Buchstaben markiert. Aus den Ziffern und Buchstaben am Rand des Stadtplanes ergibt sich die Bezeichnung der Planquadrate, zum Beispiel A 1 oder B 3.

M 2 *Rathaus, Deutsches Museum, Chinesischer Turm*

Checkliste zur Arbeit mit dem Stadtplan

- **1. Schritt:** Nenne die Stadt, die im Plan abgebildet ist.
- **2. Schritt:** Informiere dich in der Legende über die Farben, Symbole und den Maßstab des Planes.
- **3. Schritt:** Überprüfe, ob ein Pfeil für die Nordrichtung eingetragen ist. Wenn nicht, kannst du davon ausgehen, dass oben auf dem Plan Norden ist.
- **4. Schritt:** Suche wichtige Gebäude, große Straßen und Plätze und gib deren Lage durch die Buchstaben und Ziffern der Planquadrate an.
- **5. Schritt:** Nutze den Stadtplan auch für die Wegbeschreibungen zwischen zwei Zielen.

1 Beschreibe den Aufbau eines Stadtplanes (**M 1**).

2 Nenne die Informationen, die du aus dem Stadtplan entnehmen kannst. Beachte auch die Legende (**M 1**).

3 Finde die Gebäude auf dem Stadtplan und gib das Planquadrat an, in dem diese liegen (**M 1, M 2**).

4 Erkläre Touristen folgende Wege: Vom Isartor zum Hauptbahnhof, von der Residenz zum Viktualienmarkt und von der Neuen Pinakothek zum Bayerischen Nationalmuseum (**M 1**).

5 Miss auf dem Stadtplan die Entfernung vom Rathaus zum Chinesischen Turm im Englischen Garten. Berechne die Entfernung in der Wirklichkeit (**M 1**).

Wir orientieren uns auf Verkehrsnetzplänen

check-it
- Verkehrsmittel, U-Bahnhöfe und Verbindungen auf dem Verkehrsnetzplan verorten
- Verkehrsnetzplan lesen
- Reiserouten planen

Was ist ein Verkehrsnetzplan?

Ein Verkehrsnetzplan ist eine thematische Karte, auf der der Verlauf und die Anbindungen öffentlicher Verkehrsmittel abgebildet sind. Weil er für diese spezielle Anwendung gemacht wurde, fallen viele Angaben weg. Mithilfe eines Verkehrsnetzplanes kannst du dir eine schnelle Orientierung in einer fremden Stadt verschaffen und Entfernungen abschätzen. Er dient vor allem aber zu Planung der Reiseroute von einem Ort zum anderen.

U- und S-Bahnpläne

Der Untergrund- und Schnell-Bahnplan einer Stadt ist häufig zusammengefasst, weil sich beide Verkehrsmittel in unmittelbarer Nähe zueinander befinden. Orte, an denen Verkehrswege unterschiedlicher Art zusammenkommen und ein Verkehrsmittelwechsel zum Beispiel von der U-Bahn in die S-Bahn möglich ist, nennt man Verkehrsknotenpunkt. Häufig wird an diesen Knotenpunkten das Verkehrsnetz durch Buslinien oder Straßenbahnen ergänzt.

Checkliste zum Lesen von Verkehrsnetzplänen

1. Schritt: Lies die Legende und ermittle die Bedeutung der Farben, der Linien und anderer Symbole. Suche den Nordpfeil; wenn dieser fehlt, ist Norden oben.

2. Schritt: Suche zentrale oder bekannte Orte, wie den Hauptbahnhof, das Rathaus oder Namen von Straßen oder Plätzen.

3. Schritt: Suche deinen momentanen Standort.

4. Schritt: Suche deinen Zielort.

5. Schritt: Lege fest, in welcher Richtung du mit welchem Verkehrsmittel fahren musst.

6. Schritt: Präge dir ein, welche Linien du nutzen und an welchen Verkehrsknotenpunkten du umsteigen musst.

M 1 *Verkehrsnetzplan von München*

M 2 *Öffentliche Verkehrsmittel in München*

Beispiel: Vom Hauptbahnhof zum Flughafen

Zum Lesen des Verkehrsnetzplans von München gehe anhand der Checkliste vor. Schritte 1 und 2 geben dir einen Überblick über das U-Bahn- und S-Bahnnetz Münchens. Suche den Hauptbahnhof, deinen momentanen Standort. Der Hauptbahnhof ist immer ein Verkehrsknotenpunkt. In München laufen nahezu alle Linien hier zusammen, er ist also leicht zu finden (Schritt 3). Im 4. Schritt sollst du nun den Flughafen finden. Er ist durch ein Symbol gekennzeichnet und liegt nordöstlich des Hauptbahnhofes. Die Hauptrichtung deiner Fahrtroute ist also Nordosten. Präge dir ein, dass du mit der Linie S1 oder S8 Richtung Flughafen München (Endstation) fahren musst. Du musst nicht umsteigen, da die S1 und die S8 direkt bis Flughafen München (Munich Airport) fahren.

1 Nenne öffentliche Verkehrsmittel Münchens und erläutere Unterschiede (**M 1**, **M 2**, Internet).

2 Suche den Bahnhof Pasing auf der Verkehrsnetzkarte (**M 1**). Notiere dir, an welchen S-Bahnen dieser liegt, und finde heraus, wie die Endstationen der jeweiligen S-Bahnlinien heißen.

3 Schreibe alle Bahnhöfe auf, an denen die U1 auf ihrer Fahrt vom Mangfallplatz zum Olympia-Einkaufszentrum anhält. Unterstreiche die Bahnhöfe, die Verkehrsknotenpunkte sind.

4 Übertrage die Tabelle in dein Heft und vervollständige die Angaben.

Startpunkt	Endpunkt	Linie	Fahrtrichtung	Anzahl der Bahnhöfe
Arabellapark	?	U4	Süd-West	13
?	Holzkirchen	S5	Süd-Ost	12
Hauptbahnhof	Aubing	?	Westen	?
Laim	?	S2	Norden	5
Ostbahnhof	Erding	?	?	?

5 Denke dir ein Ratespiel für deine Mitschüler aus. Lege hierzu einen Startpunkt fest, den du bekannt gibst, und sage an, in welche Richtung du wie viele Stationen fährst. Steige auch um! Lass die Mitschüler erraten, wohin du gefahren bist.

Eine Stadt hat viele Gesichter

check-it
- Stadtviertel auf einem Stadtplan lokalisieren
- Merkmale einer Stadt nennen
- Kennzeichen und Funktionen unterschiedlicher Stadtviertel beschreiben
- einen Stadtplan lesen

Häuser und Menschenmassen

Jeder war schon einmal in einer Stadt. Wer nicht in einer Stadt wohnt, wird dennoch häufiger die nächstgelegene Stadt besuchen. Jede Stadt bietet viel und hat ihre Besonderheiten. Es gibt aber auch einige Merkmale, die alle Städte gemeinsam haben.

Wer in eine Stadt kommt, dem fallen die nahe zusammenstehenden Gebäude, der dichte Verkehr sowie die vielen Menschen auf. In Deutschland muss eine Stadt mindestens 2000 Einwohner haben. Die Einwohnerzahl allein macht aber noch keine Stadt aus. Eine Stadt ist gekennzeichnet durch
- die Einwohnerzahl,
- die Dichte und die Höhe der Bebauung,
- die vielfältige Nutzung der Häuser und
- die Dichte der Verkehrswege.

Die Innenstadt

Besonders dicht bebaut ist der Stadtkern, das Zentrum der Stadt. Der Stadtkern wird auch als **City** bezeichnet. Hier befinden sich häufig auch die ältesten Teile der Stadt, die Altstadt. Deshalb sind die Straßen sehr schmal und werden heute oft als Fußgängerzone genutzt.

Außerhalb des Stadtkerns ist die Bebauung weniger dicht. Einfamilienhäuser mit Gartengrundstücken stehen neben Mehrfamilienhäusern.

Am Rand des Stadtkerns liegen in der Regel der Bahnhof und in seiner Nähe die **Stadtviertel** der Gewerbe- und Industrieanlagen. Rund um den Stadtkern verlaufen oft Ring- und Ausfallstraßen.

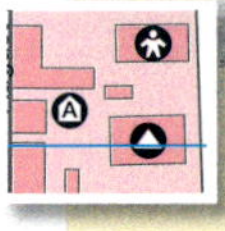

Im Zentrum findet man viele Fachgeschäfte, Kaufhäuser, Arztpraxen, Banken, Versicherungen und Gaststätten. Auch das Rathaus, Behörden und Rechtsanwälte haben hier ihre Büros. Die Hauptgeschäftsstraßen sind meistens Fußgängerzonen. Tagsüber drängen sich hier viele Menschen. Abends und nachts sind die Fußgängerzonen jedoch häufig fast menschenleer, da nur wenige Menschen im Stadtzentrum wohnen.

M 1 *Geschäfts- und Verwaltungsviertel*

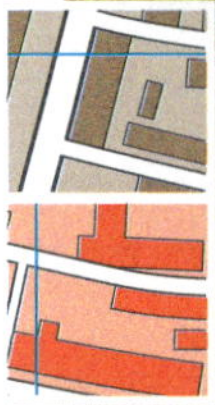

Die Wohn- und Mischviertel in der Nähe des Stadtzentrums bestehen meistens aus älteren mehrgeschossigen Wohnblöcken. In den Innenhöfen oder Untergeschossen befinden sich Handwerksbetriebe, Büros, Gaststätten oder kleine Läden. Je weiter man sich vom Stadtzentrum entfernt, desto aufgelockerter wird die Bebauung. Die Wohnhäuser haben häufig Gärten. Am Stadtrand liegen die Neubaugebiete mit Reihen- und Einfamilienhäusern.

M 2 *Wohn- und Mischviertel*

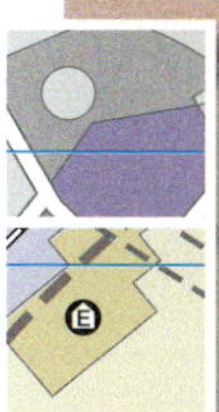

Große Industrie- und Gewerbeviertel befinden sich in der Nähe der Hauptverkehrswege. So können Rohstoffe und Waren schnell angeliefert beziehungsweise abtransportiert werden. Sie liegen häufig auch am Stadtrand. Dort ist noch ausreichend Platz und der Baugrund ist billiger als im Stadtzentrum.

M 3 *Industrie- und Gewerbeviertel*

Grün- und Erholungsflächen können Parks, Tennis-, Sport- oder Fußballplätze sowie Freibäder sein. Auch Kleingartenanlagen, Spielplätze oder Minigolfanlagen gehören dazu. Sie bieten den Stadtbewohnern die Möglichkeit, sich innerhalb der Stadt im Grünen zu erholen oder Sport zu treiben. Grün- und Erholungsgebiete gibt es überall in der Stadt.

M 4 *Grün-, Freizeit- und Erholungsflächen*

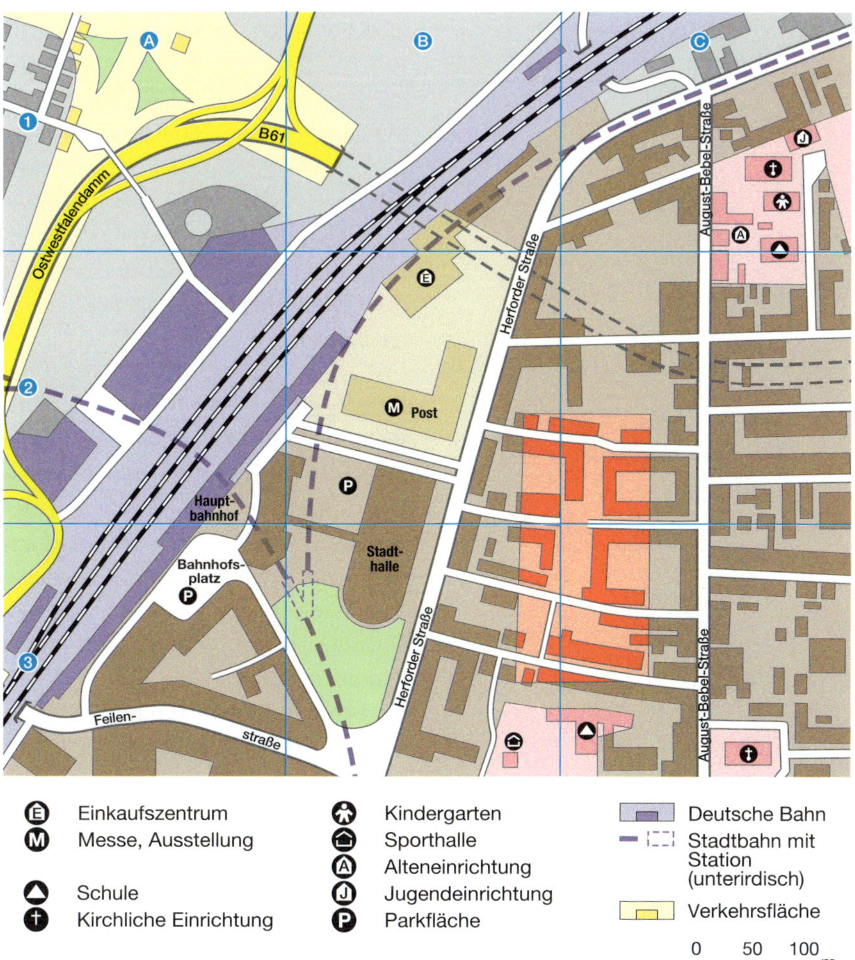

M 5 *Ausschnitt aus einem Stadtplan*

1 Nenne die Merkmale einer Stadt, die auf dem Foto S. 136/137 zu erkennen sind.

2 Suche die Stadtviertel auf dem Stadtplan und beschreibe ihre Lage (**M 1** bis **M 5**).

3 Beschreibe die vier Stadtviertel anhand der Fotos. Unterscheide dabei die Art der Bebauung und die Nutzung der Fläche (**M 1** bis **M 4**).

4 Lege eine Tabelle an und ordne die Stadtviertel den Bereichen „Wohnen", „Arbeiten" und „Freizeit" zu. Beachte, dass manche Viertel auch mehreren Bereichen zugeordnet werden können (**M 1** bis **M 5**).

5 Berichte, zu welchem Zweck du dich in der Stadt aufhältst und welche Viertel du dabei aufsuchst.

6 Miss auf dem Stadtplan die Entfernung vom Hauptbahnhof zur Jugendeinrichtung und vom Hauptbahnhof zum Einkaufszentrum (**M 5**). Wie viele Meter sind es in der Wirklichkeit?

Stadt und Umland – eng verflochten

check-it
- Stadt-Umland-Beziehungen beschreiben
- Begriff Suburbanisierung erklären
- Verflechtung von Stadt und Umland erläutern
- Ursachen und Auswirkungen der hohen Pendlerzahlen erörtern

Die Stadt – Zentrum für das Umland

Die Städte und ihr **Umland**, das Gebiet, das sie umgibt, sind auf vielfältige Weise miteinander verbunden. In den Städten gibt es viele Angebote, wie zum Beispiel spezielle Geschäfte, Krankenhäuser und Fachärzte, kulturelle Einrichtungen wie Museen, Theater oder Kinos, Banken und Versicherungen oder weiterführende Schulen und Universitäten, die nicht nur von den Stadtbewohnern genutzt werden, sondern auch von den Menschen, die im Umland der Städte wohnen. Sie nehmen dafür weite Wege in Kauf.

„BR, 07:32 Uhr. Die aktuellen Verkehrsmeldungen: A 9 zwischen Allershausen und München-Schwabing stockender Verkehr ...“
Adrians Vater schaltet das Radio ab. Er ist froh, dass er die S-Bahn benutzen kann. Die Familie wohnt in Eching. Der Vater arbeitet in München. Die S-Bahn-Fahrt nach München dauert etwa eine halbe Stunde. Vom Hauptbahnhof München läuft er zu Fuß zu seiner Arbeitsstelle.

Welche Produkte verkaufen Sie direkt in Ihrem Hofladen?
Landwirt: Bei uns gibt es frisches Gemüse, Salat und Obst. Besonders gerne werden Marmeladen und Apfelsaft gekauft. Meine Frau stellt beides aus unseren eigenen Früchten selbst her.
Wer sind denn Ihre Kunden?
Zu uns kommen Stammkunden von hier und aus München. Mittwochs und samstags haben wir dort auch einen Stand auf dem Wochenmarkt.

M 2 *Stadt und Umland ergänzen sich*

Das Umland – nicht nur Natur

Viele Menschen finden in Städten Arbeitsplätze. Deshalb steigt die Bevölkerungszahl an und Wohnungen werden knapp und teuer. Im Umland großer Städte ist meist ausreichend Platz vorhanden und Grundstückspreise sowie Mieten sind in der Regel niedriger als in der Stadt. Aus diesem Grund ziehen viele Familien dorthin ins Grüne. Am Rand der Umlandgemeinden entstanden große Neubaugebiete mit Einfamilienhäusern oder kleineren Wohnanlagen. Zunächst ziehen die Menschen aus der Stadt in die stadtnahen Umlandgemeinden. Wenn das Bevölkerungswachstum jedoch weiter anhält, dehnt sich die bebaute Fläche zwischen Stadt und Umland immer weiter aus. Auch Einkaufszentren und Industriebetriebe, die viel Platz benötigen, siedeln sich im Umland an.

Pendler

Viele Bewohner des Umlandes pendeln täglich in die Stadt, um dort zu arbeiten, zu studieren oder die Schule zu besuchen. Sie müssen oft weite Wege zurücklegen, da die Wohn- und die Arbeitsstätten der Menschen weit auseinander liegen. Wegen der vielen **Pendler** sind morgens nicht nur die Straßen, sondern auch Busse und Bahnen in die Städte total überfüllt. Abends wollen dann alle wieder nach Hause in die Umlandgemeinden. Deshalb staut sich am Abend der Verkehr aus der Stadt heraus und auch Busse und Bahnen stadtauswärts sind überfüllt. Um die Situation zu entlasten, werden neue Verkehrswege gebaut, sodass weitere Flächen bebaut werden.

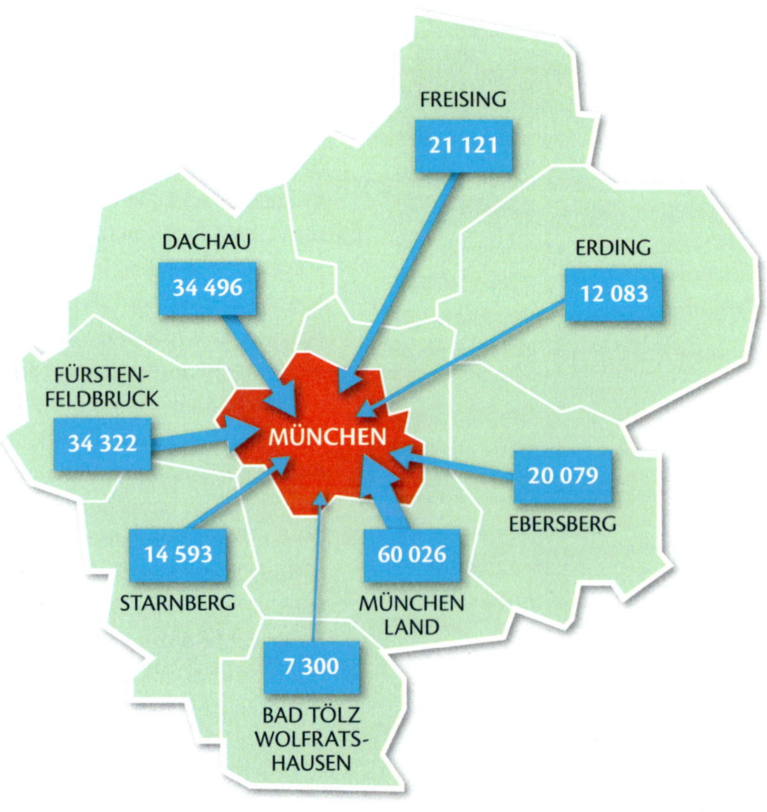

M 1 *Einpendler nach München aus dem Umland*

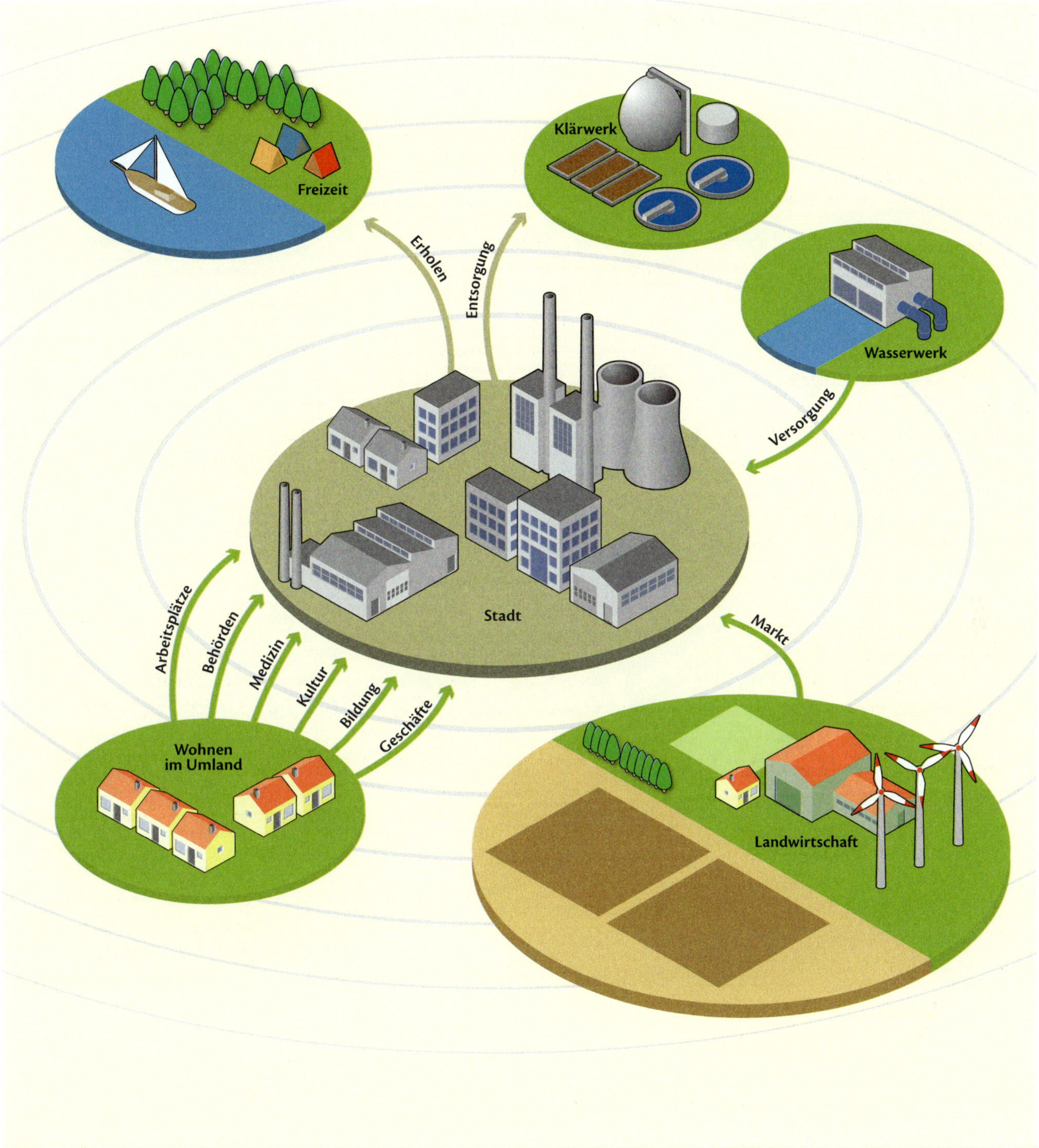

M 3 *Stadt und Umland sind eng verflochten*

1 Berichte, wenn du im Umland wohnst, wozu du in die Stadt kommst, und wenn du in der Stadt wohnst, wozu du ins Umland fährst.

2 Erstelle eine Rangliste, aus welchen Landkreisen die meisten Einpendler nach München kommen (**M 1**).

3 Erläutere, weshalb Menschen vom Umland in die Stadt pendeln (**M 3**).

4 Nenne Probleme, die auftreten können, wenn viele Menschen vom Wohnort zum Arbeitsplatz in der Stadt pendeln (**M 1**, **M 2**).

5 Stadt und Umland sind eng verbunden. Erläutere diese Aussage (**M 1** bis **M 3**).

6 Viele Schülerinnen und Schüler sind auch Pendler, denn sie fahren vom Umland in die Stadt zur Schule. Befragt sie und berichtet von ihren Erfahrungen und Erlebnissen.

Augsburg – Spuren der Stadtentwicklung

M 1 *Luftbild von Augsburg*

check-it
- geographische Lage Augsburgs beschreiben
- Sehenswürdigkeiten im Stadtplan verorten
- wichtige Merkmale der mittelalterlichen Stadt benennen
- einen Stadtplan lesen
- einen Stadtrundgang planen

Entstehung europäischer Städte

Der Ursprung unserer Städte liegt bereits lange Zeit zurück. Im Mittelalter entstanden in Europa zahlreiche Städte, die Vorgänger unserer heutigen. Ihre Standorte wurden dabei nicht willkürlich gewählt. Dort, wo sich wichtige Handelsrouten kreuzten, wo es Burgen oder Klöster gab, ließen sich immer mehr Menschen nieder. Häuser wurden gebaut und Straßen angelegt. So entstand allmählich ein engmaschiges Straßennetz.

Der Marktplatz spielte für die Menschen in der Stadt eine zentrale Rolle. Dort konnten Handwerker ihre Arbeit und Händler ihre Waren anbieten und verkaufen. Der zentrale Platz diente den Stadtbewohnern zudem als Treffpunkt, um sich über Neuigkeiten auszutauschen.

Die Burgen der mittelalterlichen Städte dienten den Stadtherren als Wohnsitz. Häufig ließen sie große Kirchen errichten.

Um die Stadt und ihre Reichtümer vor Eindringlingen zu schützen, wurde eine Stadtmauer errichtet. Sie umgab die gesamte Stadt. An den Stadttoren wurde der Einlass in die Stadt kontrolliert.

Auch wenn sich die Städte im Laufe der Zeit veränderten, so können wir noch heute Spuren des Mittelalters in bestimmten Städten entdecken.

Augsburg – eine Stadt mit langer Geschichte

Die Geschichte Augsburgs begann schon zur Zeit der Römer. Im Mittelalter wurde es zu einer bedeutsamen Handelsstadt, die sogar Könige und Kaiser besuchten. Viele Bauwerke, die wir noch heute in der Stadt sehen können, wurden bereits zu dieser Zeit erbaut.

Die Stadtmauer Augsburgs

Überreste der im Mittelalter erbauten Stadtmauer finden sich an zahlreichen Stellen Augsburgs. Der Handel nahm zu und die Stadt wurde sehr wohlhabend. Die vier Kilometer lange Stadtmauer diente früher der Abwehr von Feinden und zum Schutz der Stadtbevölkerung. Eindringlinge konnten schon von fern erkennen, dass die Stadt sich zur Wehr setzen würde. An einigen Stellen wurde die Mauer im 19. Jahrhundert eingerissen, da Augsburg stetig wuchs. Die Stadtmauer umschließt heute also nicht mehr die gesamte Stadt.

M 2 *Stadtmauer Augsburgs im Mittelalter*

M 3 *Wertachbrucker Tor um 1890*

Das Wertachbrucker Tor

Dieses Stadttor wurde als Zolltor errichtet. Menschen, die ihre Waren in der Stadt anbieten wollten, mussten hier Geld bezahlen, um dafür die Erlaubnis zu bekommen. Später wurde dieses Tor auch zur Abwehr von Angreifern genutzt. Heute hält hier das Mittelalter regelmäßig wieder Einzug. Das Wertachbrucker-Thor-Fest lädt bei mittelalterlicher Musik und Marktständen auf eine Zeitreise ein.

1 Beschreibe die geographische Lage von Augsburg (Karte S. 177).

2 Nenne wichtige Elemente einer mittelalterlichen Stadt.

3 Erläutere die Bedeutung der Stadtmauer im Mittelalter.

4 Benenne Straßen, die dem Verlauf der ehemaligen Stadtmauer folgen (**M 1**, **M 2**, Karte S. 135).

5 Suche die Sehenswürdigkeiten auf dem Stadtplan und beschreibe ihre Lage (**M 3**, **M 4**, Karte S. 135).

6 Plane einen Stadtrundgang durch Augsburg, bei dem mindestens drei Sehenswürdigkeiten besucht werden (Karte S. 135).

Der Augsburger Dom

Ein Dom ist eine besonders große und reich ausgestaltete Kirche. Bis zur Fertigstellung des Doms in seiner mittelalterlichen Form gingen Jahre ins Land. Seither ist die Geschichte jedoch nicht stehen geblieben. In den folgenden Jahrhunderten wurde der Augsburger Dom immer wieder verändert.

M 4 *Augsburger Dom*

Unser Schulort – eine fahrradgerechte Stadt?

M 1 *Schüler mit dem Fahrrad unterwegs*

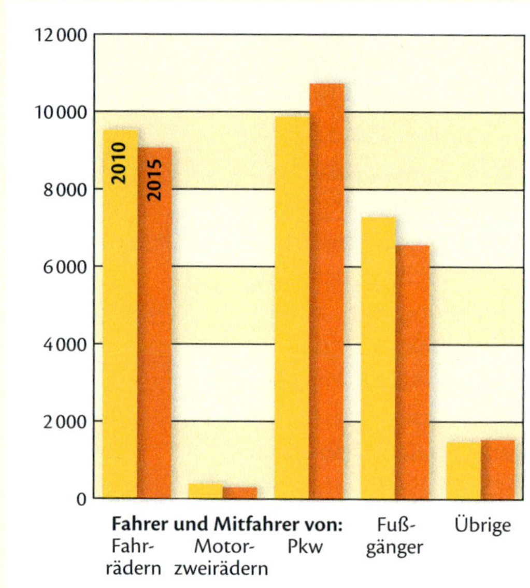

M 2 *Im Straßenverkehr verunglückte Kinder bis 15 Jahre*

Das Fahrrad – Verkehrsmittel Nr. 1

Bis zum 16. Lebensjahr könnt ihr euch nur als Fußgänger oder Fahrradfahrer aktiv am Straßenverkehr beteiligen. Viele Kinder und Jugendliche fahren deshalb mit dem Fahrrad in die Schule. So sind sie unabhängig und müssen sich nicht nach den Fahrplänen der öffentlichen Verkehrsmittel richten.

Radfahren = Teilnahme am Straßenverkehr

Wer mit dem Fahrrad in der Stadt unterwegs ist, muss sich die Straßen mit Autos, Bussen, Lkws und anderen Verkehrsteilnehmern teilen. Dies ist nur gefahrlos möglich, wenn sich alle Verkehrsteilnehmer an die Regeln halten sowie aufmerksam und rücksichtsvoll fahren. Um Fahrradfahrer zu schützen, stehen ihnen in vielen Städten eigene Wege zur Verfügung.

Doch ist euer Schulort eine fahrradgerechte Stadt? Dies könnt ihr untersuchen – zu Fuß oder mit dem Fahrrad.

Tipps zum Durchführen der Untersuchung

Vorbereitung

Teilt die Klasse in Gruppen ein. Legt auf einem Stadtplan den Untersuchungsraum fest und teilt diesen nach Straßen unter den Gruppen auf.

Aber Achtung: Da ihr euch im Straßenverkehr bewegt, muss jede Gruppe von einem Erwachsenen begleitet werden. Bittet Eltern und Lehrkräfte, euch bei eurer Untersuchung zu unterstützen und Gruppen mit dem Fahrrad zu begleiten.

Jede Gruppe sollte neben Schreibmaterialien mit einem Fotoapparat und einem Stadtplan ausgestattet sein.

Durchführung

Jede Gruppe geht oder fährt mit dem Fahrrad ihren Untersuchungsraum ab und protokolliert, wo es für Fahrradfahrer Probleme geben könnte. Ihr könnt euch dabei an den „Forderungen an eine fahrradgerechte Stadt" (**M 4**) orientieren.

	Der Radweg muss von allen Radfahrern ab 10 Jahren benutzt werden. Kleinere Kinder dürfen auch auf dem Fußweg fahren.
	getrennter Fuß- und Radweg
	gemeinsamer Fuß- und Radweg
	Das Zusatzzeichen erlaubt das Befahren des Radwegs in beide Richtungen.
	Radfahrer dürfen in diese Straße hineinfahren, obwohl sie für den restlichen Verkehr in diese Richtung gesperrt ist.

M 3 *Verkehrsschilder für Radfahrer*

Sichere Wege
- Radwege vorhanden
- Fahrradstraßen
- ebener Straßenbelag
- barrierefreie Straßenübergänge
- sichere Kreuzungen

Fahrradwegweiser
- spezielle Wegweiser für Radfahrer
- Karten/Stadtpläne mit eingezeichneten Radwegen

Fahrradstadt

Abstellmöglichkeiten
- ausreichend Fahrradständer
- regengeschützte Abstellmöglichkeiten
- diebstahlsichere Boxen

Mitnahmemöglichkeit
- Fahrradmitnahme in Bus und Straßenbahn
- Fahrradmitnahme im Zug
- barrierefreier Zugang

M4 *Forderungen an eine fahrradgerechte Stadt*

Achtet darauf, dass ihr die Stellen, an denen ihr auf Schwierigkeiten für Fahrradfahrer stoßt oder besonders fahrradgerechte Einrichtungen entdeckt, mithilfe des Stadtplans genau verortet, damit ihr bei der Auswertung Fotos und Notizen genau zuordnen könnt.

Auswertung

Ihr könnt den Stadtplanausschnitt mit eurem Untersuchungsraum vergrößern und die Stellen, an denen euch etwas aufgefallen ist, markieren. Ordnet den markierten Stellen Fotos und Anmerkungen zu. Stellt euren Untersuchungsraum anhand des kommentierten Stadtplans vor.

Nachdem alle Gruppen ihre Ergebnisse vorgetragen haben, beurteilt ihr abschließend, ob euer Schulort eine fahrradgerechte Stadt ist.

Stellt eure kommentierten Stadtplanausschnitte in der Schule aus. Eventuell können sie Unfälle verhindern.

Ihr könnt

- eure Untersuchungsergebnisse in der Schülerzeitung veröffentlichen,
- Vorschläge ausarbeiten, wie euer Schulort fahrradgerechter werden könnte, und diese an die Stadtverwaltung weiterleiten,
- eure Mitschüler zum Thema befragen,
- aus mehreren Richtungen sichere Schulwege für Fahrradfahrer ausarbeiten,
- Experten einladen, die euch Anleitungen und Tipps zur sicheren Teilnahme am Straßenverkehr geben.

Wir erkunden eine Stadt

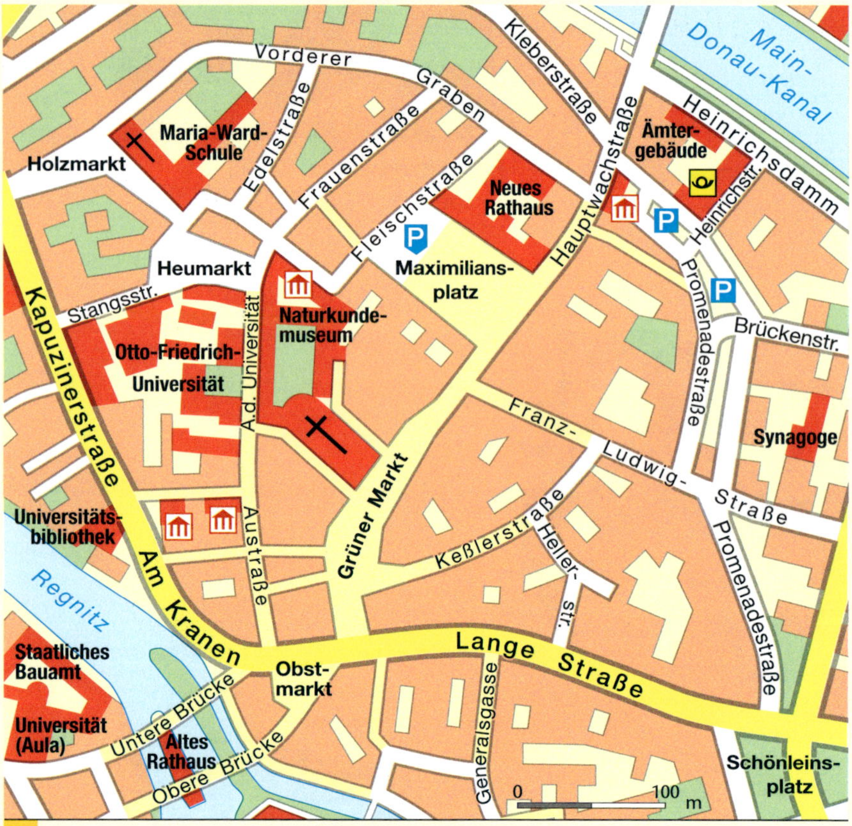

M 1 *Stadtplan der Innenstadt von Bamberg*

Kennst du deine Stadt? „Ja klar", denkst du – aber kennst du sie so richtig mit allem, was sie zu bieten hat? Du weißt vielleicht, wo ihr einkaufen geht, kennst einige Sehenswürdigkeiten und weißt, wo die nächste Bushaltestelle ist. Aber eine Stadt hat viele Gesichter – und wir wollen diese erkunden.

M 2 *Schülerinnen und Schüler bei der Stadterkundung*

1. Schritt: Wir planen die Erkundung

Bevor wir unsere Stadt erkunden, gibt es einiges zu bedenken und planen.

Zuerst müsst ihr festlegen, was ihr genau erkunden wollt:

Ihr könnt erkunden, wie die Straßen oder Häuser genutzt werden, und eine **Nutzungskartierung** erstellen, ihr könnt eine **Stadtviertelerkundung** durchführen, erforschen, wie sich die Stadt im Vergleich zu früher und heute verändert hat, oder ihr erkundet, welche Sehenswürdigkeiten wo in der Stadt zu finden sind.

Entscheidet euch, ob ihr in Gruppen oder im Klassenverband arbeiten wollt.

A) Nutzungskartierung einer Geschäftsstraße

- Wähle mithilfe des Stadtplans das Untersuchungsgebiet aus.
- Erstelle eine Kartiervorlage, indem du zum Beispiel den Stadtplan vergrößert kopierst.
- Fotografiere die Straße.
- Befrage eventuell Anwohner, Ladenbesitzer oder Gastronomen zur Nutzung.
- Kartiere die Nutzung.

B) Ein Stadtviertel erkunden

Wählt mithilfe des Stadtplans mehrere unterschiedliche Stadtviertel aus und grenzt das Untersuchungsgebiet ab. Entwickelt einen Untersuchungsbogen und stellt Fragen zusammen. Hier ein Beispiel:

Historische Entwicklung der Altstadt

Untersucht den Stadtplan und die Altstadt selbst mithilfe der folgenden Fragen. Ihr könnt euch gerne aufteilen!

- Gab es früher eine Stadtmauer? Wenn ja, wo war sie? Gibt es sie heute noch?
- Sind noch Stadttore erhalten?
- Welche Kirchen gibt es – und wie alt sind sie?
- Wo befinden sich historische Gebäude wie zum Beispiel Burgen, Brunnen oder Denkmäler?
- Markiert diese Besonderheiten im Stadtplan oder erstellt eine Stadtplanskizze.
- Fotografiert Sehenswürdigkeiten und historische Gebäude.
- Informiert euch zum Beispiel im Stadtarchiv, im Stadtmuseum, in Reiseführern oder auf der Homepage eurer Stadt über die geschichtlichen Hintergründe.
- Notiert euch zu ausgewählten Sehenswürdigkeiten oder Strukturen die gesammelten Informationen.

2. Schritt: Wir führen die Stadterkundung durch

Das könnt ihr tun
Befragungen durchführen, Straßen skizzieren, die Nutzung von Gebäuden in der Fußgängerzone oder von Stadtvierteln kartieren, Parks und Sportplätze kartieren, Sehenswürdigkeiten kartieren und fotografieren

Wie ihr euch in der Stadt verhaltet:
- Niemand geht alleine, ihr bleibt immer in eurer Gruppe.
- Achtet auf den Verkehr und die Verkehrsregeln! Passt gegenseitig auf euch auf! Gerade wenn ihr aus einem verkehrsberuhigten Bereich an eine dicht befahrene Straße kommt, müsst ihr sehr vorsichtig sein.
- Verhaltet euch ruhig und erledigt die Arbeitsaufträge zügig.
- Stellt eure Fragen höflich.
- Betretet Ladengeschäfte und Gaststätten nur, nachdem ihr nachgefragt habt.
- Fasst nichts unerlaubt an.

M 3 *Arbeitsmittel für die Erkundung*

3. Schritt: Wir werten die Stadterkundung aus und präsentieren die Ergebnisse

Bereits vor der Stadterkundung solltet ihr überlegen, wie die Ergebnisse der Stadterkundung gesammelt und zusammengestellt werden.

Folgende Möglichkeiten bestehen:
- Ihr könnt auf Plakaten oder Schautafeln eure Fotos, Zeichnungen, Kartenskizzen, Texte präsentieren und eure Erkenntnisse und Schlussfolgerungen darstellen.
- Eine weitere Möglichkeit ist die Ergebnissicherung mithilfe eines Erkundungstagebuchs, in dem ihr alle Ergebnisse der einzelnen Arbeitsgruppen sammelt.
- Ihr könnt am Computer mithilfe eines Präsentationsprogramms einen Vortrag gestalten, in den ihr eure Fotos, Skizzen und Schlussfolgerungen einbaut.
- Welche Schlussfolgerungen könnt ihr aus eurer Erkundung ziehen? Könnte man zum Beispiel das Stadtviertel noch kinderfreundlicher gestalten? Gäbe es Anreize, um noch mehr Touristen anzulocken? Müsste man ein Stadtviertel vielleicht dringend erneuern? Sollte man eine neue Ampel oder einen Zebrastreifen ergänzen, damit das Viertel sicherer wird?

Wenn ihr eure Ergebnisse präsentieren wollt, überlegt, wen ihr zur Präsentation der Ergebnisse einladen wollt: eure Parallelklasse, die ganze Schule, eure Eltern oder auch Mitarbeiter der Stadtverwaltung.

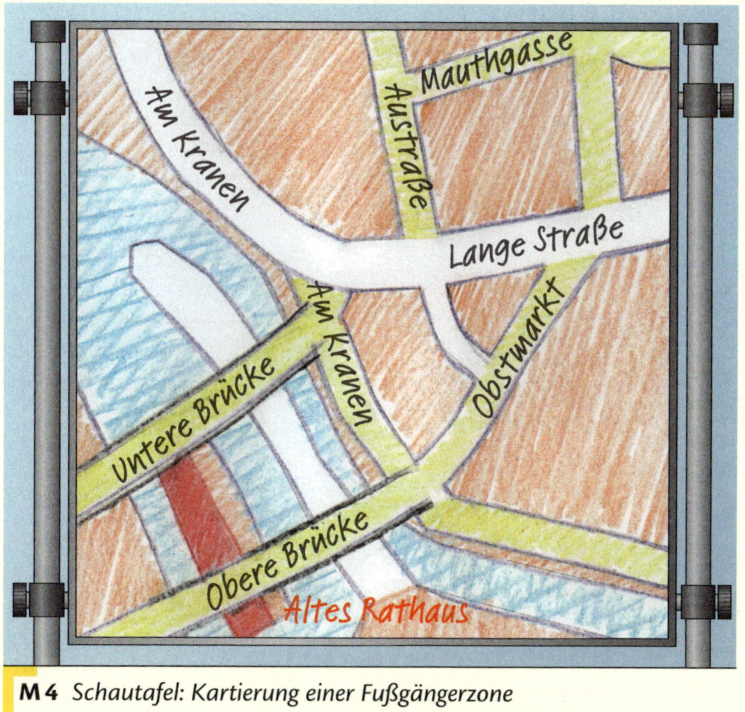

M 4 *Schautafel: Kartierung einer Fußgängerzone*

Wir präsentieren ein Wandplakat zur Stadterkundung

check-it
- ein Wandplakat planen und erstellen
- eine Präsentation vorbereiten und durchführen

Wir erstellen ein Wandplakat

Mit einem Wandplakat können Informationen zu einem bestimmten Thema übersichtlich und anschaulich dargestellt werden. Dazu sollte ein Wandplakat niemals nur aus Texten bestehen. Mit Bildern, Zeichnungen, Grafiken, Diagrammen und anderen Abbildungen können Inhalte veranschaulicht werden.

Bei der Anfertigung eines Wandplakats ist eine gute Planung wichtig. Vor der Erstellung des Wandplakats sollte bereits feststehen, welche Inhalte, Texte und Abbildungen verwendet werden. Auch das Aussehen des Wandplakats sollte vor Beginn mithilfe einer Skizze geplant werden.

Checkliste zum Erstellen eines Wandplakats

1. Schritt: Bereite alle notwendigen Materialien vor:
- Papier oder Karton (Format mindestens A3), Stifte in verschiedenen Farben und Stärken, Schere, Klebstoff
- Informationen über das Thema
- Abbildungen (Bilder, Zeichnungen, Grafiken, Diagramme und andere Abbildungen)

2. Schritt: Fertige eine Skizze an.
Bevor du mit deinem Wandplakat beginnst, zeichne deine Ideen auf ein Blatt Papier.
Überlege dazu folgende Punkte:
- Wie soll die Überschrift aussehen?
- Welche Abbildungen sollen verwendet werden?
- Welche Texte sollen die Abbildungen ergänzen?
- Wo sollen sich die Überschrift, Abbildungen und Texte inhaltlich sinnvoll und übersichtlich auf dem Wandplakat befinden?

3. Schritt: Gestalte die Überschrift des Wandplakats.

4. Schritt: Ordne die Abbildungen auf dem Wandplakat an und klebe sie fest. Achte darauf, dass du ausreichend Platz für die Texte lässt.

5. Schritt: Ergänze die Texte in großer und gut leserlicher Schrift.

1. Schritt: **Materialien vorbereiten**

2. Schritt: **Skizze anfertigen**

3. Schritt: **Überschrift gestalten**

4. Schritt: **Abbildungen anordnen**

5. Schritt: **Texte ergänzen**

M 1 *Schritte bei der Erstellung eines Wandplakats*

1. Formuliere möglichst kurze Texte. Verwende nur die wichtigsten Informationen.
2. Schreibe die Texte in großer und gut leserlicher Schrift. Denke daran, dass deine Texte auch aus größerer Entfernung lesbar sein sollen. Teste dies, indem du dein Wandplakat aus einem Abstand von etwa zwei bis drei Metern betrachtest.
3. Wähle gut sichtbare und lesbare Schriftfarben und Stifte. Benutze für helles Papier eine dunkle Schriftfarbe und zum Schreiben Filzstifte.
4. Achte auf die Rechtschreibung.
5. Verwende ausreichend große Abbildungen, die auch von Weitem gut erkennbar sind.

M 2 *Fünf Tipps für ein gutes Wandplakat*

M 3 *Fünf Tipps für eine gute Präsentation*

Wir präsentieren ein Wandplakat

Die Präsentation eines Wandplakats erleichtert es dem Betrachter, dessen Thema und Inhalte zu verstehen. Gleichzeitig können bei einer Präsentation wichtige Zusatzinformationen mitgeteilt werden, die keinen Platz mehr auf dem Wandplakat gefunden haben.

Checkliste für die Präsentation eines Wandplakats

1. Schritt: Vorbereitung

Bereite deine Präsentation sorgfältig vor.

- Überlege dir vorher, welche Inhalte du den Zuhörern mitteilen möchtest.
  Tipp: Konzentriere dich auf das Wichtigste.
- Notiere dir Stichworte auf Karteikarten.
- Übe deinen Vortrag zu Hause ein.

2. Schritt: Vor Beginn der Präsentation

Bereite den Raum und alle notwendigen Materialien für die Präsentation vor.

- Sorge dafür, dass alle Materialien (Wandplakat, Zeigestab, Notizen für den Vortragstext) vorhanden sind.
- Sorge dafür, dass dein Wandplakat von allen Plätzen gut zu sehen ist.
- Stelle dich so vor die Klasse, dass dich alle gut sehen können und du das Wandplakat nicht verdeckst.

3. Schritt: Während der Präsentation

Informiere deine Zuhörer mit einem lebendigen und abwechslungsreichen Vortrag über die Inhalte deines Wandplakats.

- Beginne deinen Vortrag mit einem kurzen Überblick über das Thema.
- Trage deinen Vortrag mit deutlicher Stimme vor.
- Verweise während deines Vortrags auf die einzelnen Elemente (Bilder, Zeichnungen, ...) deines Wandplakats.

4. Schritt: Am Ende der Präsentation

- Beende deinen Vortrag mit einer Zusammenfassung und einem Schlusswort.
- Gib den Zuhörern im Anschluss die Möglichkeit, Fragen zu stellen.

M 4 *Präsentation eines Wandplakats*

Wir erkunden Bambergs Stadtzentrum

Nutzung der Geschäftsstraße am Beispiel des Grünen Marktes

Der Grüne Markt ist eine Straße, die im historischen Zentrum Bambergs liegt. Wie der Name schon verrät, ist hier schon seit langer Zeit regelmäßig Markt. Hier reihen sich die alten Häuserfassaden direkt aneinander. Doch nicht nur das Aussehen der Häuser ist interessant. Neben vielen Geschäften befinden sich darin, meist in den oberen Stockwerken, auch Wohnungen, Arztpraxen oder Büros. Mit einem Blick auf Türschilder oder durch direktes Nachfragen können wir herausfinden, wie die Gebäude genutzt werden.
Unsere Erkenntnisse können wir grafisch festhalten. Dafür skizzieren wir die Fassaden und färben diese entsprechend ihrer Nutzung ein.
Daneben interessiert auch, weshalb die Menschen hier wohnen oder wieso die Gebäude als Verkaufsraum oder für Büros genutzt werden. Mit einem zuvor entworfenen Fragebogen interviewen wir deshalb direkt Anwohner oder Geschäftsleute.

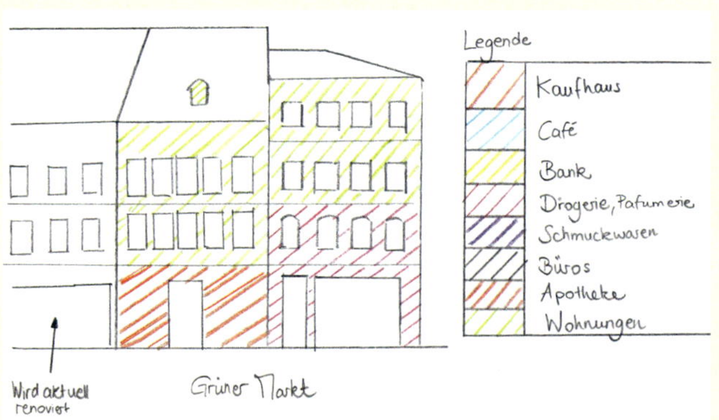

M 1 *Beispiel für eine Skizze zur Gebäudenutzung (Ausschnitt)*

Entwicklung der historischen Altstadt

Gleich zu Beginn des Grünen Markts steht ein alter Brunnen aus dem 16. Jahrhundert. Der „Gabelmann" in seiner Mitte ist bekannt und wird häufig von Touristen bewundert. Auch die Kirche Sankt Martin fällt dem Betrachter gleich ins Auge. Solche Sehenswürdigkeiten aus vergangenen Zeiten findet man häufig in den Zentren unserer Städte. Sie helfen dabei, die Geschichte und die Entwicklung von Vierteln zu erforschen.

Was Straßennamen verraten

Nicht nur der Baustil der Häuser, deren Nutzung und historische Bauten sind interessant. Es lohnt sich auch der Blick auf die Straßennamen des Erkundungsgebiets. Straßennamen verraten uns oft deren früheren Nutzen, deren Merkmal oder wohin sie führen. In Bamberg führt die Fischstraße beispielsweise vom Grünen Markt in Richtung Regnitzufer.

M 2 *Straßenschilder im Erkundungsgebiet*

Orientieren mit Stadtplan und digitalen Navigationsgeräten

Nutze nicht nur den Stadtplan zur Orientierung in der Innenstadt, sondern auch moderne Hilfsmittel. Bestimmt hat ein Gruppenmitglied ein Smartphone mit einer App, die euch hilft, euch zurechtzufinden, oder ihr könnt sogar ein GPS-Gerät nutzen.
Jedoch solltet ihr euch vor der Erkundung damit beschäftigen, damit ihr sie richtig nutzen könnt. Notiert die Koordinaten interessanter Punkte eurer Entdeckungstour und gebt diese beispielsweise in eurer Präsentation an.

Interviews durchführen

Interessante Erkenntnisse erlangt man durch die Befragung von Passanten in der Innenstadt. Dafür sollten vor der Erkundung der Innenstadt Fragen in einem Fragebogen zusammengestellt werden, wie zum Beispiel:

- Wieso sind Sie am Grünen Markt?
- Wohnen Sie in Bamberg?
- Wie sind Sie in die Innenstadt gelangt?
- Wie weit ist Ihr Wohnort von Bamberg entfernt?

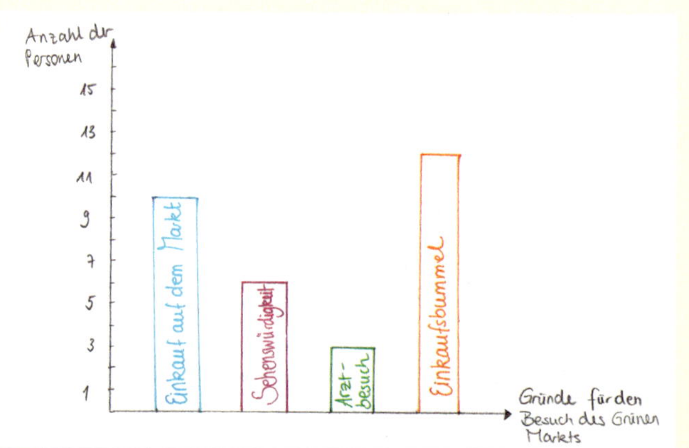

M 3 *Grafik zur Präsentation von Ergebnissen*

Ergebnisse präsentieren

Mit der Erkundung des Grünen Marktes, der Fußgängerzone Bambergs, direkt vor Ort ist die Arbeit noch nicht abgeschlossen. Nun gilt es, Skizzen sauber zu zeichnen, passende Fotos auszuwählen und sich auf die wichtigsten Erkenntnisse zu einigen und diese den Materialien zuzuordnen.

Wir erkunden die Innenstadt Bambergs: Am Grünen Markt

Katholische Kirche **Sankt Martin** (ehemaliges Kloster)

Maximilianbrunnen markiert das Ende des Grünen Marktes

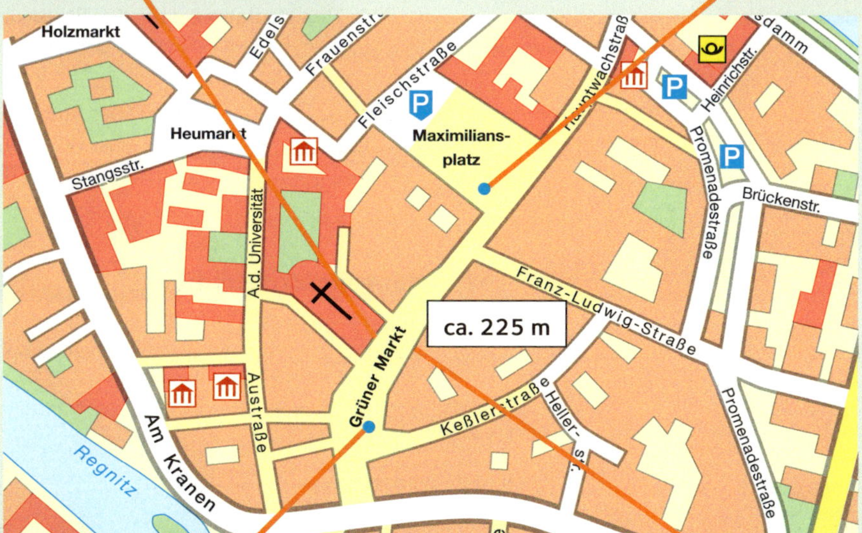

Vorteile für **Büros und Geschäfte** (Ergebnisse der Befragung):

- ✓ Nähe zum zentralen Omnibus-Bahnhof (ZOB)
- ✓ Zahlreiche Parkmöglichkeiten in der Nähe
- ✓ Nähe zu unterschiedlichen Geschäften
- ✓ Viele Passanten als zukünftige Kunden
- ✓ Wochenmarkt zieht Menschen an
- ✓ Sehenswürdigkeiten locken Touristen an

Bambergs Gabelmann

Häuserzeile

M 3 *Präsentation der Ergebnisse der Stadterkundung in Bamberg*

Geo-Check: Den Nahraum erforschen

Wissen und verstehen

1 Sortiere die Aussagen in richtige und falsche Aussagen. Verbessere die falschen Aussagen und schreibe sie richtig auf.

Richtig oder falsch?
- Im Zentrum einer Stadt befinden sich hauptsächlich Wohnhäuser.
- Morgens fahren die meisten Menschen aus der Stadt heraus.
- Die City liegt am Stadtrand.
- Augsburg ist eine mittelalterliche Stadt mit Stadttoren und einer Stadtmauer.
- Städte übernehmen wichtige Aufgaben für das Umland, weil es dort Fachärzte, Theater, weiterführende Schulen und vieles mehr gibt.
- Die Stadtbewohner nutzen das Umland nur zur Erholung.

2 Ordne jedem dieser Begriffe mindestens zwei Merkmale zu.

M 1 *Geo-Begriffestapel*

3 Erläutere die Beziehungen zwischen Stadt und Umland (**M 2**). Ordne die Aussagen in den Kästchen A bis I jeweils dem passenden Bild zu.

1. Die Stadt bietet dem Umland … **2. Das Umland bietet der Stadt …**

A Arbeitskräfte	D Dienstleistungen (z. B. Ämter, Ärzte)	G Schulen und Hochschulen
B Arbeitsplätze in Büros, Geschäften und Fabriken	E Einkaufsmöglichkeiten für Dinge, die man nicht alle Tage braucht	H Unterhaltungsmöglichkeiten (z. B. Kino, Theater)
C Zusätzliches Bauland für Wohnsiedlungen	F Erholungsmöglichkeiten auf großen freien Flächen, an Seen und in Wäldern	I Versorgung mit Nahrungsmitteln

M 2 *Stadt-Umland-Beziehungen*

Sich verständigen, beurteilen und handeln

4 München ist eine fahrradgerechte Stadt. Benennt Merkmale einer fahrradgerechten Stadt, die das Bild zeigt (**M 3**). Weitere Merkmale könnt ihr im Internet finden.

M 3 *Residenzstraße in München*

Können und anwenden

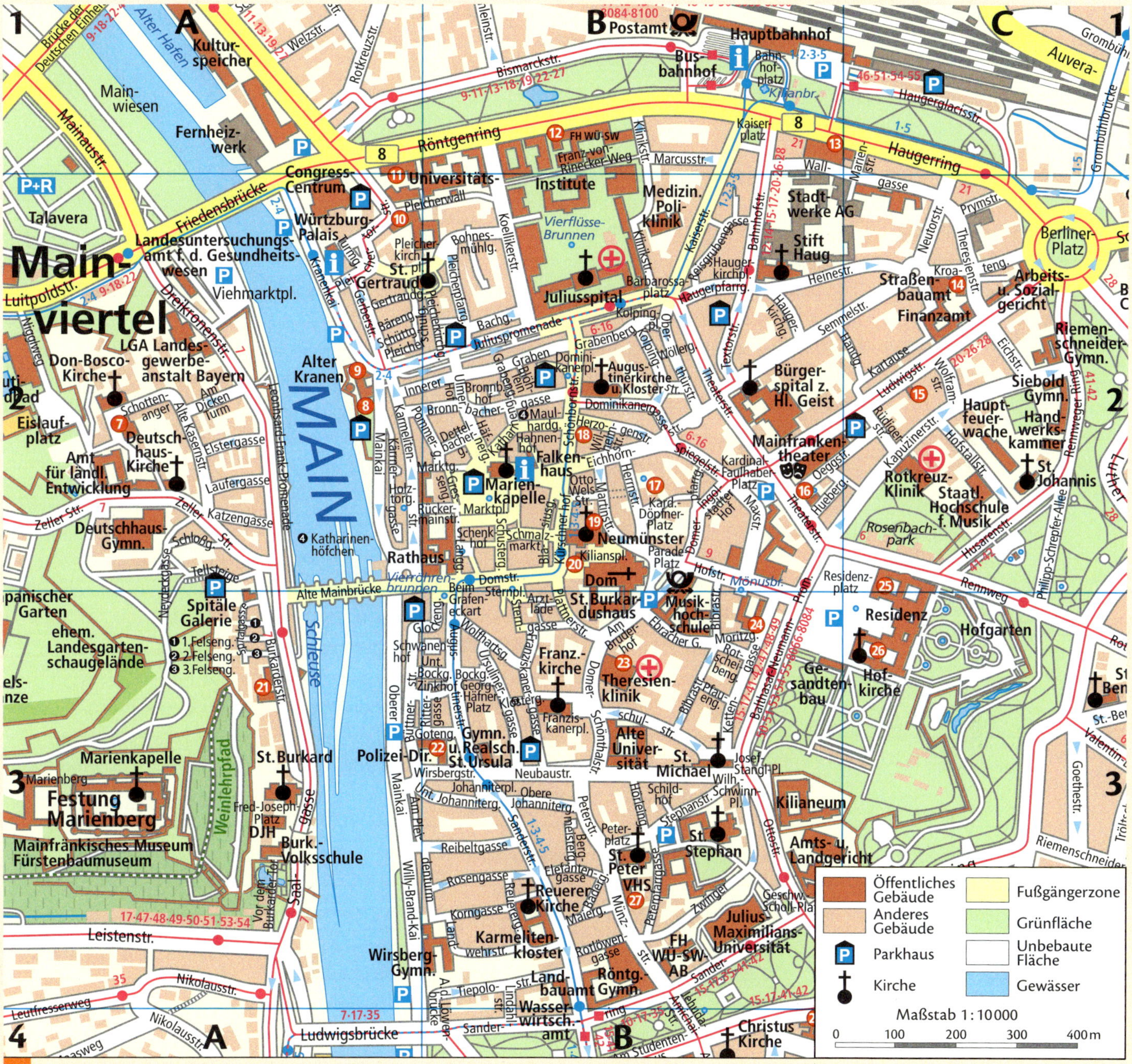

M 4 *Stadtplan von Würzburg (Ausschnitt)*

5 Arbeite mit dem Stadtplan von Würzburg (**M 4**). Gib die Planquadrate an, in denen die Julius-Maximilians-Universität, die Residenz mit dem Hofgarten und das Congress-Centrum liegen.

6 Gib an, welche Signaturen (Zeichen) die Kliniken, die Parkhäuser und die Fußgängerzone in **M 4** haben.

7 Bestimme die tatsächliche Entfernung (Luftlinie) zwischen dem Hauptbahnhof und dem Rathaus sowie der Festung Marienberg und dem Berliner Platz.

8 Du möchtest dich mit deinen Freunden, die noch am Dom stehen (**B 2**), am Kulturspeicher (**A 1**) treffen. Gib ihnen eine Wegbeschreibung, wie sie dich dort am schnellsten treffen können.

Aufgabenstellungen verstehen

Arbeitsaufträge haben einen bestimmten Zweck: Sie helfen dir, die Materialien in deinem Geographiebuch richtig zu erschließen und zu bearbeiten. Dabei werden deine Fähigkeiten und Fertigkeiten, also deine Kompetenzen trainiert.

Wenn du die Arbeitsaufträge bearbeitet hast, kannst du selbst kontrollieren, ob du alles richtig gemacht hast. Am Anfang einer Doppelseite steht im „check-it-Kasten", was du wissen und können sollst.

Bereich „Wissen und Kenntnisse"	
Arbeitsauftrag	**Was von dir erwartet wird**
Arbeite heraus	Du entnimmst Informationen aus den Materialien* und gibst sie unter bestimmten Gesichtspunkten wieder.
Berichte	Du erkennst Informationen und Aussagen und gibst diese richtig wieder.
Beschreibe	Du gibst in eigenen Worten zusammenhängend, sachlich und möglichst genau wieder, was die Materialien aussagen. Erklärungen sind nicht nötig.
Charakterisiere	Du benennst und beschreibst typische Merkmale eines Sachverhaltes oder Eigenarten, die dir auffallen.
Erkläre	Du stellst mit eigenen Worten die Ursachen, Folgen und Gesetzmäßigkeiten von Sachverhalten und Abläufen verständlich dar.
Erläutere	Du beschreibst Sachverhalte im Zusammenhang und machst Beziehungen deutlich.
Lokalisiere	Du findest auf einer Karte einen Fluss, eine Stadt oder einen Ort und beschreibst seine geographische Lage.
Nenne/benenne	Du gibst Informationen aus Materialien oder eigene Kenntnisse ohne Erklärungen wieder.
Ordne ein/zu	Du versuchst Sachverhalte oder Räume in einen Zusammenhang zu stellen.
Stelle dar/lege dar	Du zeigst einen Sachverhalt sprachlich oder grafisch ausführlich auf.
Unterscheide	Du vergleichst Sachverhalte miteinander und stellst die Unterschiede fest.
Vergleiche	Du ermittelst Gemeinsamkeiten und Unterschiede, stellst diese gegenüber und formulierst ein Ergebnis.
Zeige auf	Du gibst komplexe Informationen und Sachverhalte knapp und eventuell vereinfacht wieder.

* Materialien sind zum Beispiel: Bilder, Diagramme, Karten, Profile, Schaubilder, Tabellen, Texte.

Bereich „Methoden, Arbeitstechniken und Handeln“	
Arbeitsauftrag	**Was von dir erwartet wird**
Erstelle	Du stellst Sachverhalte zeichnerisch dar in Diagrammen, Kartenskizzen, Fließdiagrammen und anderen Darstellungen und beschriftest diese mit Fachbegriffen.
Führe durch	Du führst eine Untersuchung, wie zum Beispiel eine Befragung oder einen Versuch, nach einer genauen Anleitung durch.
Gestalte	Du fertigst mit verschiedenen Materialien zu einem vorgegebenen Thema ein Produkt an. Das kann zum Beispiel ein Lernplakat sein.
Plane	Du legst deine Vorgehensweise zur Bearbeitung einer Fragestellung, einer Problemstellung oder eines Projektes fest.
Präsentiere	Du stellst einen Sachverhalt anderen in verständlicher Form und möglichst mit von dir erarbeiteten Aussagen und Materialien vor.
Recherchiere/ informiere dich	Du suchst selbstständig oder mit Hilfe Informationen zu unbekannten Sachverhalten und stellst diese zusammen.
Werte aus	Du entnimmst Informationen und Sachverhalte aus Karten, Texten, Diagrammen oder Tabellen und verknüpfst diese zu Aussagen.
Zeichne	Du stellst einen Sachverhalt zeichnerisch dar, zum Beispiel als Skizze, Mindmap oder Diagramm.

Bereich „Beurteilen und Bewerten“	
Arbeitsauftrag	**Was von dir erwartet wird**
Begründe	Materialien beinhalten Aussagen und stellen Behauptungen auf. Du suchst Argumente oder Beispiele, die diese Aussagen und Behauptungen unterstützen.
Beurteile	Du prüfst Aussagen, Vorschläge oder Maßnahmen auf ihre Richtigkeit, indem du Einzelheiten benennst und zu einem eigenen Urteil kommst.
Erörtere/diskutiere	Du entwickelst zu einer Problemstellung eigene Gedanken, untersuchst Pro und Kontra und vergleichst dieses miteinander, bevor du zu einem Sachurteil kommst.
Prüfe/überprüfe	Du untersuchst an konkreten Sachverhalten, ob Aussagen, Behauptungen und Darstellungsweisen richtig beziehungsweise stimmig sind.

Lösungstipps zu den Aufgaben

Kapitel 1 Geographie – die Erde erkunden

S. 15

1 Benenne Unterschiede zwischen Schrägluftbild und Senkrechtluftbild. Fertige dazu eine Tabelle an (**M 1**, **M 2**).

▶ Die Tabelle könnte folgendermaßen aussehen:

Schrägluftbild	**Senkrechtluftbild**

2 Vergleiche Senkrechtluftbild, Stadtplan und Karte. Ergänze dazu die Tabelle (**M 2** bis **M 5**).

▶ Die Tabelle könnte folgendermaßen aussehen:

Senkrechtluftbild	**Stadtplan**	**Karte**

3 Erkläre, wie und warum sich die Darstellung von Ansbach auf den Karten verändert (**M 4**, **M 5**).

▶ Berücksichtige dabei die Zeichenerklärung unter der Karte und den Maßstab.

Kapitel 2 Die Erde als Himmelskörper beschreiben

S. 27

3 Vergleiche die Himmelskörper Stern, Planet und Mond. Erstelle dazu eine Tabelle (**M 1** und **M 3**).

▶ Die Tabelle könnte so aussehen:

	Stern	**Planet**	**Mond**
Größe			
Bewegung			
Leuchtkraft			

S. 29

2 Sortiere die Planeten nach ihrer Größe und ordne ihnen die Entfernung von der Sonne zu (**M 1**, **M 3**). Lege dazu eine Tabelle an.

▶ Du benötigst eine Tabelle mit 3 Spalten und 8 Zeilen. Die Tabelle könnte folgendermaßen aussehen:

Name des Planeten	**Größe (Durchmesser)**	**Entfernung von der Sonne**
Jupiter	143 000 km	780 Mio. km
Saturn	120 500 km	...

6 Erkläre, welche Folgen es hätte, wenn die Erde sich nicht um die eigene Achse drehen würde. Nutze dazu den Globus (**M 2**).

▶ Gehe bei der Lösung wie folgt vor:
- Nenne die Folgen der Erdrotation, die du täglich erleben kannst.

S. 31

1 Beschreibe die Merkmale der verschiedenen Satelliten. Erstelle hierzu eine Tabelle (**M 1** bis **M 3**).

▶ Die Tabelle könnte so aussehen:

	Höhe	**Umlaufzeit**	**Aufgaben**
Navigations-satellit			

2 Erkläre mithilfe eines Fließdiagramms, wie ein Navigationsgerät funktioniert (**M 1**,).

▶ Beachte dazu die Arbeitstechnik ***Fließdiagramme zeichnen***. Weitere Informationen findest du im Textabschnitt „Navigationssatelliten".

S. 33

2 Beschreibe den Aufbau der ISS (**M 1** und **M 3**).

▶ Benenne die verschiedenen Bereiche der ISS und beschreibe, wofür sie genutzt werden, z. B. zum Arbeiten. Weitere Informationen findest du im Textabschnitt „Die internationale Raumstation (ISS)".

4 Beurteile, inwieweit der Aufenthalt von Menschen auf einer Raumstation wichtig für das Leben auf der Erde ist (**M 4**).

▶ Berücksichtige bei dieser Aufgabe, was auf der ISS erforscht werden kann und was dort anders ist als auf der Erde.

S. 35

2 Lege eine Tabelle an. Trage darin die Erdzeitalter ein und nenne jeweils den Zeitraum sowie die Tiere und Pflanzen (**M 2**).

▶ Du benötigst eine Tabelle mit 6 Spalten und 4 Zeilen. Die Tabelle könnte folgendermaßen aussehen:

Name des Erdzeitalters	**Erdurzeit**	**...**	**...**	**...**	**...**
Dauer	vor etwa 4 Mio. Jahren bis vor etwa 2 Mio. Jahren	...	...	...	...
Lebewesen auf der Erde	Bakterien	...	...	...	...

S. 39

4 Erläutere das Gradnetz der Erde (**M 3**).

▶ Bei der Lösung der Aufgabe solltest du folgende Fragen beantworten:
- Wozu wird das Gradnetz der Erde gebraucht?
- Wie verlaufen die Breitenkreise?
- Wie werden die Breitenkreise eingeteilt?
- Welchen besonderen Breitenkreis gibt es?
- Wie werden die Längenkreise eingeteilt?
- Welchen besonderen Längenkreis gibt es?

5 Bestimme die geographische Lage der Orte A bis H (**M 3**).

▶ Gehe dabei nach der Schrittfolge in **M 4** vor. Beachte insbesondere den Nullmeridian (0° Länge) und den Äquator (0° Breite).

Kapitel 3 Die Vielfalt der Erde charakterisieren

S. 47

3 Beschreibe die Lage der Kontinente. Bilde dazu Sätze, die die Lage zu den Ozeanen beschreiben (**M 1**).

▶ Beispielsätze:
Afrika liegt zwischen dem Atlantischen und dem Indischen Ozean.
Die Antarktis grenzt an den Indischen, den Atlantischen und den Pazifischen Ozean.

6 Erkläre die Begriffe „Landhalbkugel“ und „Wasserhalbkugel“ (**M 4**).

▶ Deine Erklärung sollte Antworten auf folgende Fragen enthalten:
- Wie lässt sich die Verteilung von Land und Wasser auf der Erde treffend benennen?
- Wo befindet sich die „Landhalbkugel“ und warum wird diese so bezeichnet?
- Wo befindet sich die „Wasserhalbkugel“ und warum wird diese so bezeichnet?

7 Begründe, warum Weltkarten so unterschiedlich aussehen können (**M 1**, **M 5**).

▶ Beachte bei der Beantwortung, aus welchem Land die Atlaskarte stammt.

S. 49

2 Nenne Gründe, warum Menschen die Erde entdecken wollten.

▶ Lies dazu den Text „Seefahrer erforschen die Erde“. Erläutere, wie sich das Weltbild durch die Entdeckungsreisen verändert hat (**M 2**).

3 Erläutere, wie sich das Weltbild durch die Entdeckungsreisen verändert hat (**M 2**).

▶ Gehe dabei folgendermaßen vor:
Stelle fest, welche Kontinente und Ozeane bis 1400 den Menschen bekannt waren. Liste dann auf, welche Kontinente und Ozeane bis 1500, bis 1600 und nach 1600 entdeckt wurden.

S. 51

1 Beschreibe die geographische Lage der Antarktis und der Neumayer-Station (Karten S. 43, **M 1**).

▶ Beachte dabei zum Beispiel
- von welchem Meer die Antarktis umgeben ist,
- auf welcher Erdhalbkugel sie liegt,
- benachbarte Kontinente und Staaten,
- die Nähe zur Küste der Neumayer-Station und
- benachbarte Stationen.

2 Erläutere den Naturraum und die Lebensbedingungen in der Antarktis (**M 2**).

▶ Weitere Informationen findest du im Textabschnitt „Die Antarktis – Kontinent unter ewigem Eis“.

5 Diskutiert in der Klasse, ob ihr euch vorstellen könntet, als Forscher in der Antarktis zu leben und zu arbeiten. Begründet eure Meinung (**M 1** bis **M 3**,).

▶ Beachte dazu die Arbeitstechnik ***Eine Diskussion führen***. Bei der Begründung solltest du sowohl die Lebensbedingungen in der Antarktis als auch die Forschungsziele berücksichtigen.

S. 59

2 Lege eine Tabelle an. Ordne den Bildern die Texte A bis D zu (**M 1** bis **M 5**).

Bild	Merkmale	Zone
M 1		
M 2		
M 3		
M 4		

S. 61

1 Beschreibe die geographische Lage der kalten Zone und Grönlands (S. 59 **M 5**).

▶ Beachte dabei zum Beispiel
- die Breitenkreise,
- von welchen Meeren sie umgeben ist,
- auf welcher Erdhalbkugel sie liegt,
- welche Kontinente Anteil haben,
- benachbarte Zonen.

2 Erläutere die natürlichen Bedingungen in der kalten Zone (**M 3**, **M 4**, S. 59 **M 5**).
▶ Beachte dabei zum Beispiel die Temperaturen und die Pflanzen, die dort wachsen. Weitere Informationen findest du in den Textabschnitten „Ohne Wärme keine Pflanzen" und „Ewiges Eis unter der Erdoberfläche".

3 Erläutere, wie sich Pflanzen an die Bedingungen in der kalten Zone angepasst haben (**M 4**).
▶ Beachte dabei die Höhe der Pflanzen und die Dichte des Bewuchses. Weitere Informationen findest du in dem Textabschnitt „Ohne Wärme keine Pflanzen".

6 Leben in der kalten Zone – Traum oder Albtraum? Begründe deine Meinung (**M 1** bis **M 5**).
▶ Bei der Begründung solltest du zum Beispiel berücksichtigen, welche Möglichkeiten des Wohnens, des Arbeitens, des Transports und der Freizeitgestaltung es gibt. Vergleiche die Lebensbedingungen mit denen in deiner Heimat.

S. 63

1 Beschreibe die geographische Lage der gemäßigten Zone (S. 59 **M 5**).
▶ Beachte dabei zum Beispiel
- die Breitenkreise,
- von welchen Meeren sie umgeben ist,
- auf welcher Erdhalbkugel sie liegt,
- welche Kontinente Anteil haben,
- benachbarte Zonen.

2 Beschreibe die natürlichen Bedingungen in der gemäßigten Zone (**M 1** bis **M 3**; S. 59 **M 5**).
▶ Beachte dabei zum Beispiel die Temperaturen und die Pflanzen, die dort wachsen.
▶ Weitere Informationen findest du in den Textabschnitten „Alles in Maßen" und „Vier Jahreszeiten".

S. 65

1 Beschreibe die geographische Lage der Sahara (Karte S. 180/181).
▶ Beachte dabei zum Beispiel
- die Breitenkreise,
- von welchen Meeren sie umgeben ist,
- auf welcher Erdhalbkugel sie liegt,
- welche Kontinente Anteil haben,
- benachbarte Zonen.

3 Erkläre, wie sich die Tuareg den Bedingungen in der Wüste angepasst haben (**M 1**, **M 2**).
▶ Beachte dabei, wo sie leben, wovon sie leben, ihre Kleidung und Nahrung.

S. 67

1 Beschreibe die geographische Lage der feucht-warmen Zone (S. 59 **M 5**).
▶ Beachte dabei zum Beispiel
- die Breitenkreise,
- von welchen Meeren sie umgeben ist,
- auf welcher Erdhalbkugel sie liegt,
- welche Kontinente Anteil haben,
- benachbarte Zonen

2 Erläutere die natürlichen Bedingungen in der feucht-warmen Zone (**M 2** bis **M 4**).
▶ Beachte dabei zum Beispiel
- die Temperaturen,
- die Pflanzen, die dort wachsen.

▶ Weitere Informationen findest du in den Textabschnitten „Ein Tag im Regenwald" und „Kampf ums Licht".

5 Vergleiche das Foto und die Grafik der Siedlung im Regenwald. Lege dazu eine Tabelle an (**M 1** und **M 5**).
▶ Die Tabelle könnte so aussehen:

	Foto	Grafik
Form		
Größe		
Bauart		
Baumaterial		
Umgebung		

Kapitel 4 Veränderungen der Erdoberfläche und den Einfluss des Menschen erläutern

S. 75

2 Erläutert, wie endogene Kräfte die Erdoberfläche verändern. Bildet dazu zwei Gruppen. Gruppe 1 bearbeitet das Beispiel des Mount St. Helens (**M 1**). Gruppe 2 bearbeitet das Beispiel der Insel Surtsey (**M 2**).
▶ Gehe dabei nach folgender Checkliste vor:
- Benenne die endogenen Kräfte, die gewirkt haben.
- Nenne den Zeitraum, in dem das Ereignis stattfand.
- Beschreibe den Ablauf des Ereignisses unter Verwendung der Fachbegriffe. Hinweise findest du in **M 1** beziehungsweise im Textabschnitt „Neues Land entsteht".
- Vergleiche den Ausgangs- und Endzustand.

S. 77

1 Erkläre: „Kontinente bewegen sich“ (**M 1**).

▸ Beschreibe zunächst die Veränderung der Lage der Kontinente in den letzten 135 Millionen Jahren. Hinweise zur Erklärung findest du im Textabschnitt „Plattentektonik: das neue Bild der Erde“.

5 Begründe, warum Kolumbus heute, 500 Jahre nach seiner Entdeckungsreise, etwa zehn Meter weitersegeln müsste, um Amerika zu erreichen. Beachte dabei die Plattenbewegungen und ihre Auswirkungen im Atlantischen Ozean zwischen Europa und Amerika.

S. 79

5 Menschen leben trotz der potenziellen Gefahren in der Nähe von Vulkanen. Beurteile die Bedrohungen und Bereicherungen (**M 3, M 5, M 6**).

▸ Die Bedrohung durch Vulkane zeigt **M 3**. Anhand des Bildes kannst du beschreiben, was mit Häusern, Feldern, Straßen passieren kann. **M 5** und **M 6** zeigen Bereicherungen durch Vulkane. Erläuterungen dazu findest du auch im Textabschnitt „Leben mit den Vulkanen“.

S. 81

2 Erkläre die Entstehung von Erdbeben in Kalifornien (**M 3** bis **M 5**).

▸ Beachte, was sich längs durch Kalifornien zieht (**M 3, M 4**), und beschreibe die Vorgänge dort (**M 5**). Weitere Informationen erhältst du auch im Textabschnitt „Entstehung von Erdbeben in Kalifornien“.

6 Erläutere die Messung und Möglichkeiten der Vorhersage von Erdbeben (**M 7**).

▸ Beschreibe zunächst, was bei Erdbeben gemessen wird, wann diese auftreten, und überlege dann, ob eine Vorhersage möglich ist. Weitere Hinweise geben dir die Textabschnitte „Messung von Erdbeben“ und „Vorhersage und Schutz vor Erdbeben“.

S. 83

1 Beschreibe die geographische Lage der Alpen und des Himalaya (Karten S. 178 bis 181).

▸ Beachte dabei die Lage der Gebirge innerhalb des Kontinents sowie Staaten, die Anteil an dem jeweiligen Gebirge haben. Bei diesen kannst du mithilfe von Himmelsrichtungen die Lage des Gebirges innerhalb des Staates angeben. Nenne große Flüsse, die in den Gebirgen entspringen.

2 Erkläre die Entstehung der Alpen und des Himalaya mithilfe eines Fließdiagramms (**M 2, M 3, M 5**).

▸ Beachte die Arbeitstechnik ***Fließdiagramme zeichnen.*** Dein Fließdiagramm sollte mit folgendem Feld beginnen (hier das Beispiel für die Alpen):

Vor 75 Millionen Jahren: tonige und kalkige Schichten unter dem Ur-Mittelmeer zwischen Eurasischer Platte und Afrikanischer Platte

↓

Die Platten bewegen sich aufeinander zu, schieben ...

↓

...

↓

3 Erkläre, was an der mit ① markierten Stelle und mit der Muschel passiert (**M 1, M 2**).

▸ Beachte die Bewegung der Platten sowie die Entstehung und Verformung der Ablagerungsschichten. Zur besseren Veranschaulichung kannst du den Versuch „Faltung von Gesteinsschichten“ durchführen und deine Beobachtungen beschreiben.

S. 85

2 Beschreibe verschiedene Arten der Verwitterung.

▸ Benenne die Verwitterungsarten. Beschreibe, wodurch die Verwitterung ausgelöst wird und wie sie wirkt.

S. 86

1 Beschreibe das Aussehen der abgebildeten Gesteine (**M 2**).

▸ Beachte dabei die Farbe, die Struktur sowie die Form.

S. 89

1 Bildet Gruppen und wählt pro Gruppe einen der folgenden Flüsse aus: Main, Isar, Inn, Naab, Regen, Pegnitz und Altmühl. Beschreibt den Verlauf des gewählten Flusses. Benennt Quelle und Mündung. Legt eine Tabelle an, in der ihr gegliedert nach Ober-, Mittel- und Unterlauf Städte, Landschaften und Nebenflüsse notiert (Karte S. 174).

▸ Die Tabelle könnte so aussehen:

Name des gewählten Flusses			
	Städte	Landschaften	Nebenflüsse
Oberlauf			
Mittellauf			
Unterlauf			

S. 91

1 Beschreibe die geographische Lage der Laufwasserkraftwerke (**M 1** und **M 4**, Karte S. 174).

▶ Du kannst die Lage mithilfe der Himmelsrichtungen beschreiben. Nenne zum Beispiel benachbarte Städte, den Landkreis, die Entfernung von der Mündung des Mains in den Rhein.

S. 93

2 Erläutere an einem Beispiel, wie der Mensch die Landschaft verändert (**M 1** bis **M 4**).

▶ Mögliche Beispiele wären eine Siedlung, landwirtschaftliche Nutzung, Verkehrswege und der Verkehr.

3 Lege eine Tabelle an und ordne den folgenden Bereichen jeweils Beispiele für Veränderungen durch den Menschen zu: Landwirtschaft – Industrie – Besiedlung – Verkehr – Energiegewinnung – Freizeit/Erholung (**M 1**, **M 2**).

▶ Die Tabelle könnte folgendermaßen aussehen:

	Art der Veränderung
Landwirtschaft	
Industrie	
Besiedlung	
Verkehr	
Energiegewinnung	
Freizeit/Erholung	

Kapitel 5 Bayern und Deutschland kennenlernen

S. 104

6 Beschreibe die Fahne Deutschlands und das Wappen von Bayern. Recherchiere im Internet über die Bedeutung des Wappens und fasse deine Ergebnisse in einem Kurzvortrag zusammen (**M 1**, **M 2**,).

▶ Beachte die Arbeitstechniken ***Eine Internetrecherche durchführen*** und ***Einen Kurzvortrag, ein Kurzreferat halten.***

S. 106

1 Beschreibe die Verteilung der Bevölkerung in Deutschland (**M 3**).

▶ Beachte bei der Beschreibung der Verteilung der Bevölkerung in Deutschland folgende Punkte:
- Benenne zunächst Städte und Gebiete, die eine hohe Bevölkerungsdichte aufzeigen.
- Erkläre, wo sich die Gebiete und Städte befinden, die eine hohe Bevölkerungsdichte besitzen.
- Benenne anschließend Gebiete, in denen wenig Menschen in Deutschland leben.
- Fasse nun zusammen, wie die Bevölkerung in Deutschland verteilt ist.

3 Ordne den zehn größten Städten Deutschlands die Bundesländer zu, in denen diese liegen. Erstelle dazu eine Tabelle (**M 1**, **M 3**).

▶ Die Tabelle könnte so aussehen:

Stadt	**Bundesland**
Berlin	
...	

S. 109

2 Beschreibe den Verlauf der Spree von der Quelle an. In welchen Fluss mündet die Spree (Karte S. 99)?

▶ Die Beschreibung des Verlaufs der Spree sollte die Antwort auf folgende Fragen enthalten:
- Wie heißt die Landschaft, in der die Spreequelle liegt?
- Durch welche Städte fließt die Spree?
- In welchen Fluss mündet die Spree?

6 Beurteile die Bedeutung Berlins als Bundeshauptstadt.

▶ Beachte dabei, welche Einrichtungen in der Bundeshauptstadt vertreten sein müssen und welche Bedeutung eine Bundeshauptstadt im Ausland hat.

S. 111

1 Nenne die Regierungsbezirke Bayerns und ihre Hauptstädte. Beschreibe deren Lage (**M 2**, Karte S. 174).

▶ Beachte bei der Beschreibung der geographischen Lage der Regierungsbezirke auch die
- Lage innerhalb Bayerns nach Himmelsrichtungen,
- Lage zu anderen Bundes- und Nachbarländern,
- Lage zur Landeshauptstadt München.

▶ Beachte bei der Beschreibung der Lage der Hauptstädte der Regierungsbezirke auch die
- Lage im Regierungsbezirk nach Himmelsrichtungen,
- Lage an Flüssen und Kanälen.

2 Beschreibe die Lage deines Heimatlandkreises innerhalb Bayerns.

▶ Beachte dabei insbesondere
- die Lage in Bayern,
- die Lage im Regierungsbezirk,
- die Lage zur Landeshauptstadt München,
- die Lage zur Hauptstadt des Regierungsbezirkes.

5 Ordne die Großstädte Bayerns den Regierungsbezirken zu. Erstelle dazu eine Tabelle (**M 3, M 4**).

▶ Die Tabelle könnte folgendermaßen aussehen:

Regierungsbezirk	Großstadt

6 Formuliere einen kurzen Bericht zur Verteilung der Großstädte in Bayern (**M 2, M 3, M 4**).

▶ Dein Bericht sollte Antworten auf folgende Fragen enthalten:
- In welchem Regierungsbezirk liegen die meisten Großstädte?
- In welchen Regierungsbezirken gibt es keine Großstadt?
- In welchem Regierungsbezirk liegt die Landeshauptstadt München?

S. 113

1 Beschreibe die geographische Lage von München (Karte S. 177).

▶ Nenne zum Beispiel das Bundesland, Lage zu Gebirgen oder Gewässern, Verkehrswegen und großen Städten. Verwende bei deiner Beschreibung Himmelsrichtungen.

5 Erkläre die Bedeutung der guten Verkehrsanbindung für Besucher der Landeshauptstadt und für die Wirtschaft (**M 4**).

▶ Berücksichtige dabei:
- Möglichkeiten der Anreise mit unterschiedlichen Verkehrsmitteln;
- Besucher möchten die Sehenswürdigkeiten in München, aber auch die nahe Umgebung besuchen;
- die Wirtschaft möchte schnelle Verbindungen für die Anlieferung und den Abtransport von Erzeugnissen.

S. 115

1 Benenne die Begriffe und nutze dazu die physische Karte (**M 1**, Karte S. 99).

▶ Du sollst die Buchstaben und Zahlen in der Karte mit Namen versehen. Lege dir dazu eine Liste an nach folgendem Vorbild:

Städte	Großlandschaften	Flüsse, Seen
1 Kiel 2 Lübeck 3 …	A Norddeutsches Tiefland B Mittelgebirgsland C …	a Ems b Weser c …

Meere	Mittelgebirge, höchste Berge
A … B …	a Harz, Brocken 1142 m b Rothaargebirge c …

4 Erstelle ein Lernplakat zu einer Großlandschaft, das eine Kartenskizze oder Karte, Abbildungen sowie einen erläuternden Kurztext enthalten sollte (**M 2, M 3**, 🔑).

▶ Beachte die Arbeitstechnik ***Lernplakate erstellen.***

S. 119

3 Lege eine Tabelle mit zwei Spalten an. Trage die Großlandschaften von West nach Ost nacheinander in die linke Spalte ein. Ordne jeder Großlandschaft wichtige Merkmale sowie Städte, Flüsse und kleinere Landschaften zu (**M 2** bis **M 7**, Karte S. 174).

▶ Die Tabelle könnte so aussehen:

Landschaft	Merkmale
Alpenvorland …	flach Fluss: Iller, Lech, … Städte: München, Augsburg, …

4 Zeichne eine Kartenskizze zum Thema „Landschaften in Bayern" (**M 1**).

▶ Gehe beim Zeichnen der Kartenskizze nach der Checkliste auf S. 126 vor.

5 Wähle eine Landschaft Bayerns aus und stelle sie in einem Kurzvortrag der Klasse vor (**M 1** bis **M 7**, 🔑).

▶ Beachte die Arbeitstechnik ***Einen Kurzvortrag, ein Kurzreferat halten.***

S. 121

1 Beschreibe die geographische Lage des Bayerischen Waldes (Karte S. 174).

▶ Gehe dabei besonders ein auf:
- die Grenzen des Mittelgebirges,
- die Erstreckungsrichtung des Mittelgebirges,
- Orte, die im Bayerischen Wald oder am Rande liegen.

4 Wo findest du die sehr alten und harten Gesteine im Bayerischen Wald?

▶ Informationen findest du im Textabschnitt „Blick in die Erdgeschichte".

S. 123

2 Erläutere die Formen der glazialen Serie (**M 3**).

▶ Verwende dazu auch die Begriffe Eiszeitalter, Warmzeiten und Kaltzeiten. Weitere Informationen findest du im Textabschnitt „Gletschereis und Schmelzwasser formten die Oberfläche".

4 Erkläre mithilfe eines Fließdiagramms, wie der Bodensee entstanden ist (**M 1** bis **M 3**).

▶ Beachte die Arbeitstechnik ***Fließdiagramme zeichnen.***

5 Informiere dich über Findlinge in Bayern und stelle deine Ergebnisse der Klasse vor (**M 4**).

▶ Beachte auch die Arbeitstechnik ***Eine Internetrecherche durchführen.***

S. 125

1 Beschreibe die geographische Lage der Alpen und benenne die Staaten, die Anteil an den Alpen haben (Karten S. 178/179).

▶ Beachte dabei die Lage innerhalb Deutschlands und Europas sowie Staaten, die Anteil an den Alpen haben. Bei diesen kannst du mithilfe von Himmelsrichtungen die Lage der Alpen innerhalb der Staaten angeben. Du kannst auch große Flüsse nennen, die in den Alpen entspringen.

5 Erläutere, auf welcher Höhenstufe sich die Almen befinden (**M 3** bis **M 5**).

▶ Überlege dazu, was eine Alm ist, oder schlage den Begriff im Lexikon nach. Kläre danach die Frage, welche Aufgaben eine Alm zu erfüllen hat.

S. 129

2 Beschreibe, wie sich der Flächenverbrauch durch Siedlungen, Verkehrswege oder Industriebetriebe auf die Landschaft auswirkt (**M 1**, **M 2**).

▶ Gehe bei deiner Beschreibung so vor:
- Beschreibe zunächst, was ursprünglich da war und durch die Bebauung verloren gegangen ist.
- Beschreibe anschließend, wodurch oder von wem die verlorenen Flächen genutzt wurden.
- Dann kannst du zusammenfassen, wie sich die zunehmende Bebauung auf die Landschaft auswirkt.

▶ Weitere Informationen findest du in den Textabschnitten „Landwirte gestalten unsere Umwelt" und „Siedlungen und Verkehrswege verbrauchen Fläche".

3 Erläutere, welche Maßnahmen des Landschaftsschutzes es gibt (**M 3**, **M 4**).

▶ Erläutere, welche Gebiete besonders geschützt werden und wer sich besonders um den Landschaftsschutz bemüht. Weitere Informationen findest du im Textabschnitt „Landschaften unter Schutz".

5 Diskutiert in der Klasse die Notwendigkeit des Schutzes unseres Lebensraums und sammelt Beispiele, wie dies geschehen könnte (**M 1** bis **M 4**).

▶ Beachte die Arbeitstechnik ***Eine Diskussion führen.***

S. 131

1 Beschreibe die geographische Lage des Nationalparks innerhalb des Bayerischen Waldes (**M 1**, Karte S. 174).

▶ Beachte bei der Beschreibung der geographischen Lage:
- die Lage des Nationalparks im Bayerischen Wald,
- die Grenzen des Nationalparks im Norden, Süden, Osten und Westen,
- die Ausdehnung (Länge und Breite in Kilometer),
- die Richtung, in der sich der Nationalpark erstreckt,
- Flüsse, die im Nationalpark entspringen oder an der Grenze des Nationalparks fließen,
- Orte, die in der Nähe des Nationalparks liegen,
- hohe Berge des Nationalparks.

4 Erstelle eine Mindmap zu touristischen Angeboten im Nationalpark Bayerischer Wald (**M 2** bis **M 4**).

▶ Beachte die Arbeitstechnik ***Eine Mindmap erstellen***. So könnte deine Mindmap aussehen:

▶

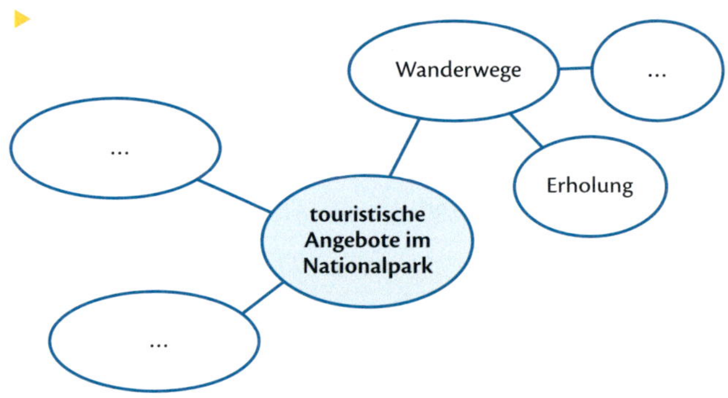

5 Beurteile, ob die touristischen Angebote mit den Zielen und Aufgaben der Nationalparks übereinstimmen (**M 1** bis **M 4**).

▶ Berücksichtige zunächst die Ziele und Aufgaben des Nationalparks. Informationen findest du im Textabschnitt „Ziele und Aufgaben des Nationalparks". Informiere dich anschließend über die touristischen Angebote des Nationalparks, der Textabschnitt „Tourismus und Umweltbildung" hilft dir weiter. Prüfe nun, ob die Ziele, Aufgaben und Angebote zusammenpassen.

Kapitel 6 Den Nahraum erforschen

S. 143

4 Lege eine Tabelle an und ordne die Stadtviertel den Bereichen „Wohnen“, „Arbeiten“ und „Freizeit“ zu. Beachte, dass manche Viertel auch mehreren Bereichen zugeordnet werden können (**M 1** bis **M 5**).

▸ Die Tabelle enthält 4 Zeilen und 4 Spalten und könnte folgendermaßen aussehen:

Stadtviertel	Wohnen	Arbeiten	Freizeit
Geschäfts- und Verwaltungsviertel	?	?	?
Wohn- und Mischviertel	?	?	?

S. 145

4 Nenne Probleme, die auftreten können, wenn viele Menschen vom Wohnort zum Arbeitsplatz in der Stadt pendeln (**M 1**, **M 2**).

▸ Berücksichtige dabei den Verkehr, die Umweltbelastung, die Situation tagsüber und abends in der Stadt und in den Umlandgemeinden. Informationen findest du in **M 1** und **M 2** sowie dem Absatz „Pendler“.

5 Stadt und Umland sind eng verbunden. Erläutere diese Aussage (**M 1** bis **M 3**).

▸ Gehe bei der Lösung wie folgt vor:
- Beschreibe, welche Angebote Menschen in der Stadt nutzen, die im Umland wohnen.
- Benenne Gründe, weshalb Menschen von der Stadt ins Umland ziehen.
- Erkläre, weshalb die Stadt und das Umland miteinander verflochten sind.

S. 147

1 Beschreibe die geographische Lage von Augsburg (Karte S. 177).

▸ Beachte bei der Beschreibung der geographischen Lage die Lage in Bayern, zu Gebirgen oder Gewässern, Verkehrswegen und großen Städten. Verwende bei deiner Lagebeschreibung Himmelsrichtungen.

Arbeitstechniken

Eine Diskussion führen

Checkliste zum Führen einer Diskussion:

1. Bereite dich auf das Thema vor und notiere dir die wichtigsten Informationen.
2. Finde einen Partner und setzt euch zu zweit an einen Tisch.
3. Sprecht gemeinsam über das Thema und tauscht eure Meinungen aus.
4. Sammelt gemeinsam Argumente zum Thema.
5. Wartet auf das Signal der Lehrkraft. Sucht euch anschließend ein weiteres Pärchen und tauscht euch zu viert zum Thema aus.
6. Vergleicht und ergänzt eure Argumente zum Thema.
7. Notiert die wichtigsten Ergebnisse aus eurer Gruppe und haltet Beispiele fest.
8. Wartet auf das Signal der Lehrkraft, das den Austausch in der Vierergruppe beendet.
9. Formuliere für dich alleine deine Meinung zum Thema.
10. Präsentiere deine Ergebnisse anschließend in der Klasse.

Fließdiagramme zeichnen

Mit Fließdiagrammen können Abläufe und Entwicklungen anschaulich dargestellt werden, wie bei diesem Beispiel die Nahrungskette im Watt.

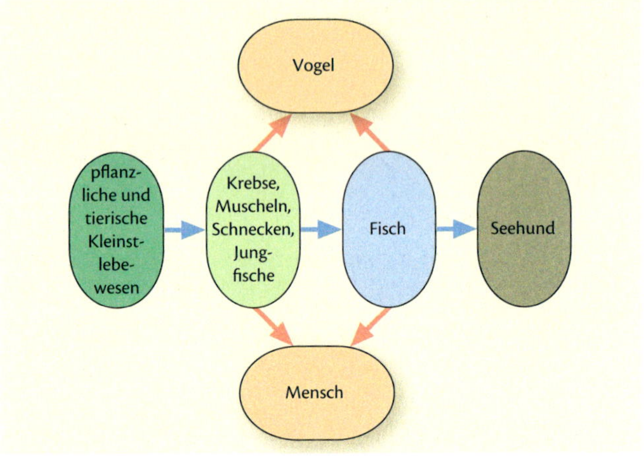

Fließdiagramm: Die Nahrungskette im Watt

Eine Internetrecherche durchführen

Eine gute Möglichkeit, Informationen zu beschaffen, bietet das Internet. Allerdings solltet ihr bei der Arbeit mit dem Internet folgende Hinweise beachten.
Zunächst solltet ihr prüfen, ob die Internetrecherche sinnvoll ist. Sie kann sinnvoll sein, wenn

- ihr schnell Informationen benötigt,
- ihr aktuelles Datenmaterial sucht,
- ihr Material benötigt, über das die örtlichen Bibliotheken nicht oder nicht so schnell verfügen können,
- ihr vielleicht noch nicht genau wisst, welche Informationen es zu einem Thema gibt.

Wie finde ich was im Internet?

Am einfachsten ist es, wenn man die Adresse kennt. Sehr häufig wird inzwischen in Zeitungen, Zeitschriften und im Fernsehen die Internetadresse angegeben – sie beginnt mit „www". Achtet darauf, die Adresse genau anzugeben – vor allem die Punkte. Manche Adressen sind naheliegend: www.deutschland.de oder www.bayern.de. Viele Adressen hingegen müssen über „Suchmaschinen" wie www.bing.de und www.google.de herausgefunden werden.

Mit Suchmaschinen arbeiten

1. Schritt: Gib die Adresse einer Suchmaschine ein.
2. Schritt: Auf der Startseite der Suchmaschine gibst du den Suchbegriff ein. Die Suchmaschine durchforstet das ganze Web und du erhältst eine Liste mit Internetadressen.
3. Schritt: Die Liste ist zu lang? Du kannst deine Auswahl auch durch zwei oder mehr Suchbegriffe einschränken.
4. Schritt: Sobald du eine vielversprechende Adresse hast, klickst du auf den Link. Findest du unter der Seite Informationen, die du zur Lösung deiner Fragestellung gebrauchen kannst, solltest du sie komplett oder in Auszügen auf deinem Computer speichern und ausdrucken. Gib die Adresse dieser Seite als „Quelle" an, auch wenn du nur Auszüge verwendest.
Und Achtung: Jeder kann im Internet Inhalte ungeprüft veröffentlichen. Du musst also auch prüfen, von wem die Informationen stammen und – soweit dies geht – ob sie sachlich richtig sind.

Einen Kurzvortrag, ein Kurzreferat halten

Ein Kurzvortrag ist eine mündliche Form der Präsentation, also der Darstellung eines Themas. Ein Kurzvortrag ist in drei Abschnitte gegliedert: Einleitung – Hauptteil – Schluss. Wenn du einen Kurzvortrag zu einem bestimmten Thema halten sollst, beachte folgende Schritte:

1. Das Thema/Problem erfassen: Wie genau lautet das Thema deines Vortrages? Formuliere eine passende Überschrift oder Fragestellung.
2. Informationen recherchieren, sammeln und ordnen: Informationsquellen können dein Schulbuch, weitere Bücher aus Bibliotheken oder das Internet sein. Angesichts der Fülle der Informationen musst du Schwerpunkte festlegen und das vorhandene Material sortieren.
3. Erstelle eine Gliederung für dein Referat. Bedenke, dass es sich um einen kurzen Vortrag handelt (etwa fünf bis zehn Minuten).
4. Du kannst bei deinem Vortrag auch Anschauungsmaterial einsetzen: Bilder, Gegenstände, Tabellen, ein Poster oder Ähnliches sowie Schlüsselwörter an die Tafel schreiben.
5. Referate sollen frei vorgetragen werden. Dabei hilft dir eine Zusammenstellung der wichtigsten Stichwörter auf Karteikarten. Achte dabei auf eine gut lesbare und große Schrift. Beschränke dich auf das Wesentliche. Vermeide komplizierte und verschachtelte Sätze.

6. Damit euer Minireferat gelingt, müsst ihr den Vortrag üben. Es empfiehlt sich, alles einem Freund oder einer Freundin oder der Familie vorzutragen.
7. **Tipps für den eigentlichen Vortrag:**
   - Stelle dich so hin, dass dich alle sehen können.
   - Versuche frei zu sprechen.
   - Orientiere dich an deinen Stichwörtern.
   - Schau beim Sprechen die Zuhörer/Mitschüler an.
8. Nach dem Vortrag können die Zuhörer Rückfragen stellen, um Begriffe und Sachverhalte präzisieren zu können.

Lernplakate erstellen

Das Lernplakat dient der Ergebnissicherung. Mit einem Lernplakat kann man wichtige Lernergebnisse zusammenfassen und das veranschaulichen, was man sich unbedingt merken will und anderen mitteilen möchte.
Lernplakate können gut in Gruppen entworfen werden:
1. Die Teilnehmer legen den Inhalt des Lernplakats fest.
2. Sie verständigen sich über die Aussage, die ihr Plakat vermitteln soll.
3. Sie sammeln Ideen für Materialien und die Überschriften.

Für die Fertigstellung werden Plakatkarton und dicke Filzstifte benötigt. Für kurze Sprüche ist ein Hochformat geeignet. Format, Bild und Text müssen gut zusammenwirken. Die Aussage des Plakats muss auf weite Entfernung lesbar sein.

Tipps zum Erstellen von Plakaten und Folien

Überschrift: Jedes Plakat/jede Folie hat einen Namen.
- Große Schrift: Nur so ist der Text auch lesbar. Bei Plakaten am besten dicke Stifte verwenden.
- Struktur: Der Aufbau muss mit einem Blick erkennbar sein. Da helfen
  - Blockbildung,
  - Trennlinien,
  - Kästen.
- Sinneinheiten sollen räumlich nah beieinander stehen.
- Wichtiges hervorheben: Dies lässt sich durch farbige Schrift, Unterstreichen, Umrahmen oder Schraffieren erreichen.
- Farben: Sie beleben das Plakat/die Folie. Pro Darstellung maximal drei Farben verwenden.
- Bild schlägt Wort: Nicht nur Text, sondern auch Schemazeichnungen, Diagramme oder Bilder verwenden.
- Mut zur Lücke: Auch Freiflächen sind Gestaltungselemente. Mindestens ein Drittel freilassen.
- Fernwirkung: Aus mindestens fünf Metern Entfernung müssen Plakate noch gut lesbar sein. Bei Folien sollte dies auch vom hinteren Bereich des Raumes möglich sein.

Eine Mindmap erstellen

Eine Mindmap ist eine Gedankenlandkarte. Sie hilft, Informationen zu ordnen und besser im Gedächtnis zu behalten. Bei einer Mindmap fängt man in der Mitte an. Mindmaps bestehen aus Hauptästen und Nebenästen. Es werden immer nur Stichwörter aufgeschrieben.
Eine Mindmap zu erstellen, funktioniert in drei Schritten:
- Nehmt ein unliniertes Blatt Papier und schreibt euer Thema/den zentralen Begriff in die Mitte des Blattes.
- Überlegt, welche wichtigen Oberbegriffe euch zu dem Thema einfallen. Von der Mitte ausgehend zeichnet ihr für jeden gefundenen Oberbegriff die Hauptstränge (Äste) und an jedem Ast notiert ihr den Oberbegriff.
- Von den Ästen gehen Zweige ab, an denen ihr die untergeordneten Gesichtspunkte und Begriffe notieren könnt.

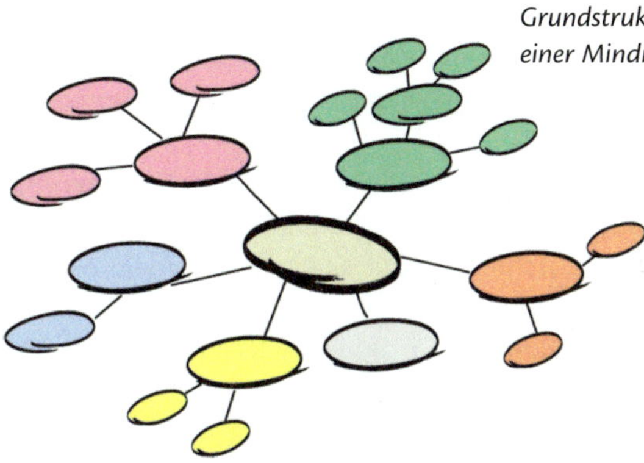

Grundstruktur einer Mindmap

Eine Präsentation gestalten

Bilder und Zeichnungen können einprägsamer als Texte sein. Dabei gibt es verschiedene Möglichkeiten:
1 **Das Plakat** ermöglicht zum Beispiel, Bilder, Zeitungsschlagzeilen, Tabellen und Grafiken zu befestigen. Auf lange Texte solltet ihr bei einem Plakat verzichten. Oft wirkt ein Plakat besser, wenn es nicht rechteckig ist, sondern in einer interessanten Form das Thema wiedergibt.
2 **Die Collage** besteht vorwiegend aus Bildern. Diese sollten sehr aussagekräftig sein, Situationen überspitzen und auf ein Problem hinweisen. Besonders ihre Anordnung kann den Betrachter neugierig machen.
3 **Die (gestaltete) Landkarte** ist so etwas wie ein Plakat in Form eines Landes oder Kontinents. Sie bietet sich als Präsentationsform an, wenn das Thema sich auf ein Land oder einen Erdteil bezieht.
4 **Die Ausstellung** richtet sich an die Klasse oder die gesamte Schule, manchmal auch an Eltern und Mitbürger. In der Vorbereitung sind folgende Fragen zu klären:
- Wo ist ein geeigneter Ort (Flur, Pausenhalle, Aula)?
- Wen könnte das Thema interessieren?
- Woher bekommen wir Pinn- und Stellwände sowie Schaukästen?
- Wie wollen wir das Thema präsentieren?
- Wie soll die Ausstellung angekündigt werden (Aushänge, Schüler- oder Lokalzeitung)?
- Wie erhalten wir eine Rückmeldung zu unserer Ausstellung (Buch für Eintragungen, Fragebögen)?

Lexikon

Alm (S. 125): in Sommermonaten genutzte Weideflächen und Gebäude in höher gelegenen Bereichen der Alpen.

Antarktisvertrag (S. 50): Internationaler Vertrag, der festlegt, dass die Antarktis nur friedlich genutzt werden darf und der wissenschaftlichen Forschung dienen soll.

Äquator (S. 38): der Kreis um die Erdkugel, der an allen Punkten denselben Abstand von den → *Polen* hat. Er teilt die Erde in Nord- und Südhalbkugel und hat eine Länge von rund 40 000 Kilometern. Im → *Gradnetz* ist ihm 0° Breite zugewiesen und er ist der größte → *Breitenkreis*.

Astronaut (S. 32): Ein Mensch, der als Weltraumfahrer im Weltraum unterwegs ist. Der erste Weltraumfahrer war 1961 Juri Gagarin.

Atmosphäre (S. 36): Hülle eines Himmelskörpers, bestehend aus einem Gemisch von Gasen, speziell die Lufthülle, die die Erde umgibt.

Bevölkerungsdichte (S. 106): Maßzahl für die Bevölkerungsverteilung in einem Gebiet. Sie gibt an, wie viele Menschen durchschnittlich auf einem Quadratkilometer eines Gebietes wohnen.

Bodenversiegelung (S. 93): Bodenabdeckung durch eine wasserundurchlässigen Schicht, wie Häuser und Straßen.

Breitenkreis (S. 38): Im → *Gradnetz* Linien, die mit gleichem Abstand zum → *Äquator* um die Erde verlaufen.

Bundeshauptstadt (S. 108): Die Bundesrepublik Deutschland hat 16 Bundesländer mit jeweils einer Landeshauptstadt. Berlin ist die Bundeshauptstadt.

City (S. 142): die Innenstadt von *Großstädten*, in der sich das Geschäftsviertel befindet.

Eisberg (S. 50): im Meer schwimmender Eisblock, der sich von einem Gletscher gelöst hat. Nur der kleinste Teil des Eisbergs ist über der Wasseroberfläche zu sehen.

Endmoräne (S. 122): eine wallartige Hügelkette aus Lehm, Sand, Kies und Steinen, die vor dem Inlandeis entstand.

erdäußere (exogene) Vorgänge (S. 74, 84): Vorgänge, die von außen auf die Erdoberfläche einwirken, z. B. durch fließendes Wasser, Wind, Eis oder Temperaturunterschiede. Dazu gehören etwa → Verwitterung, → Erosion und → Sedimentation.

Erdbeben (S. 75): Erschütterungen der Erdoberfläche durch Vorgänge in der Erdkruste.

erdinnere (endogene) Vorgänge (S. 74): Vorgänge, die vom Erdinneren her auf die Erdkruste einwirken. Dazu gehören z. B. → Erdbeben oder → Vulkanismus.

Erdkern (S. 37): innerer Teil der Erde mit einem Durchmesser von rund 7000 Kilometern und Temperaturen bis zu 6000 °C. Der innere Erdkern ist fest, der äußere flüssig.

Erdmantel (S. 37): rund 2900 Kilometer mächtige mittlere Schale der Erde, die vorwiegend fest ist und zwischen → *Erdkern* und *Erdkruste* liegt.

Erdrotation (S. 29): Drehung der Erde um ihre Achse von West nach Ost, die im Zeitraum von 24 Stunden vollzogen wird. Sie bewirkt die Entstehung von Tag und Nacht.

Erdzeitalter (S. 35): Die Entwicklung der Erde wird in einzelne Zeitalter untergliedert.

Erosion (S. 85): abtragende Tätigkeit des Wassers oder des Windes.

Fixstern (S. 26): ein Stern, der scheinbar immer an der selben Stelle am Himmel steht (wie fixiert).

Globus (S. 38): (lat. Kugel) ein verkleinertes, kugelförmiges Abbild der Erde. Er ist gewöhnlich mit einer durch die Pole gehenden Achse befestigt und drehbar.

Gradnetz (S. 38): ein Netz aus (gedachten) → *Längen-* und → *Breitenkreisen*, das den → *Globus* überzieht. Es dient der Orientierung und der genauen Lagebestimmung von Orten auf der Erdkugel.

Gradnetzfeld (S. 22): die Fläche (das Feld) zwischen zwei → *Längen-* und → *Breitenkreisen*.

Grundmoräne (S. 122): im Gletscher mitgeführtes Material (Sand, Geröll, Felsblöcke = Findlinge), welches beim Schmelzen abgelagert wurde.

Hochgebirge (S. 124): deutlich höher als → *Mittelgebirge* und weisen schroffe Formen auf. In Europa haben sie Höhen von 2000 und mehr Metern.

Höhenlinie (S. 20): verbindet alle Punkte gleicher Höhe. Höhenlinien stellen Geländeformen auf Karten dar.

Höhenpunkt (S. 20): Punkt in einer Karte, dessen Höhe über dem Meeresspiegel bekannt und angegeben ist.

Höhenschicht (S. 20): Durch → *Höhenlinien* begrenzte Schicht der Erdoberfläche; wird in → *physischen* Karten als Fläche abgebildet.

Kaltzeit (S. 122): Zeitraum, in dem die Mitteltemperatur der Erde unter der aktuellen lag und kühles bis kaltes → Klima herrschte. Sie unterscheidet sich von der Eiszeit, die zusätzlich durch die Ausdehnung der Eismassen gekennzeichnet ist. Warm- und Kaltzeiten treten im Wechsel auf.

Karte (S. 14): verkleinertes, vereinfachtes, verebnetes und durch Signaturen (Zeichen) erläutertes Abbild der Erdoberfläche oder eines Teils von ihr.

Klima (S. 58): Zum Klima gehören Temperatur, Niederschlag, Luftdruck, Wind, Luftfeuchtigkeit, Sonnenscheindauer und Bewölkung. Das Klima eines Raumes wird über einen langen Zeitraum (circa 30 Jahre) gemessen.

Kompass (S. 12): Gerät zur Bestimmung der Nordrichtung und somit aller anderen Himmelsrichtungen. Der Kompasses besitzt eine Magnetnadel, die sich durch das Magnetfeld der Erde in Nord-Süd-Richtung einpendelt.

Kontinent (S. 46): Bezeichnung für die großen Festlandsmassen im Gegensatz zu Meeren und Inseln. Die sieben Kontinente (Erdteile) sind Europa, Asien, Afrika, Australien, Nordamerika, Südamerika und die Antarktis.

kontinentale Kruste (S. 37): äußerste Schale der Erde im Bereich der Kontinente, die bis zu 50 Kilometer mächtig ist.

Konvektionsstrom (S. 76): Bewegungen in der unteren und oberen Erdkruste, die zu Krustenbewegungen und Gebirgsbildungen führen. Wärmeströme steigen auf, werden an der Erdkruste abgelenkt und abgekühlt, sinken ab, um neu erhitzt wieder aufzusteigen.

Landeshauptstadt (S. 112): Eine Landeshauptstadt ist das politische Zentrum eines Landes. So hat in Deutschland jedes der 16 Bundesländer eine Landeshauptstadt.

Längenkreis (S. 38): Kreis, der durch beide → *Pole* senkrecht zum → *Äquator* um die Erdkugel verläuft. Ein Längenkreis besteht aus zwei Halbkreisen (Meridiane).

Lava (S. 74): glutflüssiges Gesteinsmaterial, das an der Erdoberfläche austritt.

Legende (S. 20): Zusammenstellung und Erläuterung der auf einer Karte verwendeten Signaturen (Zeichen).

Luftbild (S. 14): von einem Flugkörper aus aufgenommenes senkrechtes oder auch schräges Bild von einem Teil der Erdoberfläche.

Magma (S. 76): glutflüssiges Gesteinsmaterial im Erdinneren.

Maßstab (S. 18): Angabe auf Karten, die das Maß der Verkleinerung gegenüber der Wirklichkeit ausweist (Beispiel: 1 : 5000 bedeutet, ein Zentimeter in der Karte = 5000 Zentimeter = 500 Dezimeter = 50 Meter in der Natur).

Meridian (S. 38): Halbkreis im → *Gradnetz*, senkrecht zum → *Äquator*, der von → Pol zu Pol verläuft. Meridiane werden auch als „Längengrade" bezeichnet.

Meteorit (S. 27): ein Gestein aus dem Weltraum, das die Erdatmosphäre durchquert und den Erdboden erreicht hat, ohne zu verglühen.

Milchstraße (S. 26): am Nachthimmel sichtbarer heller Schleier aus unzähligen Himmelskörpern. Sie ist Teil der Galaxis, in dem sich unser Sonnensystem befindet.

Mittelgebirge (S. 120): Gebirge mit einer Höhenlage von 200 bis 1500 m. Die Berge haben weniger schroffe und steile Formen und sind waldreich, häufig bis in die Gipfellagen.

Mond (S. 26): Himmelskörper, der die Erde in knapp 28 Tagen umkreist.

Nomade (S. 64): Viehhalter, der mit der Herde von Naturweide zu Naturweide zieht, da die Futtergrundlage infolge der Trockenheit nicht für eine Dauernutzung ausreicht.

Nordpol (S. 38): → *Pol*

Oase (S. 64): Gebiet in einer Wüste, in dem durch dort vorhandenes Wasser üppiges Pflanzenwachstum möglich ist.

Ozean (S. 46): Durch die Lage der → *Kontinente* wird die Wassermasse der Erde in drei Ozeane geteilt, den Pazifischen, den Atlantischen und den Indischen Ozean.

ozeanische Kruste (S. 37): äußerste Schale der Erde im Bereich der → Ozeane. Sie besteht aus einer kompakten und damit schweren nur bis zu 10 Kilometer mächtigen Basaltschicht. Anders als die → kontinentale Kruste.

Pendler (S. 144): Menschen, die im → Umland großer Städte leben und täglich zur Arbeit in die Stadt und nach Arbeitsschluss wieder zurück ins Umland fahren.

physische Karte (S. 20): Karte der Oberflächengestalt der Erde; neben Gebirgen, Tiefländern und Gewässern enthält sie zur Orientierung Grenzen, Orte und Verkehrswege.

Planet (S. 26): Himmelskörper, der sich auf einer festen Bahn um eine Sonne bewegt.

Pol (S. 38): unter den geographischen Polen versteht man die beiden als „Nordpol" und „Südpol" bezeichneten Endpunkte der Erdachse.

Sahara (S. 64): größte Wüste der Erde. Sie befindet sich im Norden Afrikas. Die Fläche Deutschlands würde 26 Mal in die Fläche der Sahara passen.

Satellit (S. 30): ein künstlicher Raumflugkörper, der die Erde umkreist. Es gibt Satelliten für die Rundfunk- und TV-Übertragung, Wetter- und Erdbeobachtung, Navigation, Forschung und andere Funktionen.

Schelfeis (S. 50): Am Rande des Inlandeises entstehen im Schelfmeer flächenhaft ausgedehnte schwimmende Tafeleismassen.

Schichtvulkan (S. 78): durch Anhäufung vulkanischen Lockermaterials (Asche) und → Lava gebildeter kegelförmiger Vulkan.

Schildvulkan (S. 78): flacher Vulkan mit geringer Hangneigung, entsteht durch Ausfließen dünnflüssiger → Lava.

Schutzgebiet (S. 129): Bereiche, in denen Pflanzen und Tiere, aber auch Boden, das Grund- und Oberflächenwasser, das Klima oder das Landschaftsbild geschützt werden.

Schwerkraft (S. 33): Anziehungskraft, durch die auf der Erde alles nach unten fällt. Auch der → Mond und die → Satelliten werden von der Schwerkraft beeinflusst.

Sedimentation (S. 85): Ablagerung von festen Stoffen, z. B. Sand an einem Flussdelta.

Seismograph (S. 80): Gerät zur Messung und Aufzeichnung von → Erdbeben.

Seitenerosion (S. 89): seitliche Abtragung von Material an den Rändern von Flüssen, die das Flussbett verbreitert und zum Abbrechen der Uferböschung führen kann.

Sonnensystem (S. 28): Zum Sonnensystem gehören die Sonne, die → *Planeten* und ihre → Monde sowie alle übrigen die Sonne umkreisenden Himmelskörper.

Stadtviertel (S. 142): Eine Stadt wird nach der Nutzung, der Bebauung oder dem Alter in Stadtteile (-viertel) gegliedert, z. B. Geschäftszentrum, Altstadt, Industrieviertel.

Südpol (S. 38): → *Pol*

Tiefenerosion (S. 89): Abtragung von Material im Flussbett. Der Fluss schneidet sich immer tiefer ein.

Umland (S. 144): Vororte rund um eine Stadt, deren Einwohner eng mit der Stadt verbunden sind, weil sie dort arbeiten, zur Schule gehen oder einkaufen.

Verwitterung (S. 85): Zerkleinerung und Zersetzung festen Gesteins zu lockerem Material (Gesteinsschutt, Minerale) durch physikalische, chemische und biologische Prozesse.

Vulkanismus (S. 78): Vorgänge, die mit dem Empordringen von → Magma an die Erdoberfläche zusammenhängen.

Warmzeit (S. 122): längerfristiger wärmerer Klimaabschnitt zwischen zwei → *Kaltzeiten*, mit einer globalen Durchschnittstemperatur von etwa +15 °C.

Bildquellen

Cover: LOOK-foto/Andreas Strauß; **S. 3:** *oben* Fotolia/sdecoret; *unten* Fotolia/Tiago Lopes Fernandez; **S. 4:** *unten* Topic Media/imageBroker/Mario Hösel; *oben* Shutterstock/Arts Illustrated Studios; **S. 5:** *oben* Fotolia/arborpulchra; *unten* Fotolia/Otto Durst; **S. 8/9:** NASA/ESA/Alexander Gerst; **S. 10:** *unten links* ClipDealer/raineralbiez; *2. von oben links* Fotolia/vschlichting; *2. von unten rechts* Fotolia/bibi; *oben links* Fotolia/Antonio Gravante; *Hintergrund* Fotolia/Nadalina; *2. von oben rechts* Fotolia/AnastasiiaUsoltceva; *2. von unten links* Fotolia/Hendrik Schwartz; *oben rechts* Fotolia/Daniel Prudek; *unten rechts* Fotolia/eAlisa; **S. 11:** *M 4* F1online; *M 2 rechts* action press/Georg Hilgemann; *M 2 links* Image Source/Hironbu Shindo; *M 2 Mitte* picture alliance/ZB; **S. 12:** *M 4* Fotolia/Przemo; *M 3* Fotolia/Wilm Ihlenfeld; *M 1* picture-alliance/dpa/dpaweb; **S. 13:** *M 5, M 6* Oliver Hauptstock; *M 7* Sandra Menke, Georgsmarienhütte; **S. 14:** *M 2* Landesamt für Digitalisierung, Breitband und Vermessung, München; *M 1* FOTOFLUG.de GmbH; **S. 15:** Peter Kast; **S. 16:** Landesamt für Digitalisierung, Breitband und Vermessung, München; **S. 17:** Landesamt für Digitalisierung, Breitband und Vermessung, München; **S. 18:** Peter Kast; **S. 19:** *M 2 oben* Deutsche Bahn AG; *M 2 unten* Volker Döring, Hohen Neuendorf; *M 3* Oliver Hauptstock; *M 5* Dieter Stade; **S. 20:** Peter Kast; **S. 21:** Peter Kast; **S. 22:** Volkhard Binder; **S. 23:** Volkhard Binder; **S. 24/25:** Astrofoto/Numazawa; **S. 26:** *M 2* action press/NASA/REX; *M 1* ddp images; **S. 27:** *oben rechts* Okapia/Friedrich Saurer; *M 4* laif/Michael Martin; *oben links* Colourbox; *unten rechts* Fotolia/Gudellaphoto; *unten links* Fotolia/chones; **S. 28:** Oliver Hauptstock; **S. 29:** Oliver Hauptstock; **S. 30:** picture-alliance/Globus Infografik; **S. 31:** *M 3* Colourbox/Elena Duvernay; *M 2* ESA/ATG medialab; **S. 32:** mauritius images/NASA; **S. 33:** *M 3* Franz-Josef Domke; *M 4* picture-alliance/dpa-Infografik/Globus-Grafik; **S. 34:** *M 1* Cornelsen Verlag; *M 2* Cornelsen Verlag; **S. 35:** *M 3* picture-alliance/ZB; **S. 36:** *M 2, M 3* Dieter Stade; *M 1* NASA; **S. 37:** *M 4 links, M 4 oben* Otto Götzl; *M 5* Franz-Josef Domke; *M 4 rechts* Cornelsen Verlag; **S. 38:** *links* mauritius images/K-PHOTOS/Alamy; *unten* Hans Wunderlich; *rechts* Fotolia/Gomaespumoso; **S. 39:** Volkhard Binder; **S. 40:** *M 2, M 3, M 4* Cornelsen Verlag; *M 1* mauritius images/Science Photo Library/ANDRZEJ WOJCICKI; **S. 42:** *M 8* action press/NASA; *M 7* picture-alliance/dpa-Infografik; **S. 43:** Peter Kast; **S. 44/45:** Fotolia/timothyh; S. 48: *M 2* Volkhard Binder; *M 1* picture alliance/AFP; S. 49: *M 3* akg-images; *M 4* bpk; **S. 50:** *M 1* dpa/picture-alliance; *M 2* Dieter Stade; **S. 51:** Alfred-Wegener-Institut, Bremerhaven; **S. 52:** *M 1* mauritius images/United Archives; *M 3* bridgemanimages.com; *M 2* Fotolia/Juulijs; **S. 53:** Ursula Zitzelsberger; **S. 54:** Franz-Josef Domke; **S. 56:** Dieter Stade; **S. 57:** *M 4* www.karikatur-cartoon.de/Roger Schmidt; *M 2* Dieter Stade; **S. 58:** *M 2* picture-alliance/Arco Images; *M 4* picture-alliance/Wildlife; *M 1* picture-alliance/All Canada Photos; *M 3* picture-alliance/Bildagentur Huber; **S. 59:** Dieter Stade; **S. 60:** *M 3* ddp images; *M 2* Volkhard Binder; **S. 61:** *M 5* Dieter Stade; *M 4* Fotolia/max5128; **S. 62:** *M 1, M 2* F1online; *M 3* picture alliance/Arco Images; **S. 63:** *M 4* Fotolia/bynicola; *M 5* picture alliance/Westend61/Tom Chance; **S. 64:** *M 1* Glow Images/imagebroker.com; **S. 65:** *M 3* F1online/Imagebroker RM; **S. 66:** *M 1* mauritius images/John Warburton-Lee/Nigel Pavitt; *M 2* mauritius images/Mint Images/Frans Lanting; *M 4* Franz-Josef Domke; **S. 67:** *M 5* Hans Wunderlich; *M 6* ddp images; *M 7* F1online; **S. 70:** *M 6, M 7* F1online; *M 8* imago/Fotoarena International; **S. 71:** Peter Kast; **S. 72/73:** picture-alliance/dpa; **S. 74:** *M 1* USGS/Cascades Volcano Observatory/Harry Glicken; *M 2* Your_Photo_Today; **S. 75:** *M 4* Fotolia/ARochau; *oben* USGS/Cascades Volcano Observatory/Harry Glicken; **S. 76/77:** *M 2* Hans Wunderlich; **S. 76:** *M 1* Dieter Stade; **S. 77:** *M 3* Sigurbjörn Ragnarsson, Keflavik/Island; **S. 78:** *M 3* picture-alliance/KPA/Bruno Schug; *M 1* NASA; **S. 79:** *M 6* picture-alliance/dpa-Fotoreport; *M 4* Franz-Josef Domke; *M 5* Elle Rudyk; **S. 80:** *M 4* picture-alliance/NHPA/photoshot; *M 3* Dieter Stade; *M 2* picture-alliance/dpa/AFP; **S. 81:** Dieter Stade; **S. 82:** *M 1* vario images/imageBROKER; *M 2* Cornelsen Verlagsarchiv; **S. 83:** *M 5* mauritius images/Klaus Scholz; **S. 84:** Lob & Koelle GbR, Straßlach-Dingharting; **S. 85:** *M 2* Franz-Josef Domke; **S. 86:** Volkmar Rinke; **S. 87:** *unten links* M. Bräunlich; Mitte Franz-Josef Domke; *oben links* Süddeutsche Zeitung Photo/imageBROKER/Siepmann; *unten rechts* WILDLIFE/D.Harms; *oben rechts* Clip Dealer/JFsPic© Sabine Thielemann; **S. 88:** *M 2* Volkhard Binder; *M 1* Cornelsen Verlag; **S. 89:** *alle Illustrationen* Hans Wunderlich; *oben* picture-alliance/DUMONT Bild; *2. von oben* Volkhard Binder; *2. von unten, unten* Johann-Bernhard Haversath; **S. 90:** *M 1* vario images/euroluftbild.de; *M 2* Dieter Stade; **S. 91:** *M 6* Süddeutsche Zeitung Photo/JOKER/Erich Häfele; *M 4* Fotolia/Fotolyse; *M 5* Franz-Josef Domke; **S. 92:** Otto Götzl; **S. 93:** *M 2* Otto Götzl; *M 3, M 4* Dieter Stade; **S. 94:** *M 3* F1online; *M 2* action press/TRAX; *links* Glow Images/imagebroker.com; **S. 95:** Franz-Josef Domke; **S. 96:** Cornelsen Verlag; **S. 97:** Dieter Stade; **S. 98:** *M 6* picture-alliance/NASA; *M 5* picture-alliance/dpa; *M 7* Lutz Lennardt; **S. 99:** Cornelsen Verlag; **S. 100:** euroluftbild.de/vario images; **S. 101:** mauritius images/Westend61/Delta Image; **S. 102:** Peter Kast; **S. 103:** Peter Kast; **S. 104:** *M 1* Katrin Pfeil; *M 2* Shutterstock/dovla982; **S. 105:** Volkhard Binder; **S. 106:** ddp images/Uwe Lein; **S. 107:** Peter Kast; **S. 108:** picture alliance/Oliver Lang; **S. 109:** *M 5* Cornelsen Verlag; *M 4* Fotolia/rbkelle; *M 3* Peter Kast; **S. 110:** Peter Kast; **S. 111:** Peter Kast; **S. 112:** *M 1* INTERFOTO/Christian Bäck; *M 3* Fotolia/hwtravel; **S. 113:** *M 5* picture alliance/Sueddeutsche; *M 6* Dieter Stade; *M 4* Franz-Josef Domke; **S. 114:** Cornelsen Verlag; **S. 115:** *M 3* Cornelsen Verlag; *(3)* picture alliance/ZB/euroluftbild; *(1), (4)* picture-alliance/ZB; *(2)* picture-alliance/OKAPIA KG; *(5)* Your_Photo_Today; **S. 116:** *M 1* LOOK-Foto/Karl Johaentges; *M 3* Bildagentur Huber/Radelt; *M 2* Your_Photo_Today; **S. 117:** Bildagentur Huber/Gräfenhain; **S. 118:** Peter Kast; **S. 119:** *M 4* TOPIC-Media/imageBROKER/Wilfried Wirth; *M 2, M 7* Bildagentur Huber/Gräfenhain; *M 3, M 6* Bildagentur Huber/H.P. Huber; *M 5* picture alliance/Hajo Dietz; **S. 120/121:** *M 4* Tourismusverband Ostbayern e.V., Regen, Kartographie Heinz Muggenthaler, Regen; **S. 120:** *M 2* imageBROKER/vario images; *M 1* Fotolia/Arnold; *M 3* PantherMedia/Karin Jähne; **S. 121:** *M 5* Volker Huntemann; **S. 122:** *M 1* picture alliance/Westend61/Silke Magino; **S. 123:** *M 4* GEOclick/Klaus Feske; *M 3* Cornelsen Verlag; **S. 124:** *M 1* picture alliance/dpa; *M 2* Hans Wunderlich; **S. 125:** *M 4* picture-alliance/dpa; *M 3* Josephine Wolff; **S. 126:** *M 2* Thorsten Bröckel, Altbach; *M 3* Peter Kast; *M 1* Matthias Pflügner; **S. 127:** *M 6* Thorsten Bröckel, Altbach; *M 4, M 5* Peter Kast; **S. 128:** *M 1* picture alliance/ZB/euroluftbild; *M 2* Dieter Stade; **S. 129:** *M 4* mauritius images/Stefan Hefele; *M 3* YourPhotoToday/PM; *unten 2. von links* Fotolia/Bernd Andres; *unten links* Fotolia/outdoorpixel; *unten 2. von rechts* Nationalpark Bayerischer Wald, Grafenau; *unten rechts* Naturpark Altmühle, Eichstätt; **S. 130:** Peter Kast; **S. 131:** *M 3* Volker Huntemann; *M 5* Topic Media/Martin Siepmann; *M 4* Dieter Stade; **S. 132:** Volkhard Binder; **S. 133:** Peter Kast; **S. 134:** *M 8* Peter Kast; *M 9 rechts* Charly Ebel, Seebach; *M 9 links* Simone Stübner, Seebach; **S. 135:** Stadt Augsburg, Geodatenamt; **S. 136/137:** F1online; **S. 138:** Peter Kast; **S. 139:** Mitte Fotolia/LightingKreative; oben Fotolia/Noppasinw; *unten* Shutterstock/Mariia Golovianko; **S. 140:** Münchner Verkehrs- und Tarifverbund GmbH (MVV), München; **S. 141:** *2. von oben* vario images/imageBROKER; *2. von unten* F1online; *oben* Shutterstock/Bene Images; *unten* mauritius images/imageBROKER/Manfred Bail; **S. 142:** *M 1, M 2* Johannes Völker; **S. 143:** *M 3, M 4* Johannes Völker; *M 5* Volkhard Binder; **S. 144:** Dieter Stade; **S. 145:** Oliver Hauptstock; **S. 146:** dpa picture-alliance/euroluftbild.de/Gerhard Launer; **S. 147:** *M 3* akg-images; *M 4* Bildagentur Huber/R. Schmid; *M 2* bpk/Bayerische Staatsbibliothek; **S. 148:** *M 3* Cornelsen Verlag; *M 1* picture-alliance/dpa; **S. 149:** *unten links* picture-alliance; Mitte Fotolia/zwoelfeins; *oben rechts* Fotolia/Georges Blond; *oben links* Shutterstock/Axel Bueckert; *unten rechts* imago; **S. 150:** *M 2* Henriette Dieterle, Vaihingen/Enz; *M 1* Peter Kast; **S. 151:** *M 4* Franz-Josef Domke; **S. 152:** *M 1* Matthias Pflügner; *M 2* Peter Wirtz; **S. 153:** *M 3* Matthias Pflügner; *M 4* Peter Wirtz; **S. 154:** Katharina Heim; **S. 155:** *oben rechts, unten links* Fotolia/arborpulchra; *oben links, unten rechts* Katharina Heim; Mitte Peter Kast; **S. 156:** *M 3* mauritius images/Alamy/Michael Klinec; **S. 157:** SILBERWALD – Agentur für visuelle Kommunikation; **S. 168:** Katrin Pfeil; **S. 169:** Katrin Pfeil; **S. 173–183:** Peter Kast.

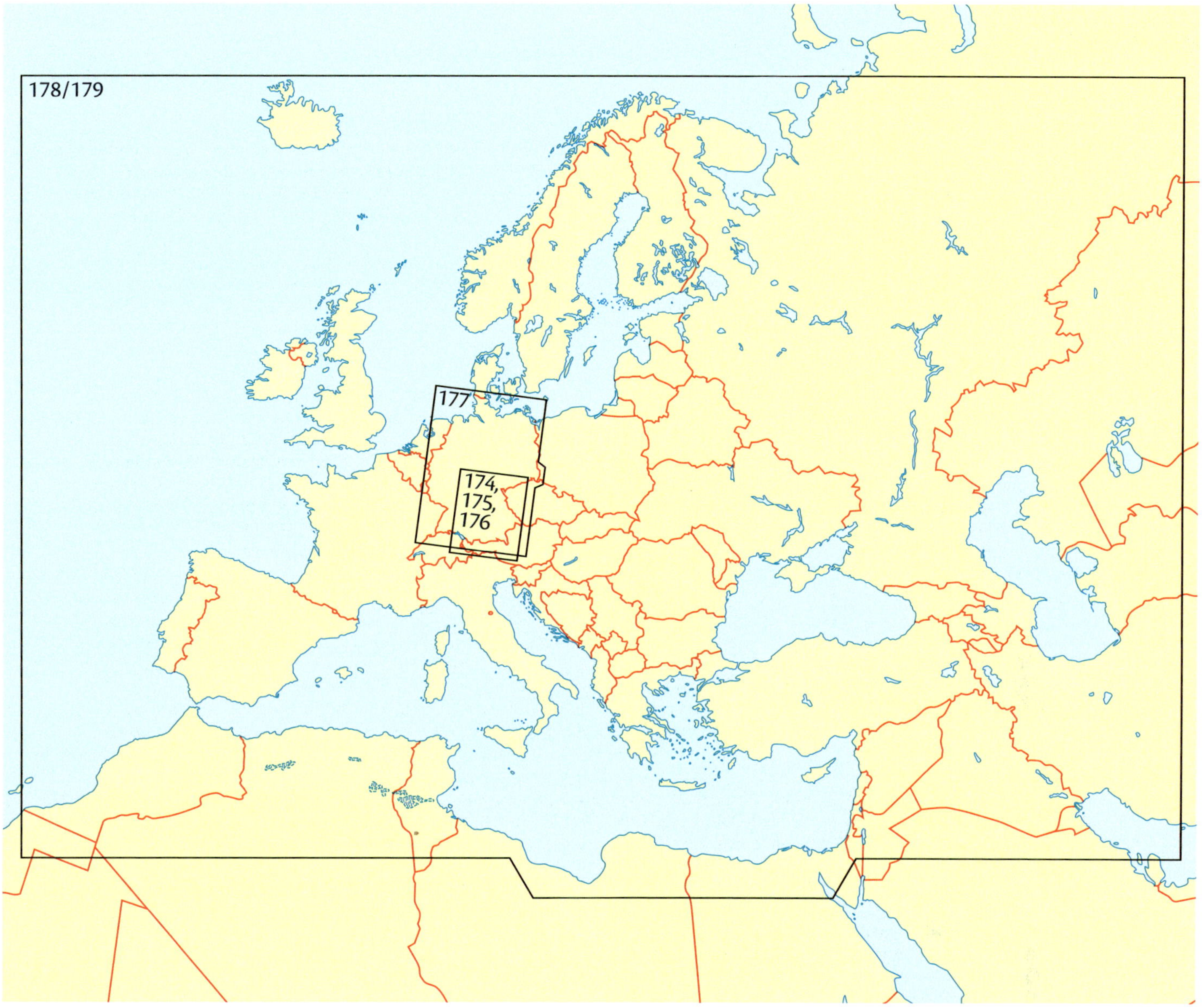
178/179
177
174,
175,
176

Orte

über 1000000 Einwohner	
500000 – 1000000 Einwohner	
100000 – 500000 Einwohner	
50000 – 100000 Einwohner	
unter 50000 Einwohner	

Staatsgrenze
Landesgrenze
Kanal
Sumpf, Moor

Eisenbahnstrecke:
für den Fern- und Nahverkehr
für den Nahverkehr
Eisenbahntunnel
Eisenbahn in Bau

Autobahn
Autobahntunnel
Autobahn in Bau/Planung
Fernverkehrsstraße

Flughafen
Gletscher
•1838 Höhenzahl

Landhöhen
50 100 200 300 500 750 1000 1500 2000 3000 m

10 östl. Länge von Greenwich

1 : 1 925 000 — 0 25 50 75 100 km — 1 cm ≙ 19,25 km

Land- und Forstwirtschaft
- Ackerland mit guten Böden
- Ackerland mit geringen Böden (zum Teil von Grünland durchsetzt)
- Weinbau
- Grünland (Wiesen und Weiden)
- Wald
- Heide und Ödland
- Gletscher
- Sumpf, Moor
- Obst
- Gemüse
- Zuckerrüben
- Hopfen
- Rinder
- Schweine
- Geflügel

Verkehr
- Eisenbahn
- Eisenbahntunnel
- Autobahn
- Autobahntunnel
- Kanal

Grenzen
- Staatsgrenze
- Landesgrenze
- Dicht bebaute Siedlungsfläche

10 östl. Länge von Greenwich

1 : 1 925 000 — 0 25 50 75 100 km — 1 cm ≙ 19,25 km

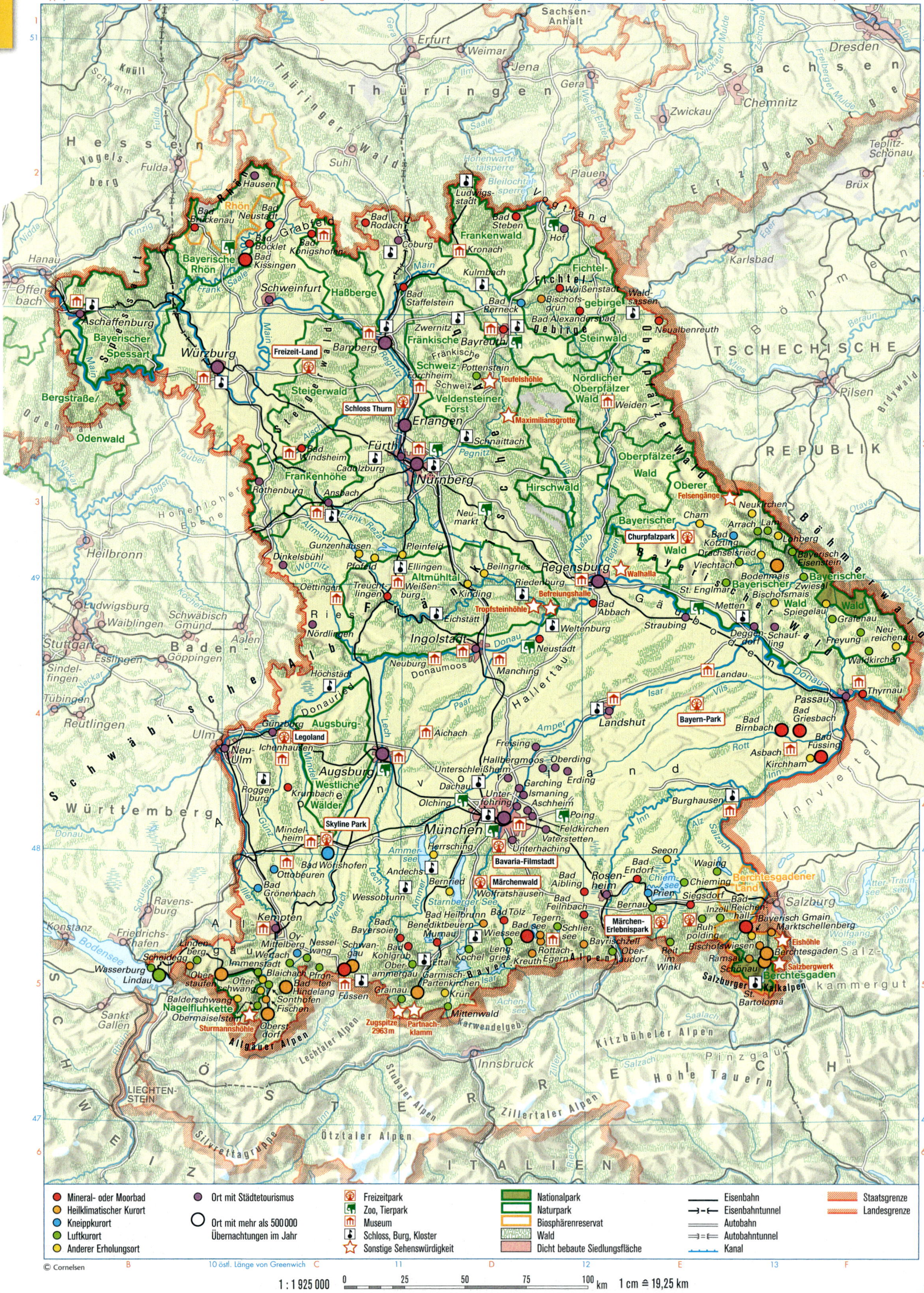
Mineral- oder Moorbad
Heilklimatischer Kurort
Kneippkurort
Luftkurort
Anderer Erholungsort
Ort mit Städtetourismus
Ort mit mehr als 500 000 Übernachtungen im Jahr
Freizeitpark
Zoo, Tierpark
Museum
Schloss, Burg, Kloster
Sonstige Sehenswürdigkeit
Nationalpark
Naturpark
Biosphärenreservat
Wald
Dicht bebaute Siedlungsfläche
Eisenbahn
Eisenbahntunnel
Autobahn
Autobahntunnel
Kanal
Staatsgrenze
Landesgrenze
10 östl. Länge von Greenwich
1 : 1 925 000
0 25 50 75 100 km
1 cm ≙ 19,25 km
Sachsen-Anhalt
Thüringen
Sachsen
Hessen
Baden-Württemberg
Schwäbische Alb
TSCHECHISCHE REPUBLIK
ÖSTERREICH
SCHWEIZ
ITALIEN
LIECHTENSTEIN
Erfurt
Weimar
Jena
Gera
Dresden
Chemnitz
Zwickau
Plauen
Karlsbad
Pilsen
Brüx
Teplitz-Schönau
Fulda
Suhl
Coburg
Hof
Bamberg
Würzburg
Aschaffenburg
Schweinfurt
Bayreuth
Erlangen
Fürth
Nürnberg
Ansbach
Rothenburg
Dinkelsbühl
Regensburg
Ingolstadt
Landshut
Passau
Augsburg
München
Kempten
Rosenheim
Salzburg
Berchtesgaden
Lindau
Innsbruck
Ulm
Neu-Ulm
Stuttgart
Heilbronn
Reutlingen
Tübingen
Garmisch-Partenkirchen
Füssen
Oberstdorf
Mittenwald
Bayerischer Wald
Oberpfälzer Wald
Fichtelgebirge
Frankenwald
Rhön
Spessart
Steigerwald
Altmühltal
Fränkische Schweiz-Veldensteiner Forst
Westliche Wälder
Nagelfluhkette
Allgäuer Alpen
Bayerische Alpen
Freizeit-Land
Schloss Thurn
Legoland
Skyline Park
Bavaria-Filmstadt
Märchenwald
Märchen-Erlebnispark
Bayern-Park
Churpfalzpark
Teufelshöhle
Maximiliansgrotte
Felsengänge
Walhalla
Befreiungshalle
Tropfsteinhöhle
Zugspitze 2963 m
Partnachklamm
Sturmannshöhle
Eishöhle
Salzbergwerk
Kitzbüheler Alpen
Hohe Tauern
Zillertaler Alpen
Ötztaler Alpen
Stubaier Alpen
Lechtaler Alpen
Silvrettagruppe
Salzkammergut
Innviertel
Bodensee
Chiemsee
Starnberger See
Ammersee

1 : 3 300 000 0 50 100 150 200 km 1 cm ≙ 33 km

Europäisches Nordmeer
Norwegisches Becken
Nördlicher Polarkreis
Reykjanesrücken
Islandbecken
ISLAND
Reykjavík
Akureyri
Vatnajökull 2119
Färöer
Shetlandinseln
Orkneyinseln
Rockall
Hebriden
Britische Inseln
ATLANTISCHER OZEAN
Westeuropäisches Becken
Azorenschwelle
Nordsee
Skagerrak
Kattegat
Ostsee
Irische See
Sankt-Georgs-Kanal
Der Kanal
Straße von Dover
Golf von Biskaya
Straße von Gibraltar
Balearen
Mittelmeer
Tyrrhenisches Meer
Adriatisches Meer
Ionisches Meer
Straße von Sizilien
Kleine Syrte
Große Syrte
IRLAND
Belfast
Dublin
Cork
GROSSBRITANNIEN
Glasgow
Edinburgh
Aberdeen
Ben Nevis 1343
Newcastle
Liverpool
Manchester
Sheffield
Birmingham
Bristol
Southampton
London
Land's End
NORWEGEN
Skandinavien
Lofotinseln
Vestfjord
Trondheim
Galdhöpiggen 2469
Bergen
Stavanger
Oslo
Norwegische Rinne
SCHWEDEN
Uppsala
Stockholm
Norrköping
Göteborg
Gotland
Öland
Vänersee
Indalsälv
Sundsvall
DÄNEMARK
Kopenhagen
Malmö
Bornholm
NIEDERLANDE
Amsterdam
Rotterdam
BELGIEN
Brüssel
LUXEMBURG
DEUTSCHLAND
Hamburg
Kiel
Rostock
Hannover
Berlin
Elbe
Oder
Dortmund
Köln
Bonn
Leipzig
Dresden
Frankfurt
Nürnberg
Stuttgart
München
Donau
Rhein
Danzig (Gdańsk)
Stettin (Szczecin)
Posen (Poznań)
Breslau (Wrocław)
Kattowitz
Prag
TSCHECHISCHE REPUBLIK
Wien
Pressburg (Bratislava)
ÖSTERREICH
Innsbruck
Graz
Großglockner 3797
Budapest
UNGARN
Fünfkirchen
LIECHTENSTEIN
SCHWEIZ
Bern
Zürich
Genf
Alpen
Mont Blanc 4807
FRANKREICH
Brest
Bretagne
Le Havre
Seine
Paris
Orléans
Loire
Nantes
Straßburg
Bordeaux
Limoges
Zentralmassiv 1886
Lyon
Rhône
Garonne
Toulouse
Marseille
Nizza
MONACO
Korsika 2710
Pyrenäen
Maladeta 3404
ANDORRA
SPANIEN
A Coruña
Kap Finisterre
Santander
Bilbao 2672
Meseta
Duero
Ebro
Tajo
Guadiana
Guadalquivir
Madrid
Zaragoza
Barcelona
Valencia
Palma
Mallorca
Murcia
Sevilla
Sierra Nevada 3481
Málaga
Gibraltar
PORTUGAL
Porto
Lissabon (Lisboa)
ITALIEN
Turin
Mailand
Genua
Venedig
Bologna
SAN MARINO
Florenz
Apennin 2914
Rom (Roma)
Neapel
Vesuv 1277
Foggia
Bari
Sardinien
Cagliari
Sizilien
Palermo
Messina
Ätna 3340
Catania
MALTA
SLOWENIEN
Laibach (Ljubljana)
KROATIEN
Zagreb
Save
Drau
Split
Dalmatien
Dinarisches Gebirge
BOSNIEN-HERZEGOWINA
ALBANIEN
MAROKKO
Tanger
Tetuan
Kenitra
Rabat
Casablanca
Meknès
Fès
Ujda
Safi
Marrakesch
Beni Mellal
Agadir
Hoher Atlas
Dschebel Tubkal 4165
Ar Rif
Kanarische Inseln
ALGERIEN
Oran
Sidi-bel-Abbès
Algier
Tellatlas
Schott
Hochland der Schotts
Saharaatlas
Skikda
Annaba
Setif
Constantine
Biskra
2328
2308
TUNESIEN
Kap Blanc
Biserta
Tunis
Sfax
Gabès
Schott Dscherid
Dscherba
LIBYEN
Tripolis
Misurata
Sirte
968
4070
6325
5668
3930
3785
Orte
über 1 000 000 Einwohner
500 000 – 1 000 000 Einwohner
100 000 – 500 000 Einwohner
unter 100 000 Einwohner
Rom Hauptstadt eines Staates
Staatsgrenze
Eisenbahn
Fährverbindung
Autobahn und andere Fernverkehrsstraße
Kanal
Stausee
Sumpf, Moor
Salzbecken
Gletscher
·3797 Höhenzahl
5121 Tiefenzahl
Ruinenstätte
Meerestiefen
6000 4000 2000 200 0
Landhöhen
unter 0 0 100 200 500 1000 2000 4000 m
westl. 0 östl. Länge von Greenwich
1 : 16 500 000
0 100 200 300 400 500 600 700 800 900 1000 km
1 cm ≙ 165 km

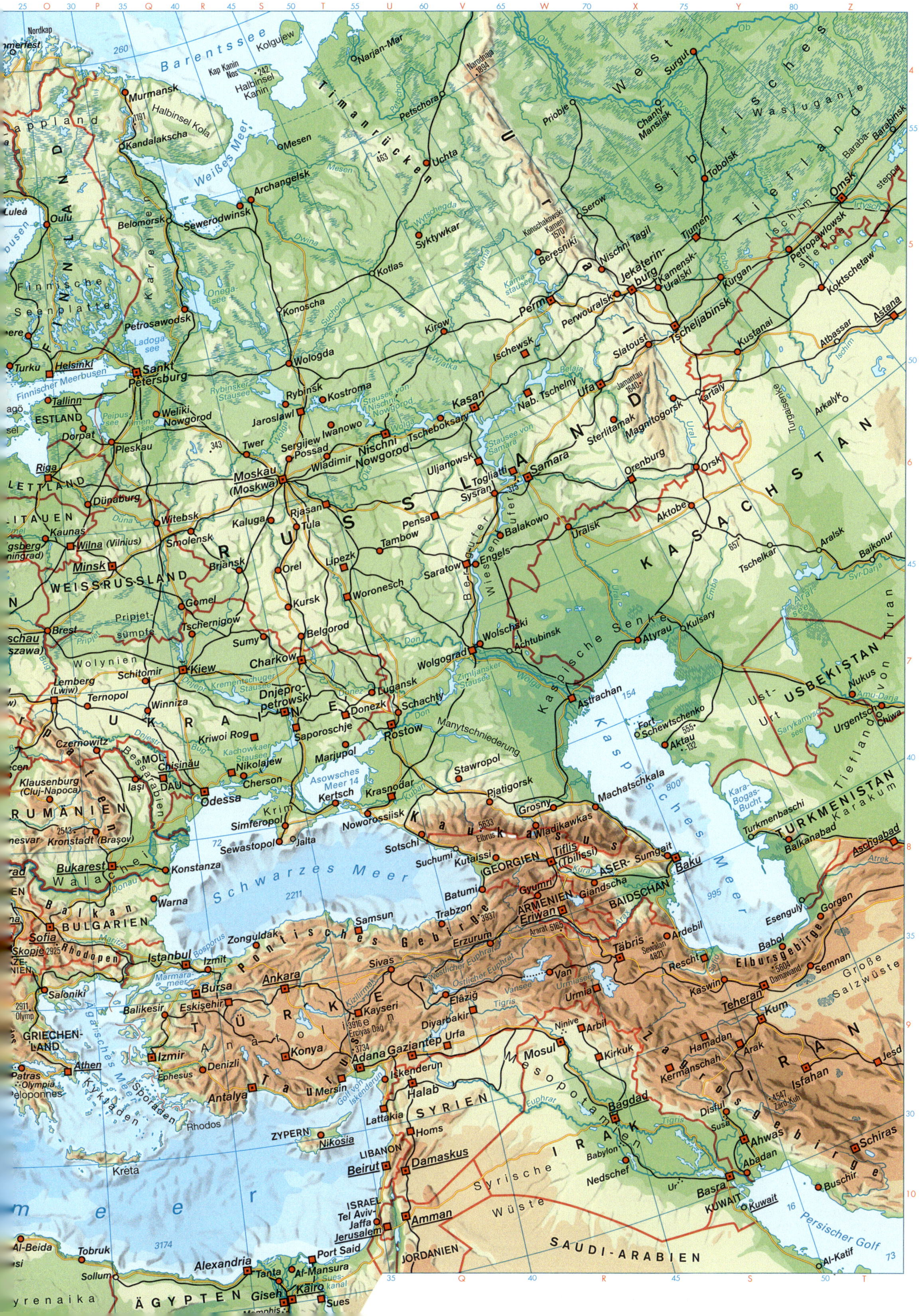
Barentssee
Kolgujew
Nordkap
Kap Kanin Nos
Halbinsel Kanin
Narjan-Mar
Timanrücken
Petschora
Uchta
Murmansk
Halbinsel Kola
Kandalakscha
Weißes Meer
Mesen
Archangelsk
Sewerodwinsk
Belomorsk
Oulu
Luleå
FINNLAND
Finnische Seenplatte
Karelien
Onegasee
Petrosawodsk
Ladogasee
Turku
Helsinki
Finnischer Meerbusen
Sankt Petersburg
Tallinn
ESTLAND
Peipussee
Dorpat
Weliki Nowgorod
Pleskau
Riga
LETTLAND
LITAUEN
Dünaburg
Kaunas
Wilna (Vilnius)
Minsk
WEISSRUSSLAND
Witebsk
Smolensk
Brest
Pripjetsümpfe
Wolynien
Lemberg (Lwiw)
Ternopol
Schitomir
Kiew
Tschernigow
Gomel
Brjansk
Sumy
Charkow
Belgorod
Kursk
Orel
Kaluga
Tula
Rjasan
Moskau (Moskwa)
Twer
Jaroslawl
Rybinsk
Kostroma
Wologda
Konoscha
Kotlas
Syktywkar
Kirow
Sergijew Possad
Iwanowo
Wladimir
Nischni Nowgorod
Tscheboksary
Kasan
Uljanowsk
Samara
Togliatti
Sysran
Pensa
Tambow
Lipezk
Woronesch
Saratow
Engels
Balakowo
Wolgograd
Wolschski
Achtubinsk
Astrachan
Kaspische Senke
Atyrau
Kulsary
Uralsk
Orenburg
Orsk
Aktobe
Aralsk
Baikonur
Tschelkar
KASACHSTAN
Aralsee
Syr-Darja
Amu-Darja
USBEKISTAN
Nukus
Urgentsch
Chiwa
Tiefland von Turan
Ust-Urt
Fort Schewtschenko
Aktau
Kaspisches Meer
Kara-Bogas-Bucht
Turkmenbaschi
Balkanabad
Karakum
TURKMENISTAN
Aschgabad
Perm
Ischewsk
Nab. Tschelny
Ufa
Sterlitamak
Magnitogorsk
Kartaly
Tscheljabinsk
Slatoust
Jekaterinburg
Perwouralsk
Kamensk-Uralski
Nischni Tagil
Serow
Beresniki
Konschakowski Kamen 1570
Jamantau 1640
Ural
Narodnaja 1894
Priobje
Chanty-Mansijsk
Surgut
Westsibirisches Tiefland
Wasjugan
Tobolsk
Tjumen
Kurgan
Ischim
Omsk
Petropawlowsk
Koktschetaw
Astana
Atbassar
Kustanai
Arkalyk
Turgaisenke
Baraba
Barabinsk
Ob
Irtysch
RUSSLAND
UKRAINE
Winniza
Czernowitz
Chisinău
MOLDAU
Bessarabien
Iași
Odessa
Nikolajew
Cherson
Kriwoi Rog
Saporoschje
Dnjepropetrowsk
Donezk
Lugansk
Schachty
Rostow
Manytschniederung
Asowsches Meer
Mariupol
Krim
Simferopol
Sewastopol
Jalta
Kertsch
Noworossijsk
Krasnodar
Stawropol
Pjatigorsk
Grosny
Wladikawkas
Machatschkala
Kaukasus
Elbrus 5633
Sotschi
Suchumi
Kutaissi
GEORGIEN
Tiflis (Tbilissi)
Batumi
Gjumri
ARMENIEN
Eriwan
Ararat 5165
ASERBAIDSCHAN
Sumgait
Baku
Giandscha
Schwarzes Meer
RUMÄNIEN
Klausenburg (Cluj-Napoca)
Kronstadt (Brașov)
Bukarest
Walachei
Konstanza
Warna
BULGARIEN
Balkan
Sofia
Rhodopen
Skopje
Saloniki
GRIECHENLAND
Olymp
Athen
Patras
Olympia
Peloponnes
Kykladen
Sporaden
Ägäisches Meer
Istanbul
Bosporus
Marmarameer
Izmit
Bursa
Zonguldak
Samsun
Trabzon
Pontisches Gebirge
Erzurum
Ankara
Sivas
Kayseri
Erciyas Dağ
TÜRKEI
Anatolien
Eskişehir
Balikesir
Izmir
Ephesus
Denizli
Konya
Antalya
Taurus
Mersin
Adana
Gaziantep
Urfa
Diyarbakir
Elâzig
Van
Vansee
Urmia
Täbris
Ardebil
Rescht
Elbursgebirge
Damawand
Kaswin
Teheran
Kum
Semnan
Große Salzwüste
Babol
Gorgan
Esenguly
Atrek
Sewalan
Hamadan
Kermanschah
Arak
Isfahan
Jesd
Zagrosgebirge
Zard-Kuh
IRAN
Disful
Susa
Ahwas
Abadan
Schiras
Buschir
Persischer Golf
Ninive
Arbil
Mosul
Kirkuk
Mesopotamien
Bagdad
Babylon
Nedschef
Ur
Basra
IRAK
KUWAIT
Kuwait
Al-Katif
SAUDI-ARABIEN
Syrische Wüste
Euphrat
Tigris
Iskenderun
Halab
SYRIEN
Lattakia
Homs
Damaskus
LIBANON
Beirut
ISRAEL
Tel Aviv-Jaffa
Jerusalem
Amman
JORDANIEN
ZYPERN
Nikosia
Rhodos
Kreta
Mittelmeer
Tobruk
Sollum
Al-Beida
Alexandria
Tanta
Al-Mansura
Port Said
Sues
Kairo
Giseh
Memphis
ÄGYPTEN
Kyrenaika

① Oberflächengestalt der Erde

② Kontinentalverschiebung im Erdmittelalter

Landfläche

Richtung der Plattenbewegung

Ozeanischer Scheitelgraben mit aufsteigendem Magma

Neu gebildeter Meeresboden

Tiefseegraben an untertauchenden Plattenrändern

Gebiet der permo-karbonischen Vereisung

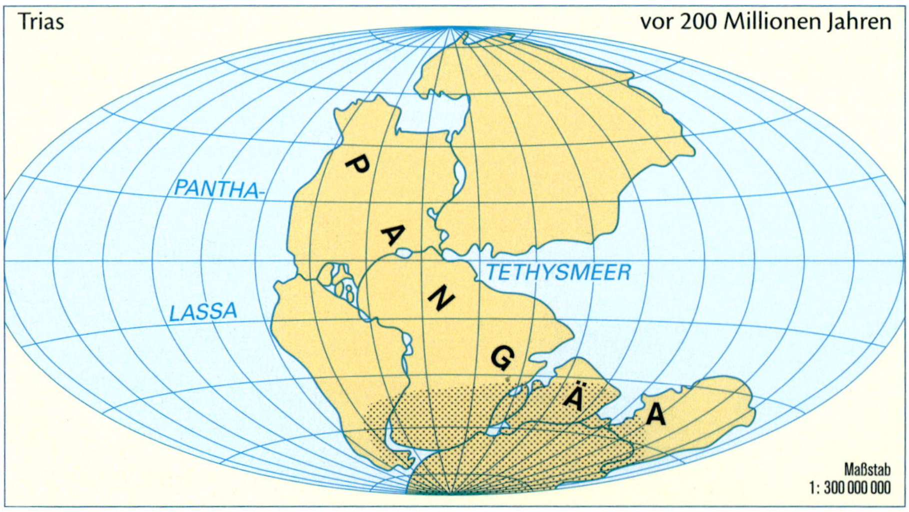

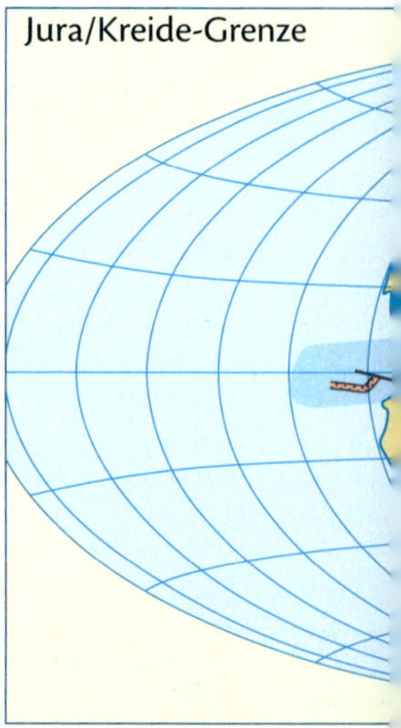

vor 135 Mio. Jahren

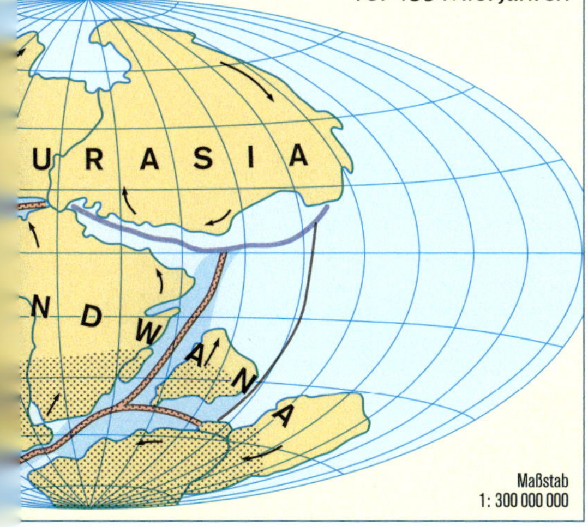

Kreide/Paläogen-Grenze

vor 65 Mio. Jahren

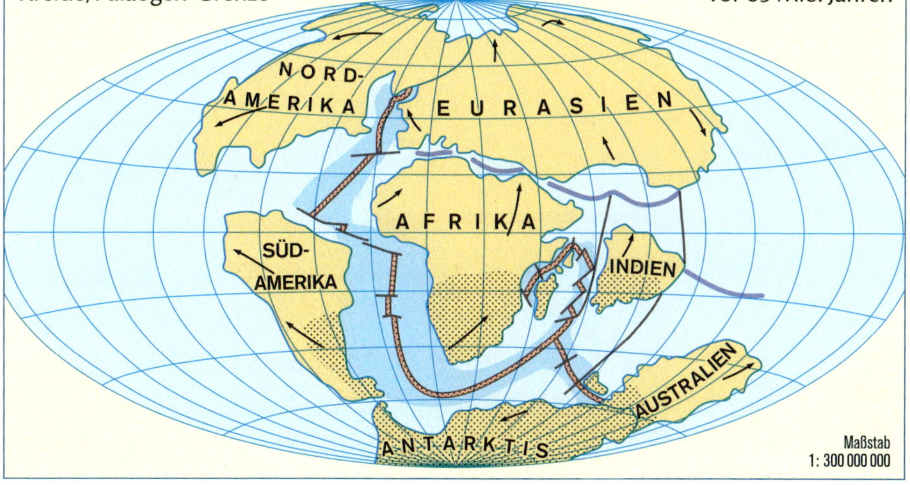

① Politische Gliederung

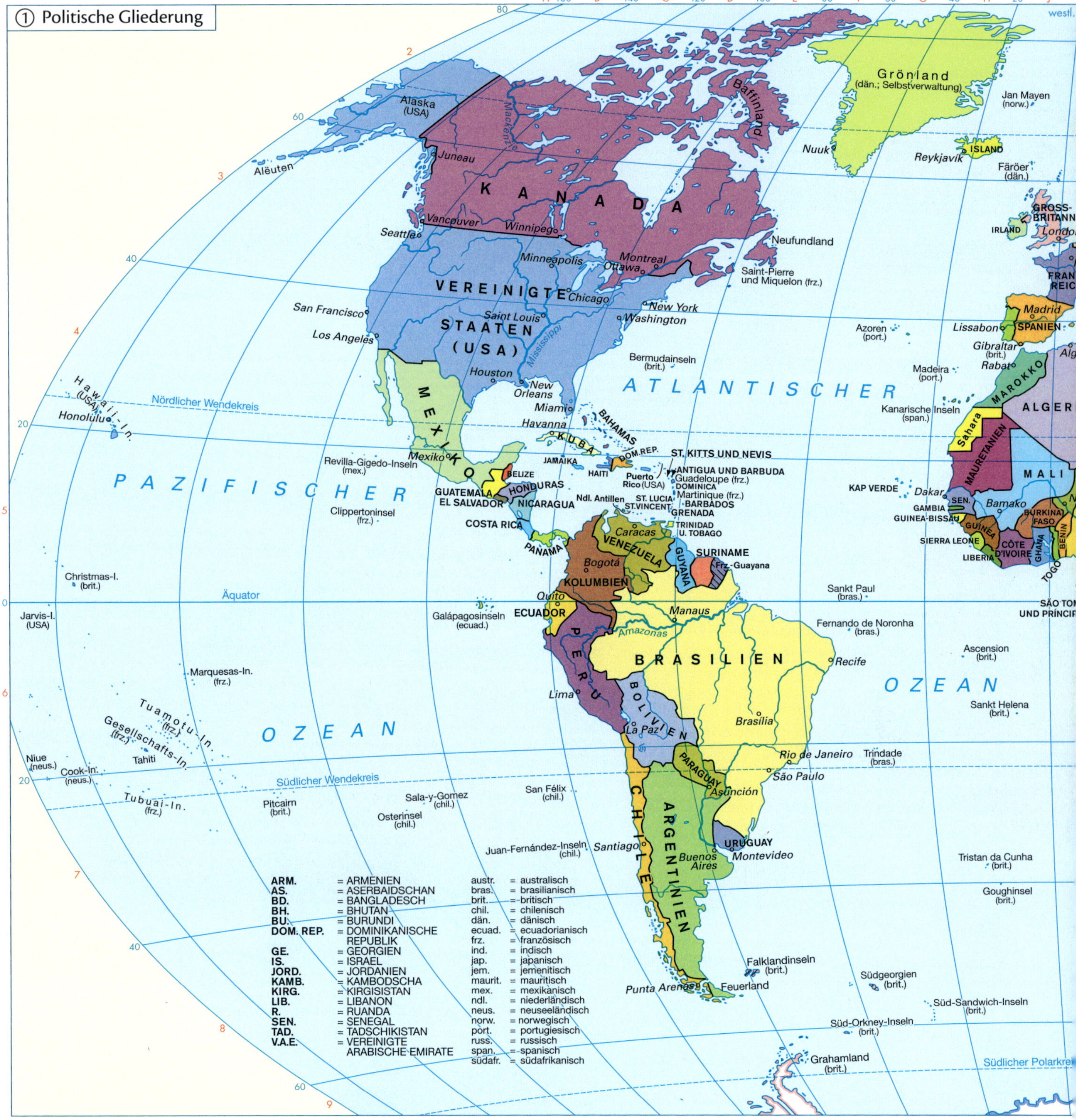

② Pflanzliche Primärproduktion

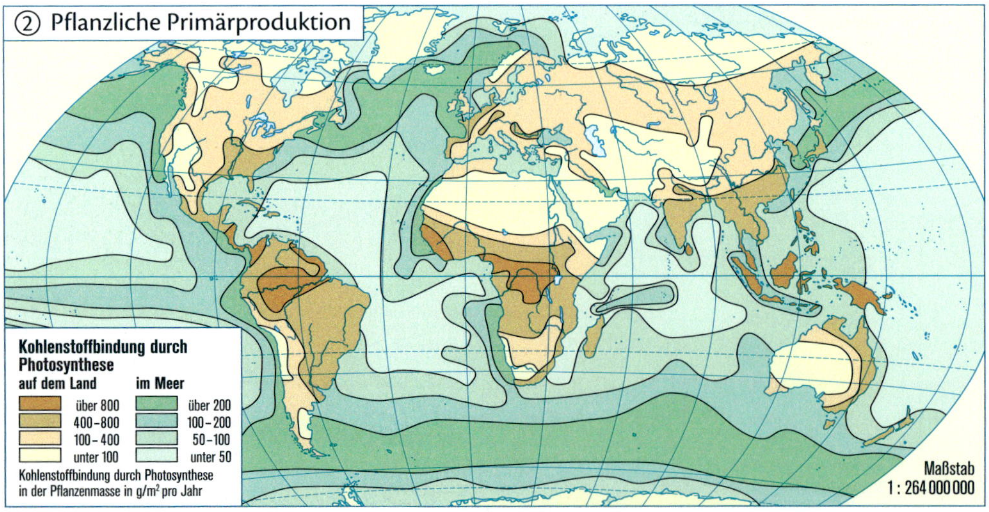

③ Kontinente und Ozeane

Greenwich
bergen (norw.)
Franz-Josef-Land (russ.)
Sewernaja Semlja
Băreninsel (norw.)
Nowaja Semlja
Murmansk
FINN-LAND
Helsinki
R U S S L A N D
(Russische Föderation)
Nördlicher Polarkreis
Jenissei
Lena
Ob
Sankt Petersburg
Moskau
Perm
Jekaterinburg
Nowosibirsk
Irkutsk
Tschita
Amur
Chabarowsk
Sachalin
Kamtschatka
Sankt-Lorenz-Insel (USA)
Aleuten (USA)
Kurilen (russ.)
WEISS-RUSSLAND
POLEN
Kiew
UKRAINE
Charkow
Odessa
RUMÄNIEN
Samara
Wolgograd
Wolga
Astana
KASACHSTAN
Ulan-Bator
MONGOLEI
Bischkek
Almaty
Taschkent
KIRG.
USBEKISTAN
Istanbul
Ankara
TÜRKEI
Tiflis
GE.
ARM.
AS.
Eriwan
Baku
TURKMENISTAN
Aschgabad
Duschanbe
TAD.
Athen
ZYPERN
LIB.
SYRIEN
IS.
JORD.
IRAK
Bagdad
Teheran
IRAN
AFGHANISTAN
Kabul
Islamabad
PAKISTAN
Kairo
ÄGYPTEN
KUWAIT
BAHRAIN
KATAR
V.A.E.
SAUDI ARABIEN
Riad
Mekka
OMAN
JEMEN
Karachi
Neu-Delhi
NEPAL
BH.
Ganges
Tibet
Lhasa
CHINA
Peking
Xian
Nanking
Tschungking
Schanghai
Wladiwostok
NORD-KOREA
SÜD-
Seoul
Pusan
JAPAN
Tokio
Osaka
Nanseiinseln (jap.)
Taipeh
TAIWAN
Macau
Hongkong
Kolkata
B.D.
INDIEN
MYANMAR
Mumbai
Haiderabad
Chennai
Hanoi
LAOS
VIETNAM
THAILAND
Yangon
Bangkok
KAMB.
Ho-Tschi-Minh-Stadt
Manila
PHILIPPINEN
Andamanen (ind.)
Nikobaren (ind.)
SRI LANKA
Colombo
Lakkadiven (ind.)
MALEDIVEN
MALAYSIA
BRUNEI
SINGAPUR
Sumatra
Borneo
Celebes
Molukken
INDONESIEN
Jakarta
Java
OST-TIMOR
West-irian
PAPUA-NEUGUINEA
Port Moresby
SALOMONEN
Sokotra (jem.)
DSCHIBUTI
ERITREA
Asmara
Khartum
SUDAN
TSCHAD
Addis Abeba
ÄTHIOPIEN
SÜD-SUDAN
ZENTRALAFRIKAN. REPUBLIK
SOMALIA
Mogadischu
Kisangani
UGANDA
KENIA
Nairobi
DEM. REP. KONGO
Kinshasa
R.
BU.
TANSANIA
Dodoma
Daressalam
Lubumbashi
SAMBIA
MALAWI
MOSAMBIK
Harare
SIMBABWE
BOTSUANA
Maputo
SWASILAND
LESOTHO
Pretoria
SÜDAFRIKA
KOMOREN
MADAGASKAR
Antananarivo
Réunion (frz.)
MAURITIUS
Rodrigues (maurit.)
SEYCHELLEN
Amiranten (zu Seych.)
Diego Garcia (brit.)
Tschagosinseln (brit.)
Kokosinseln (austr.)
Christmasinsel (austr.)
INDISCHER OZEAN
Amsterdam
Sankt Paul (frz.)
Prinz-Eduard-Inseln (südafr.)
Crozetinseln (frz.)
Kerguelen (frz.)
McDonald-Inseln (austr.)
Heardinsel (austr.)
AUSTRALIEN
Südl. Wendekreis
Perth
Brisbane
Canberra
Sydney
Melbourne
Tasmanien
NEUSEELAND
Auckland
Wellington
Chathaminseln (neus.)
Aucklandinseln (neus.)
Campbellinsel (neus.)
Macquarieinsel (austr.)
Norfolkinsel (austr.)
Kermadec-In. (neus.)
Neukaledonien (frz.)
VANUATU
FIDSCHI
TONGA
SAMOA
Samoa
Wallis-In. (frz.)
TUVALU
KIRIBATI
NAURU
Äquator
MARSHALLINSELN
MIKRONESIEN
Karolinen (USA-Verw.)
Jap (USA-Verw.)
PALAU
Guam (USA)
Marianen (USA)
Wake-I. (USA)
Bonininseln (jap.)
Vulkaninseln (jap.)
Midway-In. (USA)
Nördlicher Wendekreis
PAZIFISCHER OZEAN
Australischer Anspruch
Frz. Anspruch
Austr. Anspruch
Maßstab 1 : 88 000 000

ASIEN
44 Mio. km²
PAZIFISCHER
INDISCHER OZEAN
75 Mio. km²
Äquator
OZEAN
AUSTRALIEN UND OZEANIEN
9 Mio. km²
RKTIS 14 Mio. km²
Maßstab
1 : 264 000 000

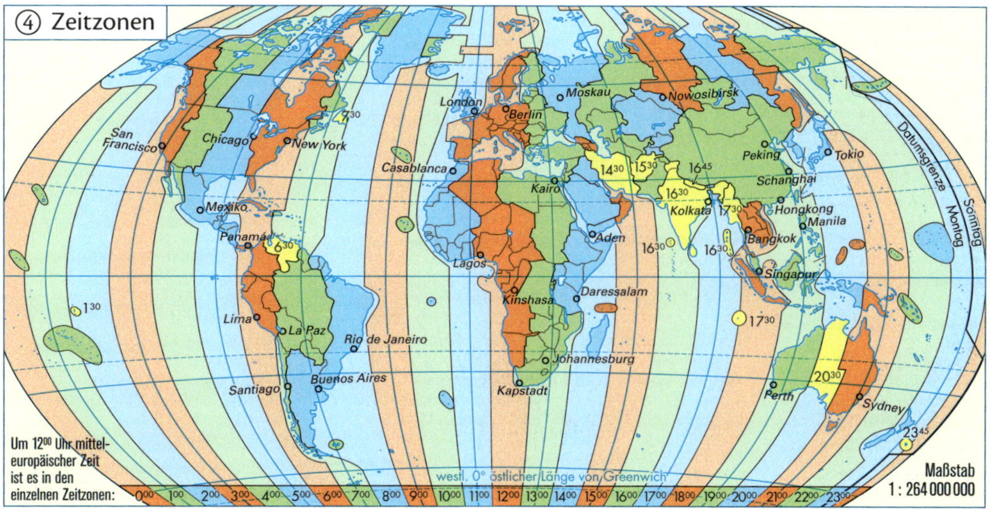
④ Zeitzonen
San Francisco
Chicago
New York
Mexiko
Panama
Lima
La Paz
Santiago
Buenos Aires
Rio de Janeiro
London
Berlin
Moskau
Casablanca
Kairo
Lagos
Kinshasa
Daressalam
Johannesburg
Kapstadt
Aden
Nowosibirsk
Peking
Tokio
Schanghai
Kolkata
Hongkong
Manila
Bangkok
Singapur
Perth
Sydney
Datumsgrenze
Sonntag
Montag
Um 12⁰⁰ Uhr mitteleuropäischer Zeit ist es in den einzelnen Zeitzonen:
westl. 0° östlicher Länge von Greenwich
Maßstab
1 : 264 000 000

Atlasregister

A

B

C

D

E

F

G

H

I

J

K

L

M

N

O

P

R

S

T

U

V

W

Y

Z